农业昆虫

及其常见害虫防治研究

阎雄飞 著

中国原子能出版社

图书在版编目 (CIP) 数据

农业昆虫及其常见害虫防治研究 / 阎雄飞著 . -- 北京 : 中国原子能出版社 , 2019.5

ISBN 978-7-5022-9830-2

Ⅰ . ①农… Ⅱ . ①阎… Ⅲ . ①农业害虫—昆虫学—研究②农业害虫—防治—研究 Ⅳ . ① S186 ② S435

中国版本图书馆 CIP 数据核字（2019）第 115256 号

内容简介

本书分为两部分进行研究，第一部分为农业昆虫学基础，第二部分为农作物主要害虫，主要内容包括：昆虫的外部特征、昆虫的内部器官与解剖分析、昆虫的发育和行为分析、昆虫的发生与环境的关系、农业害虫的调查与预测测报、农业害虫防治原理和方法、常见农作物害虫及其防治、常见果蔬害虫及其防治等。本书内容丰富，图文并茂，又融入了相关领域的新进展，具有现代性与前瞻性，可供农林技术人员和管理人员参考使用。

农业昆虫及其常见害虫防治研究

出版发行　中国原子能出版社（北京市海淀区阜成路 43 号 100048）
责任编辑　刘东鹏
责任校对　冯莲凤
印　　刷　北京亚吉飞数码科技有限公司
经　　销　全国新华书店
开　　本　787mm × 1092mm　1/16
印　　张　18.75
字　　数　243 千字
版　　次　2019 年 8 月第 1 版　2024 年 9 月第 2 次印刷
书　　号　ISBN 978-7-5022-9830-2　　定　　价　82.00 元

网　　址：http://www.aep.com.cn　　E-mail:atomep123@126.com
发行电话：010-68452845

前　言

农业昆虫学是昆虫学的一门重要分支学科，也是一门具有广泛理论基础的应用学科，研究农田生态系统中有害昆虫的生物学特性、种群数量变动与周围生物和非生物环境因子的关系，以便提出以生态学为基础的综合治理策略和配套措施，达到控害高效同时维护优良生态环境的目的。

随着科学技术和农业生产的迅速发展，农业昆虫学的研究和应用也在发生着日新月异的变化。新理论、新技术、新成果不断出现，加之我国幅员辽阔，南北自然地理、气候条件、农作物种植结构等差异较大，农业害虫的种类和发生情况也有明显区别，为适应时代需要，作者撰写了具有新时代特点的《农业昆虫及其常见害虫防治研究》。

本书在撰写过程中，充分汲取了现有参考资料的优点，同时始终贯彻理论与方法结合、基础与前沿并重、理论服务于实践，着眼于提高分析问题和解决问题的能力。全书共 9 章，由农业昆虫学基础（第 1 ~ 5 章）和农作物主要害虫（第 6 ~ 9 章）两部分组成。第 1 章对农业昆虫学做了简要介绍，包括农业昆虫学的研究内容、农业昆虫学的发展概况、我国农业昆虫学的成就；第 2 ~ 5 章分别讨论了昆虫的外部特征、昆虫的内部器官与解剖分析、昆虫的发育和行为分析、昆虫的发生与环境的关系等；第 6 章、第 7 章对农业害虫的调查与预测测报、农业害虫防治原理和方法进行了研究；第 8 章、第 9 章分别探讨了常见农作物害虫及其防治、常见果蔬害虫及其防治。本书内容丰富，图文并茂，又融入了相关领域的新进展，具有现代性与前瞻性。

本书在撰写过程中，参考了大量有价值的文献与资料，吸取了许多人的宝贵经验，在此向这些文献的作者表示敬意。此外，本书的撰写还得到了学校领导的支持和鼓励，在此一并表示感谢。由于作者自身水平及时间有限，书中难免有错误和疏漏之处，敬请广大读者和专家给予批评指正。

作　者

2019 年 1 月

目　录

第 1 章　引　言 ……………………………………… 1

1.1　农业昆虫学的研究内容 ……………………… 1

1.2　农业昆虫学的发展概况 ……………………… 2

1.3　我国农业昆虫学的成就 ……………………… 3

第 2 章　昆虫的外部特征 …………………………… 7

2.1　昆虫体躯的一般构造 ………………………… 7

2.2　昆虫的头部 …………………………………… 11

2.3　昆虫的胸部 …………………………………… 21

2.4　昆虫的腹部 …………………………………… 29

第 3 章　昆虫的内部器官与解剖分析 ……………… 33

3.1　昆虫内部器官的位置 ………………………… 33

3.2　昆虫的消化系统 ……………………………… 35

3.3　昆虫的排泄系统 ……………………………… 38

3.4　昆虫的呼吸系统 ……………………………… 39

3.5　昆虫的循环系统 ……………………………… 41

3.6　昆虫的神经系统 ……………………………… 43

3.7　昆虫的生殖系统 ……………………………… 49

3.8　昆虫的分泌系统 ……………………………… 53

第 4 章　昆虫的发育和行为分析 …………………… 57

4.1　昆虫的生殖方式 ……………………………… 57

4.2　昆虫的发育和变态 …………………………… 62

4.3　昆虫的世代和年生活史 ……………………… 76

4.4　昆虫的休眠和滞育 …………………………… 78

4.5 昆虫的习性和行为 …………………………………… 79
第 5 章 昆虫的发生与环境的关系 ……………………86
5.1 环境因子对昆虫的影响 ……………………………… 86
5.2 昆虫的种群生态 ……………………………………99
5.3 昆虫的群落生态 …………………………………… 113
第 6 章 农业害虫的调查与预测预报 ………………123
6.1 农业害虫的调查 …………………………………… 123
6.2 农业害虫的预测预报 ……………………………… 132
第 7 章 农业害虫防治原理和方法 ………………… 144
7.1 植物检疫 …………………………………………… 144
7.2 农业防治方法 ……………………………………… 146
7.3 生物防治方法 ……………………………………… 151
7.4 物理机械防治方法 ………………………………… 154
7.5 化学防治方法 ……………………………………… 156
7.6 害虫的综合治理 …………………………………… 159
第 8 章 常见农作物害虫及其防治 ………………… 164
8.1 地下害虫 …………………………………………… 164
8.2 水稻害虫 …………………………………………… 173
8.3 小麦害虫 …………………………………………… 190
8.4 杂粮害虫 …………………………………………… 200
8.5 马铃薯害虫 ………………………………………… 223
8.6 棉花害虫 …………………………………………… 230
8.7 油料作物害虫 ……………………………………… 244
第 9 章 常见果蔬害虫及其防治 ……………………253
9.1 果树害虫 …………………………………………… 253
9.2 蔬菜害虫 …………………………………………… 273
参考文献……………………………………………………290

第1章 引 言

农作物在生长发育过程中或农产品在收后储藏、运输贸易中,往往会遭受到有害生物的侵害或影响,使产量降低,品质变劣,造成很大经济损失,甚至给人类的生产、生活带来灾难。

1.1 农业昆虫学的研究内容

农业昆虫学是研究农业害虫及其环境、害虫防治的理论和技术,是防、减虫灾的科学。

农业昆虫学研究的内容包括:害虫的种类及形态特征;害虫的生活习性和发生规律;害虫与环境包括气候、食物、天敌等的关系;害虫种群及为害的监控、预测和防治。

农业昆虫学是一门知识和技术密集的学科,涉及的内容十分广泛,广及大地、高至天空,微及分子和基因,宏至整个生物圈的时空转换,涉及了全球的气候、土壤、动植物和人类活动的复杂过程。因此农业昆虫学的学习和研究除了以昆虫学的分支学科如昆虫形态学、分类学、生物学、生态学、生理学和毒理学作为基础理论外,还涉及植物生理学、作物栽培学、遗传育种学、土壤肥料学、分子生物学、微生物学、植物学、动物学、气象学、物理学、农药学、化学、数学、计算机科学和现代信息技术科学等学科的知识。

1.2 农业昆虫学的发展概况

农业昆虫学是从昆虫学发展起来的一门应用学科,至今历史不到 200 年。但对农业害虫的观察和防治,则早在中国的春秋战国时期已有记述。其后,古籍中有关害虫的生活习性、生存的生态条件等的记载渐趋翔实,但多止于零散的现象描述。

在古希腊,荷马和亚里士多德的著作中也有防治害虫的记载。但此后由于封建神权的压制和宗教迷信思想的束缚,对害虫的观察研究长期得不到发展,有的害虫还被视作“神虫”,认为其神圣不可侵犯。

16 世纪欧洲文艺复兴以后,对农业害虫及其防治的研究有了进展。17 世纪显微镜的应用,以及 18 世纪中叶林奈关于动植物分类双名法的创立,奠定了昆虫分类学的基础,并促进了害虫生物学,包括害虫与其寄主植物之间相互关系的研究,为农业昆虫学的产生准备了条件。

1841 年哈里斯《植物害虫论说》一书发表,介绍了当时各类害虫的防治措施。1869 年德国学者黑克尔提出生态学概念,对应用生态学和应用昆虫学的发展具有重大影响,也为农业昆虫学学科体系的形成提供了生态学依据。

进入 20 世纪,昆虫学的一些基础学科,有的在原有基础上进一步发展,有的应用分析试验方法,深入到昆虫行为、内部机制及其与环境因素之间的关系等方面进行研究,形成了昆虫行为学、昆虫生态学、昆虫生理学、昆虫毒理学等分支学科。与此同时,农业昆虫学在已有的生物学和生态学的基础上,也逐渐形成了自己的学科体系。

系统的农业昆虫学专著在 20 世纪前期陆续问世。如年桑德森所著《农田、菜地、果园的害虫》一书,就根据害虫的生物学特性提出了相应 1915 年的防治方法,并强调了对害虫种类的正确鉴定和对不同类别防治措施作用的分析。

此后，害虫防治科学逐步发展。到20世纪40年代，由于滴滴涕的合成、应用，以及有机氯、有机磷氨基甲酸酯类农药的相继问世，农业昆虫学的研究达到高峰；接着又随综合防治的发展而进入具有综合应用多学科知识特点的新阶段。

1.3 我国农业昆虫学的成就

农业昆虫学在我国真正成为一门科学，并对其进行系统研究是在清代戊戌变法以后。当时一些先进的知识分子引进了国外的科学技术，翻译了大量外国著作，在农业、生物科学和害虫防治等方面都有大量译文。1898年浙江蚕学馆开学，将害虫论列入教学大纲。1903年清政府将虫害防治列为初、中等实业学堂农业实习科目，将昆虫学列为高等实业学堂农学科目内容。1908年邹树文赴美国求学，入大学后攻读经济昆虫学，与秉志同为中国第一批在欧美学习近代昆虫科学的留学生。1911年在北京中央农事试验场成立病虫害科。1914年天津北疆博物院成立，采藏昆虫标本甚丰。1917年上海化学工业社在沪西引种除虫菊，苏州东吴大学博物系开始招收主修昆虫学的硕士研究生，江苏省成立治螟考察团。1922年创建江苏省昆虫局。1924年成立浙江省昆虫局。1928年张巨伯、吴福桢等在南京成立中国昆虫学会（其前身为20年代初成立的六足学会）。1933年中央农业实验所设立植物病虫害系。1939年胡经甫撰写的《中国昆虫目录》6卷全部出版，收录昆虫20 069种。1944年中华昆虫学会于重庆成立。1947年开始使用六六六粉剂治虫。

新中国成立后，国家对农作物病虫害的防治工作极为重视，首先从中央到地方建立了植物保护专业领导机构和科学研究单位；各高等农业院校增设植物保护专业、昆虫专业，大力培养植物保护专业技术人员，开展了规模空前的群众性的害虫防治工作,为农业生产做出了重大贡献。主要成就表现在以下几个方面。

(1)健全了植物保护机构,基本普及了植保常识。从中央到地方都建立了相应的植保科研、害虫预测预报、植物检疫等组织机构,配备了专业技术人员。随着农村经济的飞速发展,广大农民的文化素质普遍提高,掌握害虫防治知识已成为广大农民群众的一种自觉行动,保障了粮、棉、果、菜的连年增产、丰收。

(2)基本控制了历史上的灾害性害虫。历史上曾经猖獗成灾,对我国劳动人民造成深重灾难的东亚飞蝗、黏虫、水稻二化螟和三化螟、小麦吸浆虫等大面积猖獗成灾的现象得到了基本遏制或完全控制。特别是20世纪50年代初期采取“改治并举,根除蝗害”的策略,在较短的时间内从根本上消除了东亚飞蝗灾害,成为世界治虫史上的奇迹;采用“抗虫品种与药剂防治相结合”的方针,控制了小麦吸浆虫连年成灾的局面。

(3)基本摸清了不同地区粮、棉、果、菜上的农业昆虫(包括害虫和天敌)区系及主要害虫的发生危害规律。为全面贯彻以农业防治为基础,多种措施协调、综合应用的农业害虫的综合防治奠定了坚实的基础。广泛使用了生物统计、电子计算机技术、遥感技术、卫星监控等先进的测报手段,建成了覆盖全国的农业病虫调查测报网,预测预报理论和水平大大提高。

(4)积累了丰富的害虫防治经验,害虫防治水平不断提高。50余年来的害虫防治实践使我国植保工作者积累了丰富的害虫防治经验,以农业防治为基础的害虫综合防治技术已在全国范围得到普遍的推广和实施。高效、低毒、低残留的农药新品种和新型施药器械不断出现,飞机超低量喷雾等现代化工具在大规模防治害虫中得到应用,转基因抗虫棉等已在较大范围内得到了推广,并发挥了重要作用。20世纪50～60年代单纯依靠化学农药,见虫就打药,不考虑经济效益、生态效益和社会效益的状况已经大大改观。

特别是自改革开放以来,我国实施了以国民经济发展中面临的突出问题为主要研究内容的科技攻关，使我国的植保技术稳步发展。“六五”攻关是以单病、单虫为防治对象，协调物理的、化学的、生物的方法，将其控制在经济为害水平以下。“七五”攻关以作物为中心，以多种病虫为对象，提倡充分发挥生态系统的自然控制作用，建立综合体系。“八五”攻关则向纵深发展，更深入地探讨昆虫与作物之间的相互作用关系、害虫的时空动态以及害虫在不同作物之间转移繁衍和为害的规律。国家“九五”科技攻关计划的统一部署，为确保粮食等农产品有效供给，尽快摆脱农产品长期短缺局面，解决国民经济发展中农业领域亟待解决的重大关键技术问题，农业领域在研究论证的基础上，确立了重点攻关项目并组织实施。“十五”期间实施的农业科技攻关计划，不仅在一批重大高新技术领域获得阶段性重大突破，在若干有影响的新兴产业领域形成了一批关键技术成果，一批基础性、公益性技术取得了新的重大进展。“十一五”期间，国家科技攻关计划仍将对农药创制工作予以支持，项目建议书名称为“农药自主创新与共性技术开发”，其重点是新农药创制。“十二五”育种攻关实现了“三提升、三推动”。“十三五”期间，农业科技重点要做好“调整、优化、攻关、改革”四方面工作，具体来说就是调整科技创新方向、优化科技资源布局、推进重大科研攻关、深化科技体制改革。

在防治策略上，更重视系统的自我调节和动态平衡原理，充分发挥自然因素对害虫的调节控制作用，辅以适时适量地使用农药。曾士迈（1991）利用系统工程原理提出了“植保系统工程”，他认为“采用系统工程的方法，对植保工作进行分析、研究、设计、实施并不断优化，这样一套科学方法和工作秩序，就是植保系统工程”。丁岩钦（1993）提出了“害虫种群的生态控制”概念，指出害虫种群生态控制的指导思想是用“调控”代替现行的“防治”。即在生态系统整体水平上，利用一切可利用的条件（或因素），对害虫为害进行调控，达到优化生态系统结构的目的，以逐步代替现行的“综合防治”。

随着系统论、控制论、信息论、系统工程等逐步被纳入到害虫综合治理中,加之计算机技术的迅猛发展,为害虫的科学管理注入了新的活力和提供了强有力的工具,使有害生物综合治理理论与实践得到巨大的充实。

第 2 章　昆虫的外部特征

本书主要探讨了昆虫的外部特征。这是开展与昆虫有关学科研究的必不可缺的基础知识。

2.1　昆虫体躯的一般构造

2.1.1 昆虫的大小、形态和体向

2.1.1.1　昆虫的大小

昆虫体躯的大小常用体长和翅展来表示。体长是指昆虫头部前端到腹部末端的距离,不包括头部的触角和腹部末端外生殖器的长度。翅展是指两前翅展开时,两翅顶角之间的距离。

描述昆虫大小时,常以大型、中型、小型和微小型等表示。体长 2 mm 以下为微小型；2 ~ 5 mm 为很小型；5 ~ 10 mm 为小型；10 ~ 30 mm 为中型；30 ~ 50 mm 为大型；50 ~ 80 mm 为很大型；80 mm 以上为巨大型；200 mm 以上则为极大型。一般昆虫的体长为 5 ~ 30 mm,翅展为 15 ~ 50 mm。

各类昆虫个体的大小也有很大的差异,最小的昆虫体长只有 0.25 mm,如鞘翅目缨甲科的某些种类；最大的达 300 mm,如一种竹节虫。昆虫的大小通常是指头部的最前端到腹部末端的长度,不含头上所着生的触角、口器和腹末的尾须及外生殖器的长度。有翅昆虫的大小是以翅展为标准,即将昆虫的前后翅展开后,

用两前翅翅尖的直线长度表示虫体的大小。

2.1.1.2 昆虫的形状

昆虫的外形千姿百态，但成虫一般呈圆筒形，部分为圆球形、椭圆形和半球形，少数昆虫体纵扁（如蚤类）、横扁（如虱子、蝽等）、细长像棍棒或宽大如叶片（如竹节虫）。

2.1.1.3 昆虫的体向

昆虫的体向是按照昆虫头、尾的方向以及附肢着生在体躯上的位置及方向将昆虫做定向的划分（图 2-1），以便准确无误地描述昆虫各部位的特征。

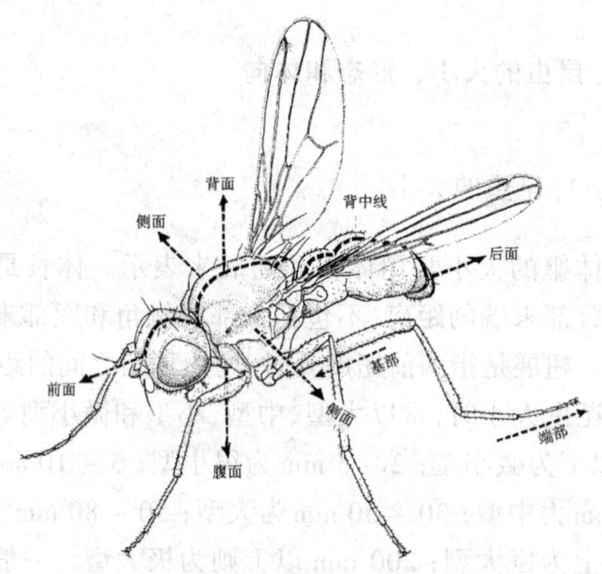

图 2-1　昆虫的体向（仿 McAlpine）

2.1.2 昆虫的体躯

昆虫的体躯由坚硬的外壳和包藏的内部组织与器官组成。

2.1.2.1 体躯的分节和分段

昆虫和其他节肢动物一样,体躯由一系列环节组成,每一个环节称为 1 个体节,昆虫的体躯由 18 ~ 21 个体节组成(不包括头前叶和尾节,因为它们不是真正的体节)。有些体节的侧面着生有成对和分节的附肢。为保护内脏和虫体运动的需要,昆虫的体壁常常硬化,形成骨片。但是体节之间仍然存在着未经骨化的柔软的节间膜,以增加体躯的活动性。由于附肢的演变和肌肉的相应发展,昆虫的体节分别集合形成负有不同功能的 3 个体段(体段是由几个体节构成的功能单位),即头部、胸部和腹部。

一般认为,头部由 6 节组成,成虫阶段很难找到痕迹;胸部由 3 节组成,中、后胸往往愈合得很紧;腹部由 9 ~ 12 节组成,有时可见腹节减少到 3 ~ 5 节,有翅昆虫在成虫阶段腹部除外生殖器及尾须外,其他附肢均消失。

2.1.2.2 体节的分区与构造

昆虫的体躯或各个体节一般为圆筒形,可按肢基的位置将其分为 4 个体面。两侧肢基着生部分为侧面,肢基上面的部分称为背面,肢基下面的部分称为腹面。背面、侧面及腹面的分界线可以两条假设的背侧线和腹侧线来划分(图 2–2)。

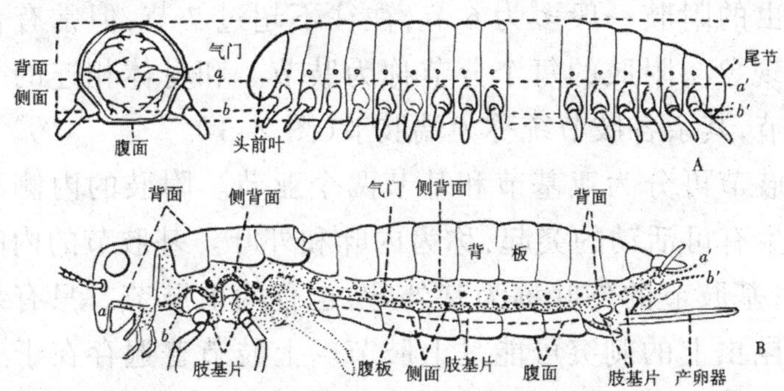

图 2–2 昆虫体躯构造模式图(仿 Snodgrass)

A. 一般节肢动物的体躯;B. 昆虫的体躯

a-a′—背侧线;*b-b′*—腹侧线

大多数昆虫羽化后体壁很快硬化，这一过程叫骨化，体壁骨化后为骨板，形成外骨骼。骨板既有保护作用，又可为肌肉提供着生之处，是重要的运动机械。各节骨板根据其所在的体面分别称为：背板、腹板和侧板。骨板常在适当的部位向内凹陷，凹陷部位的外面留下一条狭窄的槽，称为沟，因而将一块骨板分割成若干个小片，即骨片。按骨片所在的体面分别称为背片、腹片和侧片。凹陷部分内面的骨片，称为内脊或内突。内脊是比较小的内陷，有些内脊还扩展成板状、叉状、臂状等各种形状的骨片，统称为内突。在昆虫中，所谓的缝，是由相邻两骨片并接所留下的一条膜质线。沟和缝的区别关键在于有没有内脊，沟下有内脊，缝下无内脊。昆虫体表常有不少如刺、毛、瘤、皱、脊等突出物。

2.1.2.3 昆虫的附肢

体躯具有分节的附肢是节肢动物共同的特点。附肢的原始功能为运动器官。昆虫在胚胎发育时几乎各体节均有 1 对可以发育成附肢的管状外长物，到胚后发育阶段，一部分体节的附肢已消失，一部分体节的附肢特化为不同的器官。如头部附肢特化为触角和取食器官，胸部的附肢特化为足，腹部的一部分附肢特化为外生殖器和尾须。不同类型的附肢尽管在形态上差别很大，各部分的名称各异，但其基本结构却很相似。

昆虫的附肢一般多为 6 节，往往不超过 7 节，但常有合并和减少的现象。附肢的每个分节称为肢节。和身体相连的一节称为基肢节，其余各肢节统称为端肢节（图 2–3）。

基肢节可分为亚基节和基节两个亚节。附肢的内侧和外侧常常着生有可活动的突起，称为内叶和外叶。基肢节的内叶称为基内叶，基肢节的外叶称为基外叶，也称为上肢节。只有缨尾目的某些昆虫上的刺突可能是上肢节。上肢节普遍存在于三叶虫的足和多数甲壳纲的附肢上，并且常常转变为鳃状器官。

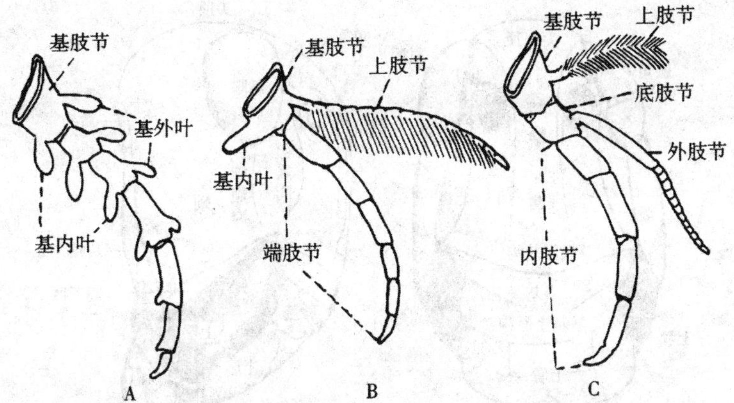

图 2-3　节肢动物附肢的比较（仿 Snodgrass）

A. 节肢动物的足；B. 三叶虫纲动物的足；C. 甲壳纲动物的足

端肢节又分为外肢节和内肢节。甲壳纲的外肢节发达，昆虫没有外肢节。内肢节从基部到端部又可进一步分为底肢节、坐肢节、股肢节、胫肢节、跗肢节、趾肢节。

2.2　昆虫的头部

头部是昆虫体躯的最前面的一个体段，由几个体节愈合而成，形成一个坚硬的头壳，并与可收缩的颈与胸部相连。

2.2.1 头部的构造

头部一般呈圆形或椭圆形。在头壳的形成过程中，由于体壁的内陷，表面形成许多沟缝，因此将头壳分成许多小区，这些小区都有一定的位置和名称，其中主要的有 5 个部分：在头的前方，界于两复眼之间的部分称为额；在额的下方部分称为唇基；在额的上方，两复眼之间的部分称为头顶；在额的两侧，位于两复眼的下方部分称为颊；在头顶和复眼的后方部分称为后头。触角、复眼、单眼等感觉器官和取食的口器都着生在头壳上。因此，昆虫的头部是感受和取食的中心（图 2-4）。

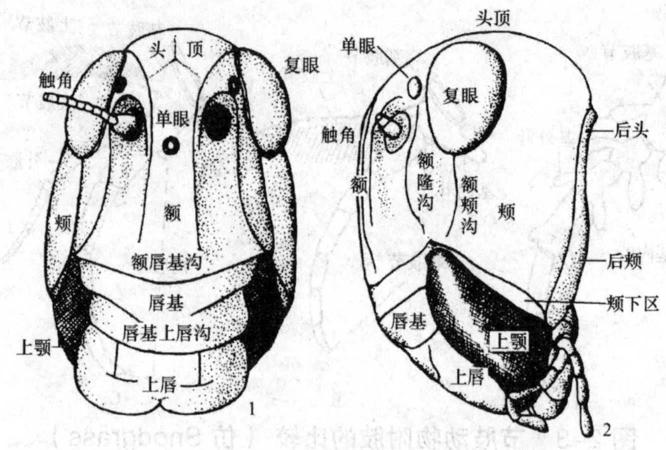

图 2-4　蝗虫头部构造

1—正面；2—侧面

2.2.2 昆虫的触角

触角是昆虫头部的第 1 对附肢。除原尾目昆虫无触角，以及高等双翅目和膜翅目幼虫的触角退化外，大多数昆虫都具有 1 对触角。触角一般着生在头部的额区或颊区(靠近复眼的附近)，有的位于复眼之前，有的位于复眼之间。但多数幼虫和若干种类成虫的触角，前移到头部前侧方的上颚前关节附近，靠近口器基部的颊区。

2.2.2.1 触角的构造

不同种类的昆虫，其触角类型不同，但触角的基本构造相同。触角的基部着生在一个圆形的膜质窝内，即触角窝。触角窝的周围有一圈很窄的环形骨片，称为围角片，其上有一小突起，称为支角突，它与触角的基部相支接，整个触角以支角突为关节，可以自由活动。触角是分节的构造，由基部向端部通常可分为柄节、梗节和鞭节 3 部分(图 2-5)。

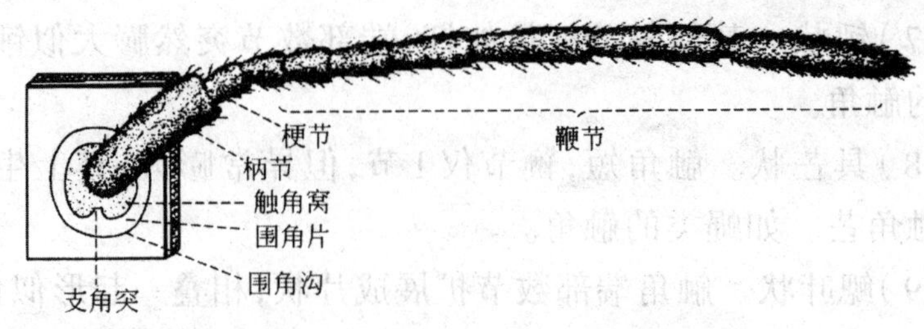

图 2-5 昆虫触角构造（仿彩万志）

柄节是触角基部的一节，一般较粗大，与触角窝相连。梗节是触角的第 2 节，通常较短小，有些昆虫（如雄蚊）的触角在梗节上具有一种特殊的感觉器，称为江氏器。梗节以上（不包括梗节）的端部各节，合称为鞭节，鞭节通常又可分为若干亚节。在各类昆虫中，不仅鞭节的亚节数目有很大变化，而且形状也有很大的差异。但在同一种内，一般都有固定的数目。有些渐变态昆虫，每次蜕皮后亚节数目有增多的现象，到了成虫期亚节数目就不再发生变化。

2.2.2.2 触角的类型

触角的变化主要发生在鞭节部分，其形状因种类不同而变化很大，大致可分为以下几种类型（图 2-6）。

（1）刚毛状（鬃形）。触角很短，基部 2 节粗大，鞭节纤细似刚毛。如蝉和蜻蜓的触角。

（2）丝状（线形）。除基部两节稍粗大外，其余各节大小相似，相连成细丝状。如蝗虫和蟋蟀的触角。

（3）念珠状（连珠形）。鞭节各节近似圆珠形，大小相似，相连如串珠。如白蚁的触角。

（4）锯齿状。鞭节各节近似三角形，向一侧作齿状突出，形似锯条。如锯天牛、叩头甲及绿豆象雌虫的触角。

（5）栉齿状（梳形）。鞭节各节向一边作细枝状突出，形似梳子。如绿豆象雄虫的触角。

（6）棍棒状（球杆形）。基部各节细长如杆，端部数节逐渐膨大，整体形似棍棒。如菜粉蝶的触角。

（7）锤状。基部各节细长如杆，端部数节突然膨大似锤。如皮蠹的触角。

（8）具芒状。触角短，鞭节仅1节，但异常膨大，其上生刚毛状的触角芒。如蝇类的触角。

（9）鳃叶状。触角端部数节扩展成片状，相叠一起形似鱼鳃。如金龟甲的触角。

（10）双栉齿状（羽形）。鞭节各节向两侧作细枝状突出，形似鸟羽。如毒蛾、樟蚕蛾的触角。

（11）膝状（肘形）。柄节特长，梗节细小，鞭节各节大小相似，与柄节成膝状曲折相接。如蜜蜂的触角。

（12）环毛状。鞭节各节都具1圈细毛，愈近基部的毛愈长。如雄蚊的触角。

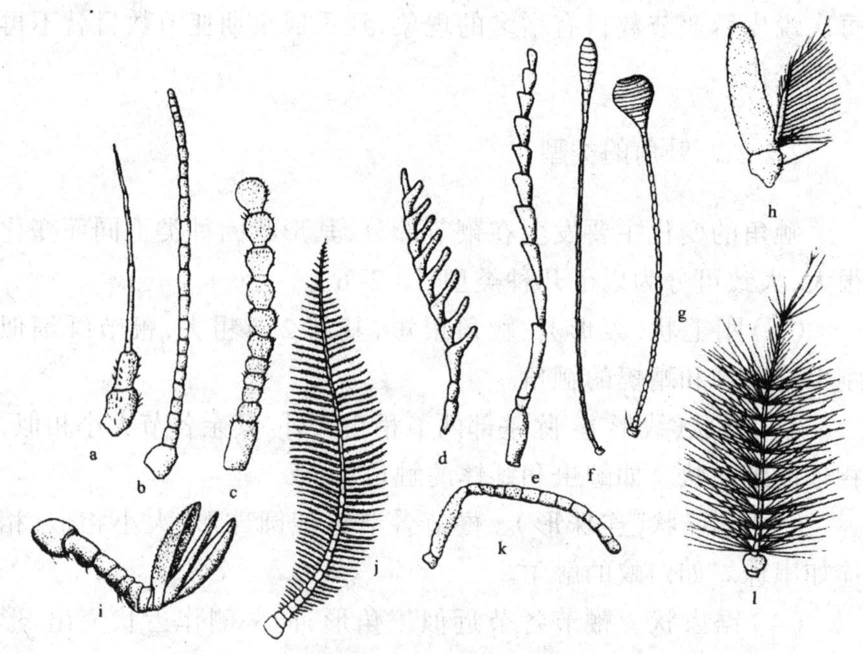

图 2-6　触角的类型

a. 刚毛状（蜻蜓）；b. 丝状（飞蝗）；c. 念珠状（白蚁）；
d. 栉齿状（绿豆象）；e. 锯齿状（锯天牛）；f. 球杆状（白粉蝶）；
g. 锤状（长角蛉）；h. 具芒状（绿蝇）；i. 鳃片状（棕色金龟甲）；
j. 双栉齿状（樟蚕蛾）；k. 膝状（蜂）；l. 环毛状（库蚊）

2.2.3 昆虫的眼

昆虫的眼一般有复眼和单眼两种。

2.2.3.1 复眼

复眼由若干个小眼组成，小眼的表面一般呈六角形。在各种昆虫中，小眼的形状、大小及数目变化很大。一个复眼的小眼数大体为 300 ~ 5 000 个，但某些介壳虫雄虫的复眼由少数几个圆形的小眼组成，而家蝇的复眼约由 4 000 个小眼组成，蛾蝶类的复眼由 12 000 ~ 17 000 个小眼组成，蜻蜓的小眼多达 28 000 个。又如，有一种蚂蚁的工蚁，虽说有复眼，但实际上仅有 1 个小眼面，而其他蚁类的工蚁或有 6 ~ 9 个小眼面，或有 100 ~ 600 个小眼面。小眼数目越多，复眼造像越清晰。如鞘翅目鼓甲科 [图 2–7（a）]，每侧的复眼各一分为二，蜻蜓的复眼上部的小眼面较下部大，牛虻和毛蚊类的雄虫复眼上下部小眼面也不同。某些昆虫复眼小眼面排列较疏松，并在其间隙间生长着许多柔毛。

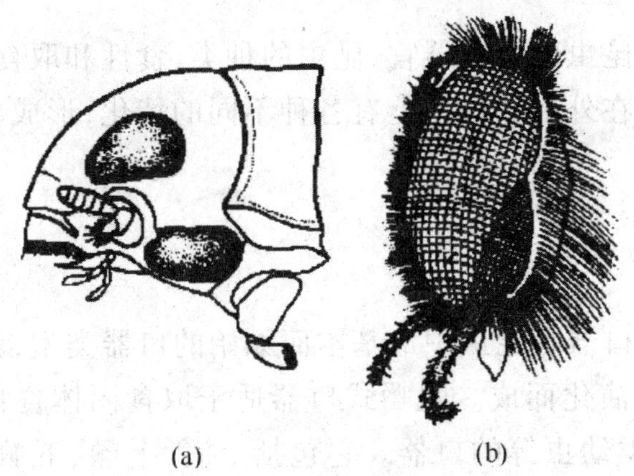

图 2–7　昆虫复眼的变化

2.2.3.2 单眼

成虫和若虫、稚虫的单眼常位于头部的背面或额区的上方，称为背单眼；完全变态昆虫幼虫的单眼位于头部的两侧，称为侧单眼（图 2–8）。背单眼通常有 3 个，但有的只有 1 ~ 2 个，或无。侧单眼一般每侧各 1 ~ 6 个。单眼的有无、数目以及着生位置常用作昆虫分类特征。

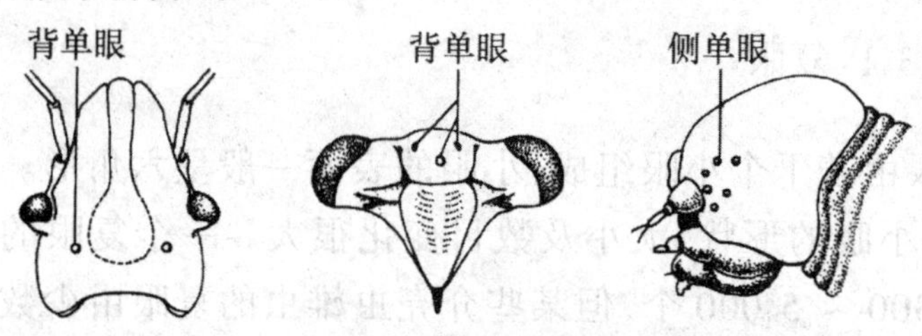

图 2–8　昆虫的单眼

单眼的构造比较简单，它与复眼中的 1 个小眼相似，是由一个凸起的角膜透镜，下面连着晶体、角膜细胞和视觉柱组成。从构造和光学原理上看，单眼无调节光度的能力。因此，一般认为单眼只能辨别光的方向和强弱，不能形成物像。但也有人认为，单眼是近视的，能在近距离的一定范围内造成物像。

2.2.4 昆虫的口器

口器是昆虫的取食器官，昆虫的种类、食性和取食方式不同，它们的口器在外形和构造上有各种不同的特化，形成各种不同的口器类型。

2.2.4.1　咀嚼式口器

咀嚼式口器是昆虫中最基本而原始的口器类型，其他口器类型均是由此演化而成。咀嚼式口器适于取食固体食物，如蝗虫、甲虫、蝶蛾类幼虫等的口器。它包括上唇、上颚、下颚、下唇和舌 5 个部分（图 2–9）。

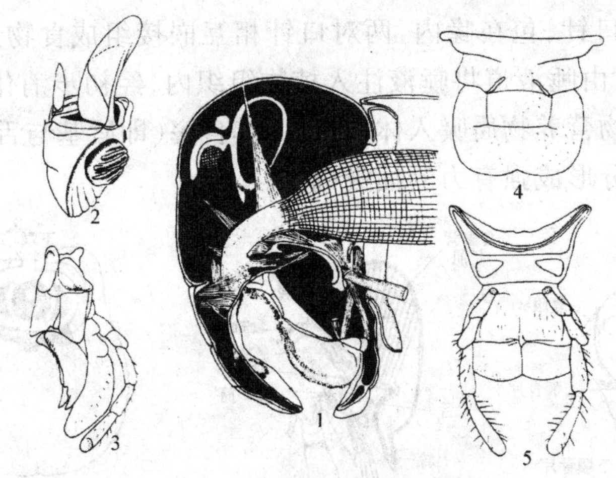

图 2-9　蝗虫的咀嚼式口器

1—头部纵切面,示口器各组成部分围成的腔及食物的进口;

2—上颚; 3—下颚; 4—唇基和上唇; 5—下唇

(1)上唇。上唇片状,位于口器的上方,着生在唇基的前缘,具有味觉器。

(2)上颚。上颚是位于上唇下方两侧的一对坚硬的齿状物,用以切断和磨碎食物,并有御敌的功能。

(3)下颚。一对下颚位于上颚的后方,生有一对具有味觉作用的分节的下颚须,是辅助上颚取食的机构。

(4)下唇。下唇片状,位于口器的底部,其上生有一对下唇须,具有味觉和托持食物的功能。

(5)舌。舌为柔软袋状,位于口腔中央,具有味觉和搅拌食物的作用,在基部有唾腺开口,唾液由此流出和食物混合。

2.2.4.2 刺吸式口器

刺吸式口器为吸食植物汁液或动物体液的昆虫所具有,如蝉的口器(图 2-10)。刺吸式口器由于适应需要而具有特化的吸吮和穿刺的构造。它和咀嚼式口器的主要不同点是:与咀嚼式口器相比,刺吸式口器有很大的特化,表现在:上唇很短,呈三角形的小片;下唇长而粗,延长成喙,有保护口器的作用;上颚与下颚变成细长的口针，包在喙内，两对口针相互嵌接组成食物道和唾液道，取食时由唾液道将唾液注入植物组织内，经初步消化，再由食物道将植物营养物质吸入体内，因此其食窦（即唇基与舌之间）和咽的一部分形成强有力的抽吸机构。

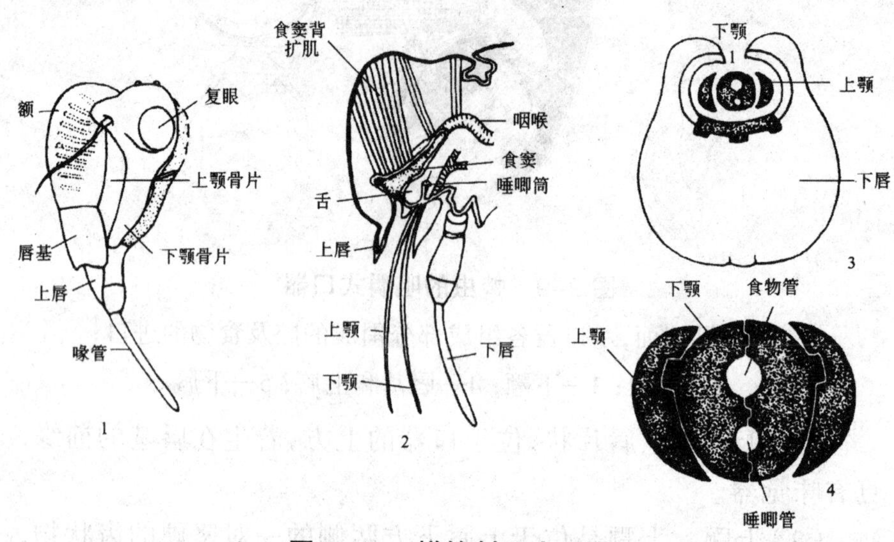

图 2-10　蝉的刺吸式口器

1—蝉的头部侧面；2—从头部正中纵切面；

3—喙的横断面；4—口针的横断面

由于 4 根口针相互嵌合，只能上下滑动而不分离。在不取食时，口器紧贴于体躯腹面；取食时，先用喙管探索取食部位，而后上颚口针交替刺入植物组织内，同时下颚口针也随着刺入，如此不断刺入直至植物内部有营养液处。喙管留于植物表面起支撑作用。由于食窦肌肉的收缩，使口腔部分形成真空，唾液沿着唾液管注入植物组织内，植物汁液则沿着食物管吸进消化道。

2.2.4.3 虹吸式口器

虹吸式口器为蛾蝶类所特有（图 2-11）。其主要特点是下颚的外颚叶极度延长形成喙，其内面具纵沟，相互嵌合形成管状的食物道。此外，除下唇须仍然发达外，口器的其余部分均退化或消失。喙由许多骨化环紧列组成，环间为膜质，故能卷曲。喙平时卷藏在头下方 2 个下唇须之间，取食时伸到花中吸取花蜜。这类口器除少数吸果夜蛾类能穿破果皮吸食果汁外，一般均无穿刺能力。有些蛾类在成虫期不进食，以致口器退化，但幼虫期为咀嚼式口器，很多种类是农业上的重要害虫。

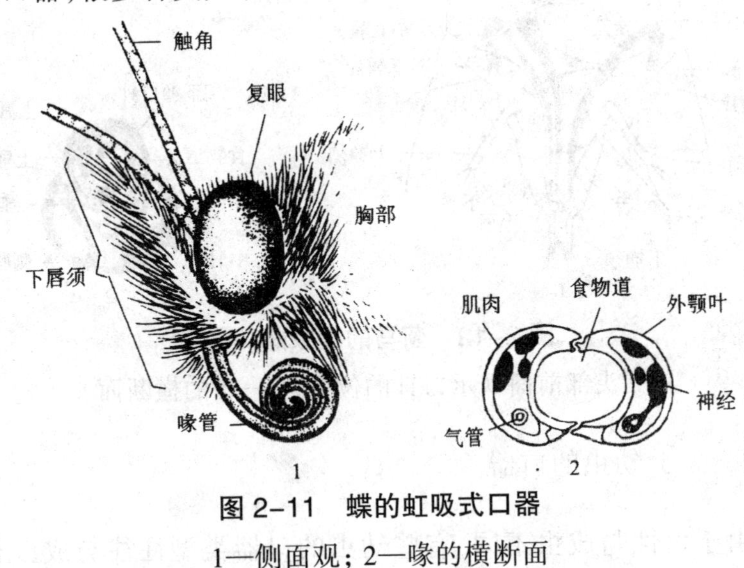

图 2-11　蝶的虹吸式口器

1—侧面观；2—喙的横断面

2.2.4.4 锉吸式口器

锉吸式口器为缨翅目蓟马类昆虫所特有，能吸食植物的汁液或软体动物的体液，少数种类也能吸人血。蓟马的头部向下突出，呈短锥状，端部具有一短小的喙，喙由上唇和下唇组成，内藏舌和由左上颚及 1 对下颚所形成的 3 根口针。右上颚已消失或极度退化，不形成口针；左上颚发达，形成粗壮的口针，基部膨大，具有缩肌，是主要的穿刺工具，因此这类口器的特点是上颚不对称（图 2-12）。两下颚口针组成食物道，舌与下唇间组成唾道。取食时，喙贴于寄主体表，先以上颚口针锉破寄主表皮，使汁液流出，然后以喙端密接伤口，靠唧筒的抽吸作用将汁液吸入消化道内。

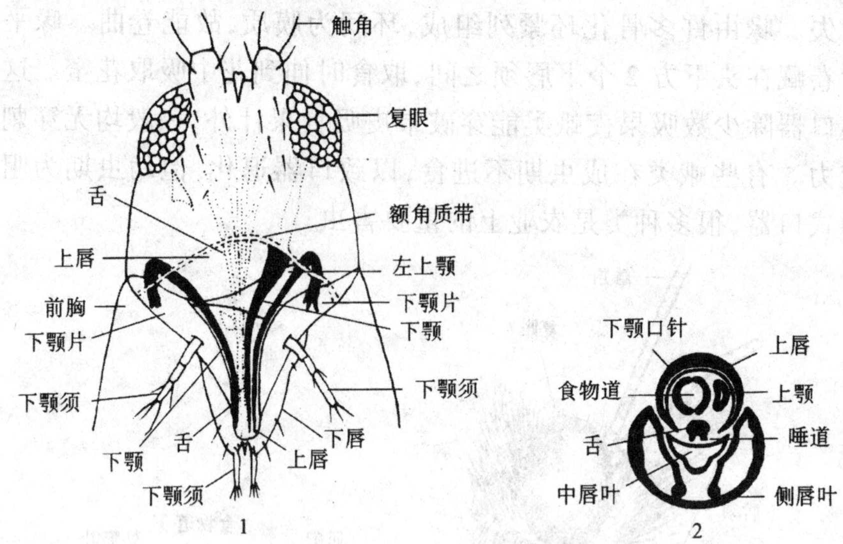

图 2-12　蓟马的锉吸式口器

1—头部前面观示口针的位置；2—喙的横断面

2.2.4.5 幼虫的口器

由于食性与成虫不同，有些幼虫的口器类型往往与成虫有很大的不同（图 2-13）。鳞翅目幼虫的口器基本上是咀嚼式的，其上唇和上颚无变化，但下颚、下唇和舌合并成一个复合体。复合体的两侧为下颚，中央为下唇和舌，在其顶端具有一个突出的吐丝器，用以吐丝结茧。膜翅目叶蜂类幼虫的口器与鳞翅目幼虫的口器相类似，但没有突出的吐丝器，仅有吐丝器的开口。蝇类幼虫的口器十分退化，仅有一对可以上下活动的口钩，用以刮碎食物，然后将液体和细碎的固体食物抽吸到肠内，故又称为刮吸式口器。脉翅目幼虫多能吸食其他昆虫的体液，其口器构造特殊，上、下颚皆弯曲呈镰刀状并互相嵌合，左右各成一管，末端尖锐，用来刺入虫体而吸其体液，称为双刺吸式口器。

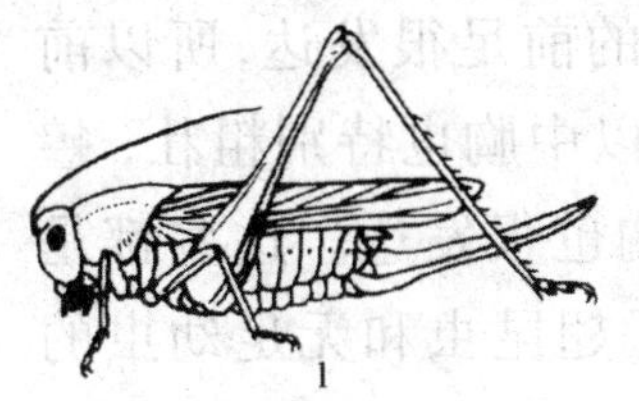
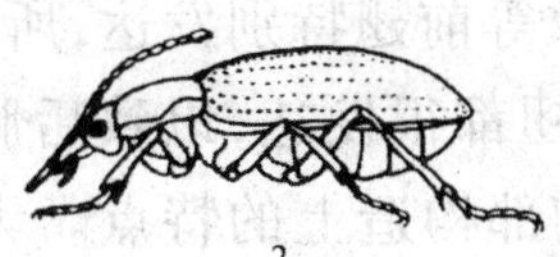
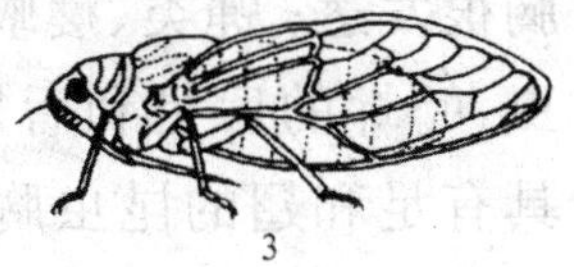

图 2–13 昆虫的头式

1—下口式(螽斯); 2—前口式(捕食性甲虫); 3—后口式(蝉)

2.2.5 昆虫口器与害虫防治的关系

昆虫的口器类型不同,为害方式和为害部位也不同,因此采用防治害虫的方法也就不相同,这对于正确选用农药及合理施药有着重要的意义。杀虫剂的主要类型有胃毒剂、内吸剂和触杀剂等。

在防治咀嚼式口器的害虫时一般采用胃毒剂,害虫在取食时将毒药吞入肠内,引起中毒而死亡。对于刺吸式口器的害虫,一般使用内吸杀虫剂防治效果最好,触杀剂对刺吸式口器的害虫也有良好的防治效果,而胃毒剂对刺吸式口器的害虫则不能奏效。

2.3 昆虫的胸部

胸部是昆虫的第 2 个体段,是运动的中心,由 3 节组成,依次称为前胸、中胸和后胸。每个胸节各有 1 对胸足,多数昆虫中胸和后胸还各有 1 对翅。中胸上的称为前翅,后胸上的称为后翅,所以中后胸又称为具翅胸节。

2.3.1 胸部的构造

胸部为了适应承受足和翅肌的强大牵引力和配合翅的飞行动作,一般都高度骨化,具有复杂的沟和内脊,肌肉特别发达,各节结构紧密,尤其是中后胸(即具翅胸节)。胸部各节的发达程度与足和翅的发达程度有关。如螳螂、蝼蛄的前足很发达，所以前胸很发达；蝇类、瘿蚊等前翅特别发达，所以中胸也特别粗壮；蝗虫、蟋蟀的后足和后翅都很发达，以致后胸也很发达。这些都是具有足和翅的昆虫胸部构造上的特点。无翅昆虫和无足幼虫的胸部则不存在上述特点。

昆虫的每一胸节，均有4块骨板组成，背面的称为背板，两侧的为侧板，腹面的为腹板。这些骨板又因所在胸节而冠以胸节名称，如前胸背板、前胸侧板、前胸腹板。中、后胸同样如此。胸部的骨板并非完整一块而被一些沟缝划分成若干骨片，即由骨片组成，这些骨片都有各自名称。骨板和骨片的形状，以及其上的突起、刺毛等常用作鉴别昆虫种类的特征（图2-14）。

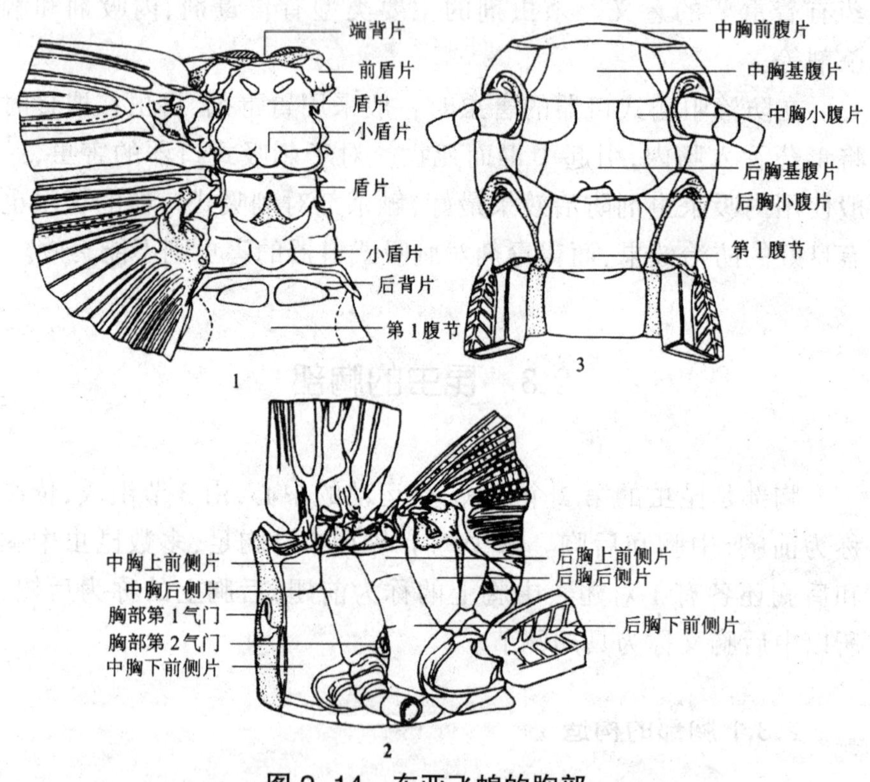

图2-14　东亚飞蝗的胸部

1—背面；2—侧面；3—腹面

2.3.2 胸足

2.3.2.1 胸足的构造

昆虫的足是胸部的附肢，着生在胸部每节两侧下方，不同胸节上着生的足依次称为前足、中足和后足，由基节、转节、腿节、胫节、跗节、前跗节组成（图 2–15）。

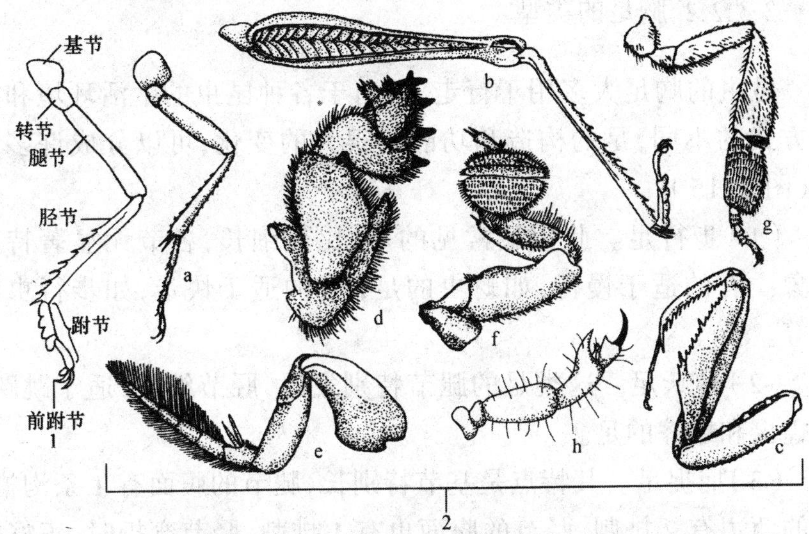

图 2–15　昆虫胸足的构造与类型

1—胸足的构造；2—胸足的类型：a. 步行足（步行虫）；
b. 跳跃足（蝗虫的后足）；c. 捕捉足（螳螂的前足）；
d. 开掘足（蝼蛄的前足）；e. 游泳足（龙虱的后足）；
f. 抱握足（雄龙虱的前足）；g. 携粉足（蜜蜂的后足）；h. 攀缘足（虱子）

（1）基节为最基部的一节，短而粗。着生于虫体。

（2）转节为基部第 2 节，常是最小的一节，少数昆虫的转节分为 2 节。

（3）腿节长而大，常是最大的一节，能跳跃的昆虫腿节特别发达。

（4）胫节通常细而长，与腿节间成肘状弯曲，胫节上常具有成排的刺，端部常生有能活动的距。

（5）跗节是末端的几个小节，常分为 2 ~ 5 个附分节。

（6）前跗节为最后一个跗节端部着生的爪状物，有的昆虫有 2 个爪，爪间常有一柔软的中垫，虫体借此抓握和附着物体。

有些昆虫的中垫消失而具有刺状或刚毛状的爪间突，有时在两爪下面还有爪垫。跗节、中垫和爪垫都具有感觉器，体壁很薄，所以害虫在喷布有药剂的地方爬行时，易于中毒死亡。

2.3.2.2 胸足的类型

昆虫的胸足大多用于行走，但由于各种昆虫的生活环境和生活方式的不同，足的构造和功能有很大的变化，可以分成许多类型（图 2–15）。

（1）步行足。此为最常见的足，比较细长，各节无显著特化现象。有的适于慢行，如蚜虫的足；有的适于快走，如步行虫的足等。

（2）跳跃足。这类足的腿节特别发达，胫节细长，适于跳跃。如蝗虫和蟋蟀的足。

（3）捕捉足。其特点是基节特别长，腿节的腹面有 1 条沟槽，槽的两边有 2 排刺，胫节的腹面也有 1 排刺，胫节弯折时，正好嵌在腿节的槽内，适于捕捉小虫。如螳螂和猎蝽的前足。

（4）开掘足。其特点是粗短扁壮，胫节膨大宽扁，末端具齿，跗节呈铲状，便于掘土。如蝼蛄的前足，有些金龟甲的前足也属此类型。

（5）游泳足。有些水生昆虫的后足，各节变得宽扁，胫节和跗节生细长的缘毛，适于在水中游泳。如龙虱、松藻虫等。

（6）抱握足。跗节特别膨大，且有吸盘状的构造，在交配时能抱握雌体，称为抱握足。如雄性龙虱的前足。

（7）携粉足。其特点是后足胫节端部宽扁，外侧平滑而稍凹陷，边缘具长毛，形成携带花粉的花粉筐。同时第 1 跗节也特别膨大，内侧有多排横列的刺毛，形成花粉梳，用以梳集花粉。如蜜蜂的后足。

(8)攀缘足。寄生于动物体毛上的昆虫,足的胫节末端膨大,并有一个指状突起,跗节末端有强大而弯曲的爪,以便钩住毛发,如虱子的足。

了解昆虫胸足的类型不仅可以帮助人们识别昆虫,而且还可以推断昆虫栖息场所和生活习性,为害虫防治和益虫的利用提供理论依据。

2.3.3 昆虫的翅

除了原始的无翅亚纲和某些有翅亚纲昆虫因适应生活环境,翅已退化或消失外,绝大多数昆虫都有 2 对翅,成为无脊椎动物中唯一能飞翔的动物。由于昆虫有翅能飞,不受地面爬行的限制,所以翅对昆虫寻找食物、觅偶、繁衍、躲避敌害以及迁飞扩散等,具有重要意义。

2.3.3.1 翅的构造

昆虫的翅通常呈三角形,具有 3 条边和 3 个角。翅展开时,靠近头部的一边,称为前缘;靠近尾部的一边,称为内缘或后缘;在前缘与内缘之间,同翅基部相对的一边,称为外缘。前缘与内缘间的夹角,称为肩角;前缘与外缘间的夹角,称为顶角;外缘与内缘间的夹角,称为臀角。

昆虫为了适于翅的折叠与飞行,在翅上常产生 3 条褶线,将翅分为 4 区。基褶位于翅基部,将翅基划为一个小三角形的腋区或称翅关节区;翅后部有臀褶,其末端伸达翅的外缘,此处常凹陷成一缺刻。在臀褶前方的区域,称为臀前区;臀褶后的区域,称为臀区。较低等、飞行速度不快的昆虫臀区常较大,栖息时折叠在臀前区之下。有些昆虫在臀区后还有一条轭褶,其后为轭区(图 2–16)。

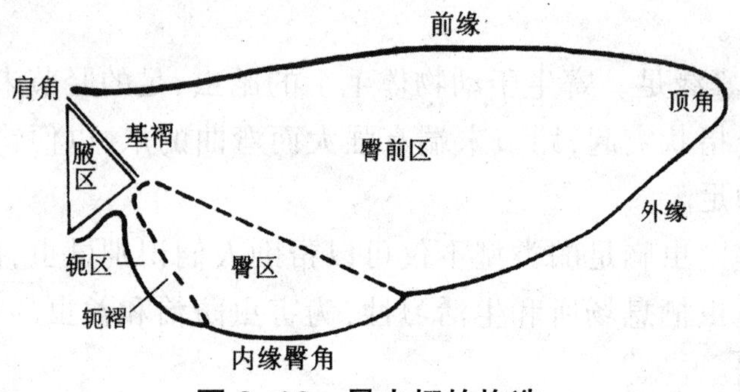

图 2-16 昆虫翅的构造

在双翅目蝇类中,前翅的基后部常有 1 ~ 2 片瓣状构造,称为翅瓣或腋瓣。有些昆虫栩前缘外部有一深色斑,称为翅痣。

2.3.3.2 模式脉相

翅脉在翅面上的分布型式称为脉相或脉序。不同种类的昆虫,翅脉的多少和分布型式变化很大,而在同类昆虫中则十分稳定和相近似,所以脉相在昆虫分类学上和追溯昆虫的演化关系上都是重要的依据。昆虫学家们在研究了大量的现代昆虫和古代化石昆虫的翅脉,加以分析比较和归纳概括后拟出模式脉相,或称为标准脉相,作为比较各种昆虫翅脉变化的依据。

翅脉有纵脉和横脉 2 种,其中由翅基部伸到边缘的翅脉称为纵脉,连接两纵脉之间的短脉称为横脉。模式脉相的纵、横脉都有一定的名称和缩写代号(纵脉缩写字第 1 个字母大写,横脉缩写字母全部小写)。兹将模式脉相介绍如下(图 2-17)。

(1)纵脉。纵脉有以下几条:

①前缘脉(C):位于翅的最前方,通常是一条不分支的凸脉,一般较强壮,并与翅的前缘合并。在飞行过程中,可起到加强前翅切割气流的作用。

②亚前缘脉(Sc):位于前缘脉之后,通常分为 2 支,分别称为第 1 亚前缘脉(Sc_1)和第 2 亚前缘脉(Sc_2),均为凹脉。

③径脉(R):通常是最发达的脉,共分 5 支。其主干是凸脉,先分成 2 支,第 1 支称为第 1 径脉(R_1),直伸达翅的边缘;后一

支称为径分脉（Rs），是凹脉，再经 2 次分支，成为 4 支，即第 2、第 3、第 4、第 5 径脉（R_2 ~ R_5）。

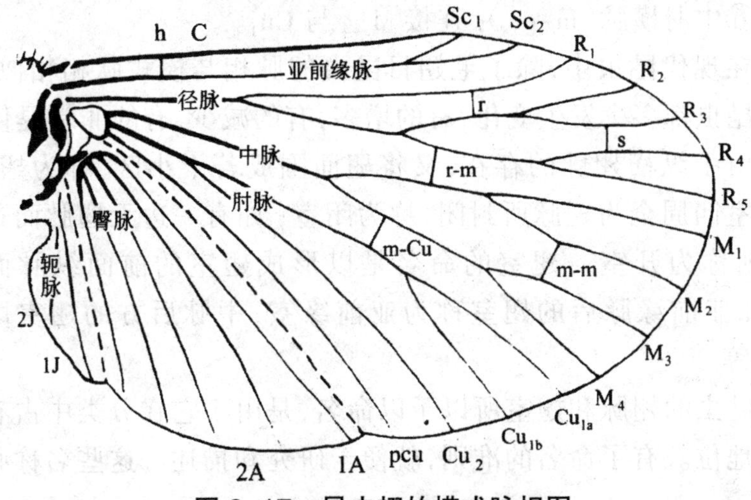

图 2-17　昆虫翅的模式脉相图

④中脉（M）：位于径脉之后，近于翅的中部。其主干为凹脉，分成前中脉（MA）和后中脉（MP）两支。前中脉是凸脉，又分为两支；后中脉是凹脉，分为 4 支。完整的中脉仅存在于化石昆虫及蜉蝣中，一般昆虫的前中脉已消失，只有 4 支后中脉，所以中脉常单独以 M 表示后中脉，即 M_1 ~ M_4。但蜻蜓目、䗛翅目则相反，后中脉消失，仅存在前中脉。

⑤肘脉（Cu）：主干为凹脉，分成两支，即第 1 肘脉（Cm）和第 2 肘脉（Cue）。第 1 肘脉为凸脉，又分为 2 支，以 Cu_{1a} 和 Cu_{1b} 表示。也有的将 3 支肘脉以 Cu_1、Cu_2、Cu_3 表示。

⑥臀脉（A）：在臀褶后的臀区内，通常有 3 条，即 1A、2A、3A，一般都是凸脉。有的昆虫臀脉可多至 10 余支。

⑦轭脉（J）：仅存在于具有轭区的昆虫中，在臀脉之后，仅 2 条，较短，分别以 1J 和 2J 命名。

（2）横脉。横脉根据连接的纵脉而命名，常见的横脉有：

①肩横脉（h）：连接 C 和 Sc 脉，位于近肩角处。

②径横脉（r）：连接 R_1 与 R_2。

③分横脉（s）：连接 R_3 与 R_4 或 R_{2+3} 与 R_{4+5}。

④径中横脉(r-m):连接 R_{4+5} 与 M_{1+2}。

⑤中横脉(m):连接 M_2 与 M_3。

⑥中肘横脉(m-cu):连接 M_{3+4} 与 Cu_1。

在现代昆虫中,除了毛翅目昆虫的脉相与模式脉相相似外,其他昆虫都多少发生变化,有的增多,有的减少,有的非常退化。

由于纵横翅脉的存在,又将翅面围成若干小区,称为翅室。若翅室四周全为翅脉所封闭,称为闭室;如有一边无翅脉而达翅缘,则称为开室。翅室的命名是以形成翅室的前面纵脉而称谓,如亚前缘脉后的翅室称为亚前缘室,中脉后方的翅室即称中室等。

昆虫的翅脉和翅室所以予以命名,是由于它在分类中占有重要的地位。有了命名的准则,就便于研究和描述。这些名称必须熟记。

2.3.3.3 翅的类型

翅的主要功能是飞行,但是由于适于特殊的生活环境,各种昆虫翅的功能也有所不同,因而在形态上也发生了变化,形成了不同类型的翅(图 2-18)。

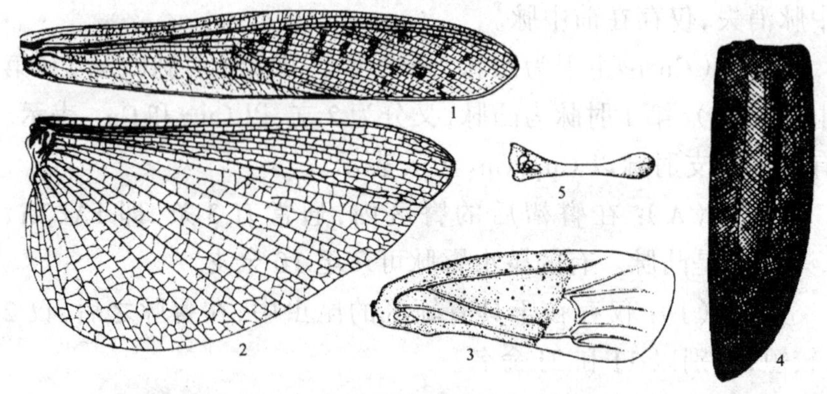

图 2-18 昆虫翅的类型

1—覆翅(飞蝗的前翅);2—扇状翅(飞蝗的后翅);
3—半鞘翅(椿象的前翅);4—鞘翅(叩头虫的前翅);
5—平衡棒(蝇的后翅)

(1)膜翅。翅膜质透明,翅脉明显。如蚜虫、蜂类、蝇类的翅。

(2)鳞翅。翅膜质,翅面上有一层鳞片。如蛾、蝶的翅。

(3)毛翅。翅膜质,翅面密生细毛。如石蛾的翅。

(4)缨翅。翅膜质,狭长,边缘着生很多细长的缨毛。如蓟马的翅。

(5)覆翅。翅质加厚成革质,半透明,仍然保留翅脉,兼有飞翔和保护作用。如蝗虫、蝼蛄、蟋蟀的前翅。

(6)鞘翅。翅角质坚硬,翅脉消失,仅有保护身体的作用。如金龟甲、叶甲、天牛等甲虫的前翅。

(7)半鞘翅。翅的基半部为革质,端半部为膜质。如椿象的前翅。

(8)平衡棒。翅退化成很小的棍棒状,飞翔时用以平衡身体。如蚊、蝇和介壳虫雄虫的后翅。

2.4 昆虫的腹部

腹部是昆虫的第3个体段,前面与胸部紧密相连,末端有尾须和外生殖器,内脏器官大部分都在腹腔内,因此腹部是新陈代谢和生殖中心。

2.4.1 腹部的构造

昆虫的腹部通常由9 ~ 11节组成,除末端几节具有尾须和外生殖器外,一般没有附肢。第1 ~ 8节两侧常具有气门一对。腹节具背板和腹板,两侧只有膜质的侧膜,不像胸部有发达的侧板。由于腹节背板常向下延伸,侧膜往往被背板所覆盖。相邻两腹节的前后缘常互相套叠,节与节间有节间膜相连。由于腹节前后两侧都是膜质,使得腹部有较大的伸缩能力,并有助于昆虫的呼吸、交配、产卵和施放性外激素。

2.4.2 外生殖器

昆虫的外生殖器是用来交配(交尾)和产卵的器官。

2.4.2.1 雌性外生殖器

雌性外生殖器——产卵器位于腹部第8、9节的腹面,由3对产卵瓣组成,第1对称腹产卵瓣,第2对称内产卵瓣,第3对称背产卵瓣。生殖孔开口于第8、9腹节之间(图2-19)。

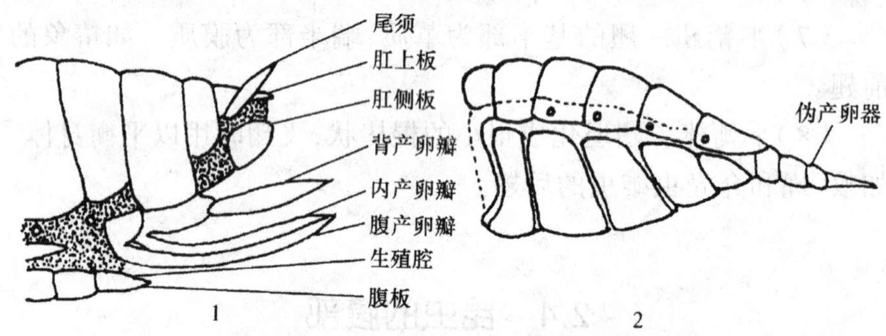

图2-19 雌性外生殖器的构造

1—雌虫产卵器；2—雌天牛的伪产卵器

由于昆虫的种类不同,适应的产卵环境不同,产卵器的外形也有很多变化：蝗虫的产卵器短小呈瓣状；蟋蟀的产卵器剑状；姬蜂的产卵器细长,有的可为体长的数倍；蜜蜂的产卵器则特化为螯针；用产卵器插入植物组织内产卵的昆虫,其产卵器往往呈锯齿状(如叶蜂和蓟马)或为刀状(如蝉、叶蝉),在产卵时能将植物茎枝皮层刺破。

但是,并非所有的昆虫都有产卵器,如蝶、蛾类、蝇类和甲虫,它们的腹部末几节逐渐变细,互相套叠,可以伸缩,形成能够伸缩的伪产卵器,它们只能把卵产在物体的表面、裂缝和凹陷的地方,但实蝇类的腹部末端尖细而骨化,可以刺入果实内产卵。

2.4.2.2 雄性外生殖器

雄性外生殖器——交配器或交尾器，构造比较复杂。交配器主要包括将精子送入雌虫体内的阳具和交配时挟持雌体的抱握器。

阳具由阳茎及辅助构造组成，着生在第 9 腹节腹板后方的节间膜上，是节间膜的外长物。此膜内陷为生殖腔，阳具平时隐藏于腔内。阳茎多为管状，射精管开口于其末端。交配时借血液的压力和肌肉活动，将阳茎伸入雌虫阴道内，把精液排入雌虫体内（图 2-20）。

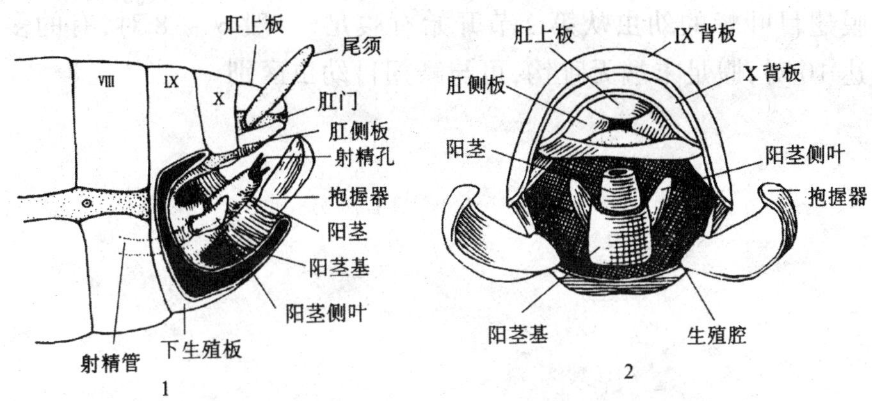

图 2-20 雄性外生殖器的构造

1—侧面观（部分体壁已去掉，示其内部构造）；2—后面观

抱握器是由第 9 腹节附肢所形成。其形状、大小变化很大。一般有叶状、钩状或弯臂状。雄虫在交配时用以抱握雌虫以便将阳茎插入雌虫体内。一般交配的昆虫多具有此器。

2.4.2.3 尾须

尾须是第 11 腹节的 1 对附肢。许多高等昆虫由于腹节的减少而无尾须，只在低等昆虫中较普遍，且尾须的形状、构造等变化也大。有些昆虫尾须很长，如蟋蟀、蝼蛄等；有的很短，如蝗虫、蚱蜢等；有的无尾须，如蝶、蛾、椿象、甲虫等。尾须上有许多感觉毛,是感觉器官。但在双尾目的铗尾虫和革翅目(蠼螋)中,尾须硬化,形如铗状,用以御敌;蠼螋的铗状尾须还可帮助折叠后翅。在缨尾目和部分蜉蝣目昆虫中,1对细长的尾须间,还有1条与尾须极相似的中尾丝。中尾丝不是附肢,是第11腹节背板的延伸物。1对尾须和1个中尾丝是这两类昆虫最易识别的特征。

2.4.2.4 幼虫的腹足

鳞翅目和膜翅目叶蜂等的幼虫,腹部具有行动用的腹足。鳞翅目幼虫通常有5对腹足,着生于第3～6腹节和第10腹节上,第10腹节上的又称为臀足。腹足构造简单,呈筒状,末端具趾钩。膜翅目叶蜂的幼虫从第2节开始有腹足,一般6～8对,有的多达10对,腹足末端无趾钩,可与鳞翅目幼虫区别。

第 3 章　昆虫的内部器官与解剖分析

本章主要探讨各系统在体腔内的位置，各大系统的基本结构、功能及与防治的关系。

3.1　昆虫内部器官的位置

3.1.1 血窦

昆虫体壁所包成的腔，称为体腔。由于体腔内充满血液，所以又叫作血腔。昆虫所有的内部器官都浸浴在血腔内。

昆虫的体腔由纤维隔膜分割成 2 ~ 3 个小腔，称为血窦（图 3-1）。大多数昆虫只在背血管下面有一层隔膜，称为背隔，将体腔分为上方的背血窦和下方的围脏窦。由于司职循环作用的背血管位于背血窦内，所以背血窦又称围心窦。在有些昆虫中，如直翅目蝉科、鳞翅目和双翅目的成虫等，在腹部腹板两侧之间还有 1 层隔膜，称为腹隔，其下方称为腹血窦。因为腹血窦内包含了腹神经索，所以又称围神经窦。背隔和腹隔都有孔隙，故血窦之间彼此相通，血液可通过孔隙在体腔内循环。

3.1.2 内部器官及其位置

昆虫的内部器官主要包括具有营养消化和吸收功能的消化道、具有排泄功能的马氏管、具有循环功能的背血管、构成中枢神经系统的腹神经索和脑、具有呼吸功能的气管系统、具有营养贮存和中间代谢转化作用的脂肪体、提供机械动力的肌肉、分泌激素的各种内分泌腺体和担负繁殖功能的生殖系统(图 3-2)。

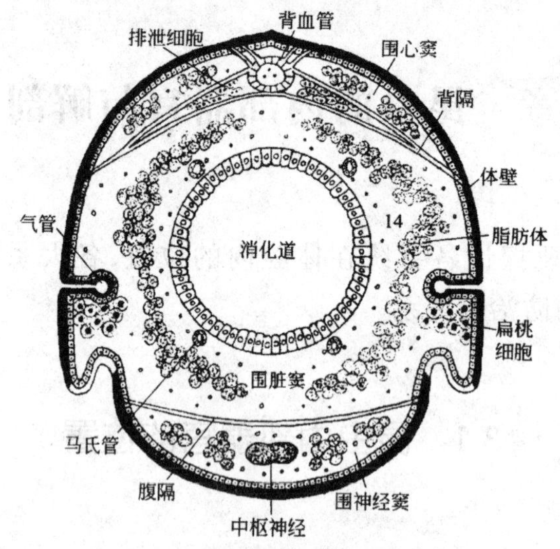

图 3-1　昆虫腹部横切面模式图

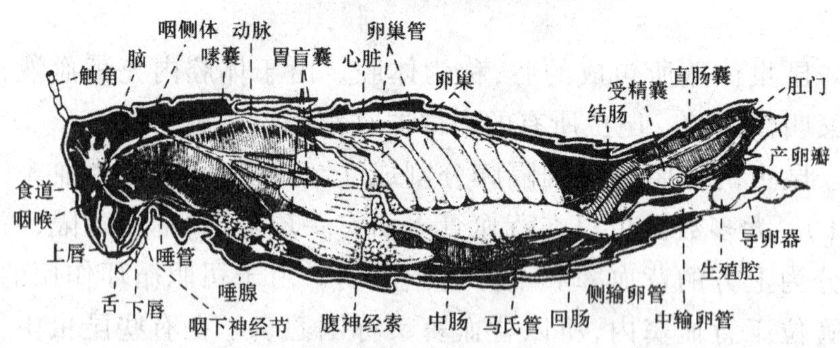

图 3-2　蝗虫内部器官相对位置(仿 Matheson)

消化道是一条纵贯于体腔中央的管道,它的前端开口于头部的口前腔,后端开口为肛门。马氏管是一至多条细长的盲管,着生在消化道的中肠与后肠的交界处。背血管位于消化道的背面,是一根前端开口、后段略膨大的细管。腹神经索位于消化道的腹面,纵贯于腹血窦中,前端与头内的脑相连。气管系统沿两侧气门向内分布在消化道的两侧、背面和腹面的内脏器官之间。脂肪体包围在不同的内脏器官周围。昆虫的肌肉系统主要附着于体壁内脊、内脏器官表面、附肢和翅的关节处。昆虫的内分泌腺体包括位于头部的心侧体、咽侧体和唾腺,位于胸部前胸气门附近的前胸腺，以及位于腹部的生殖附腺等。昆虫的生殖系统位于消化道中肠和后肠的背侧面，以生殖孔开口于体外，主要由一对雌性的卵巢与侧输卵管，或一对雄性的睾丸与输精管，以及后肠腹面的中输卵管或射精管构成。

3.2 昆虫的消化系统

昆虫的消化系统包括一根自口到肛门，纵贯血腔中央的消化道，以及与消化有关的唾腺等。

3.2.1 消化道的构造

昆虫消化道根据其发生来源和功能的不同，可分为前肠、中肠和后肠三部分(图 3-3)。

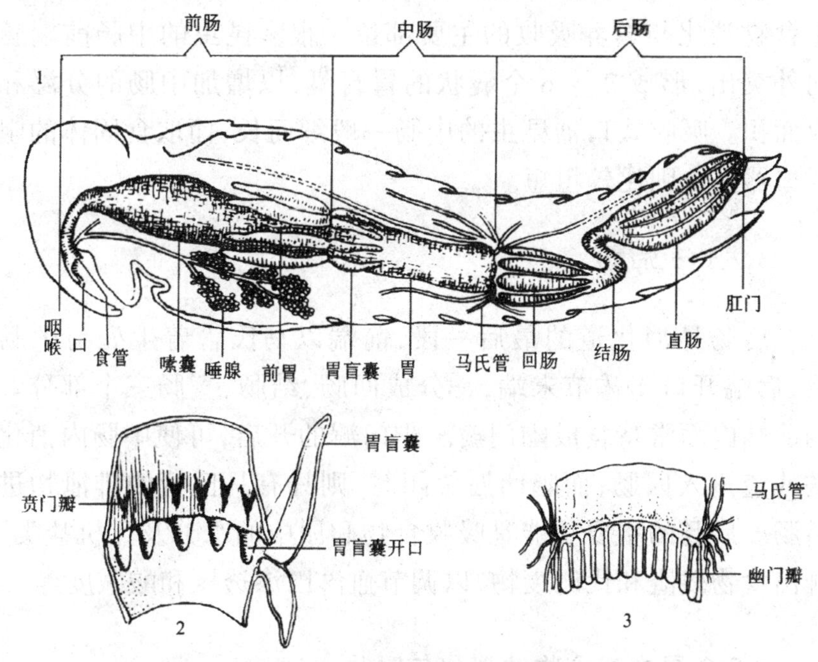

图 3-3 蝗虫的消化系统

1—东亚飞蝗消化系统；2,3—非洲飞蝗部分消化道纵切面

3.2.1.1 前肠

前肠从口开始,经由咽喉、食道、嗉囊,终止于前胃,而以贲门瓣与中肠分界。其中咽喉、食道是摄食的通道,但在吸收式口器的昆虫中,咽喉形成咽喉唧筒,起摄食作用。嗉囊的主要功能是暂时贮存食物,有些昆虫具有部分消化作用。如直翅目昆虫取食时,食物与唾液一同进入前肠,中肠分泌的消化液也倒流入前肠,进行食物部分消化。前胃主要功能是磨碎食物。前胃后端的贲门瓣是由前肠末端的肠壁向中肠前端内陷而成的一圈环形内褶,主要是使食物可以从前肠直接输入到中肠的肠腔,而不与胃盲囊接触,阻止中肠内食物倒流入前肠。

3.2.1.2 中肠

中肠又称为胃,一般是一条前后粗细相似的管状构造。中肠是食物消化与营养吸收的主要部位。很多昆虫的中肠前端肠壁向外突出,形成2 ~ 6个囊状的胃盲囊,以增加中肠的分泌和吸收面积。吸收式口器昆虫的中肠一般细而长,而取食固体的咀嚼式口器昆虫则比较粗短。

3.2.1.3 后肠

后肠是消化道的最后一段,前端以马氏管着生处与中肠分界,后端开口于体节末端,常分成回肠、结肠、直肠三个部分。后肠前端内面常特化成幽门瓣。幽门瓣的开启,可使中肠内消化后的残渣进入回肠,而幽门瓣关闭时,则只有马氏管的排泄物进入后肠。后肠的主要功能是吸收食物和尿中的水分及无机盐类,并排出食物残渣和代谢废物,以调节血淋巴渗透压和酸碱度等。

3.2.2 昆虫对食物的消化与吸收

昆虫消化道是食物消化和营养吸收的主要器官。食物的消化是靠中肠分泌的含有各种酶的消化液进行的,即将食物中的淀粉、脂肪及蛋白质等大分子化合物水解成葡萄糖、甘油、脂肪酸和氨基酸等小分子化合物,而被肠壁细胞所吸收,这一过程为消化作用。

消化酶的种类不同,昆虫的食性就不同。一般昆虫消化酶种类多,食性就广。植食性和杂食性昆虫的消化酶种类多,含有淀粉酶、麦芽糖酶、脂肪酶、蛋白酶等。捕食性昆虫脂肪酶和蛋白酶活性高,而无淀粉酶。食性专一的昆虫消化酶种类少,如取食木材的天牛等纤维素酶活性高;吸血昆虫具有膜蛋白酶。

昆虫的消化酶活性受中肠消化液 pH 的影响,昆虫消化液的 pH 随昆虫种类、虫态不同而变化,一般为 6 ~ 8,蝗虫为 5.8 ~ 7.5;葱蝇幼虫为 4.4 ~ 7.7;日本金龟甲幼虫为 9.5,成虫为 7.5;鳞翅目幼虫为 8.5 ~ 10,呈强碱性。

3.2.3 消化系统与害虫防治的关系

昆虫的消化系统与害虫防治密切相关。胃毒剂是通过被取食进入消化道,溶解吸收后引起毒杀作用的一类药剂。可见,杀虫剂能否被中肠消化液溶解和吸收是决定杀虫效果的重要条件。由于鳞翅目幼虫中肠 pH 为 8 ~ 10,苏云金杆菌(Bt)制剂、昆虫核型多角体病毒(NPV)和颗粒体病毒(GV)等生物杀虫剂一般对这些害虫有特效。因为在碱性条件下,Bt 制剂能释放出 δ- 内毒素,NPV 和 GV 能产生病毒粒子,起到杀虫作用。

目前,在转基因抗虫品种研究中,为了抑制消化道内蛋白酶的活性,干扰害虫生长发育,将豇豆膜蛋白酶抑制剂(CPTL)基因、马铃薯蛋白抑制剂(PI-Ⅱ)基因和水稻巯基蛋白抑制剂基因转移到烟草、玉米、水稻、棉花、油菜、杨树等植物中,表达后产生相应的蛋白酶抑制剂,被害虫取食后在中肠与蛋白消化酶相结合,形成酶抑制复合物(EI),使害虫发育不正常或死亡。一些品种对烟草芽蛾、玉米穗、棉铃虫等抗性较好。另外,开发像拒食剂等一类的具有拒食作用、忌避作用或呕吐作用的杀虫剂，也可达到防治害虫的目的。

3.3　昆虫的排泄系统

排泄是昆虫代谢的一个重要生理现象，其功能是消除体内的代谢废物和某些有毒的、多余的物质，保持体内渗透压的稳定，维持昆虫正常的生命活动。昆虫的主要排泄器官是马氏管。

3.3.1 马氏管

马氏管着生于中肠与后肠的交界处，基端通入消化道内，是浸浴在血液中的长形盲管。其数目因种类而异。一般为 4 ~ 6 条，少则 2 条（如蚧类），多达 300 多条（如直翅目昆虫）。

马氏管的主要功能是排泄代谢废物。昆虫体内的尿酸是以可溶性的尿酸氢钾或尿酸氢钠溶液由端部进入马氏管的。当含有尿酸氢钾或尿酸氢钠的溶液通过马氏管的基端时，刷状边发达的原生质丝将水分及无机钾盐或钠盐吸回到血液，使尿液的 pH 下降，尿酸结晶存积于马氏管的基端内，然后由管腔进入后肠，最后与肠内的食物残渣混在一起，由肛门排出体外。

3.3.2 其他排泄器官

3.3.2.1　脂肪体

昆虫脂肪体为不规则的团状、疏松带状或叶状组织。组成脂肪体的细胞主要有贮存养料细胞和尿盐细胞两类，具有排泄作用。

3.3.2.2 围心细胞

围心细胞分布在背血管两侧，能吸收血液中的叶绿素、胶体颗粒大分子物质，也有积贮排泄的作用。

3.4 昆虫的呼吸系统

昆虫生活所需能量大部分来源于食物储存的化学能。这些化学能只能通过呼吸作用，以特定形式释放。

3.4.1 呼吸系统的构造和分布

昆虫的呼吸系统由气门和许多有弹性的气管组成。气管有主干和分支，由粗到细，愈分愈细，最后分成许多微气管，着生在组织间或细胞内。自气门伸入体内的一小段气管称为气门气管。每体节的气门气管分出 3 支，分别伸向虫体的背面、腹面和中央，依次称为背气管、腹气管和内脏气管。各节气管之间还有纵行的气管相连，纵贯于体躯两侧。连接所有气门气管的为侧纵干；连接各节背气管的为背纵干；连接各节腹气管的为腹纵干；连接各内脏气管的为内脏纵干（图 3-4）。

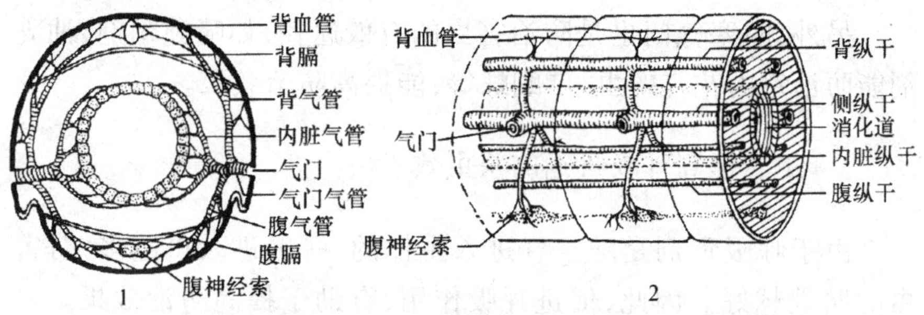

图 3-4 昆虫气管分布模式图（仿 Snodgrass）

1—体躯横切面，示体节内气管分布；2—体壁侧面透射，示气管干

气门是气管在体壁上的开口，一般成虫和幼虫都有 10 对，分

别位于中、后胸及第1～8腹节背板的两侧或侧片侧膜上。最简单、最原始的气门就是气管在体壁上的开口。但在绝大部分昆虫中，气门都具有一些特殊构造。有的气门腔内具有绒毛状或栅状的过滤机构，能阻止灰尘和其他外来物进入虫体；有些昆虫的气门还有调节器，可以开闭，用以调节空气的出入，并能阻止水分蒸发和有毒气体的入侵。

3.4.2 呼吸系统与害虫防治的关系

了解昆虫的呼吸机理有助于防治害虫。在杀虫剂中，无论是神经毒剂还是呼吸毒剂，对昆虫的呼吸代谢都有一定的影响，干扰或破坏昆虫的呼吸率，起到毒杀害虫的作用。

3.4.2.1 害虫防治途径

通过呼吸系统对害虫进行防治的途径有：

（1）熏蒸性杀虫剂，在害虫呼吸时随空气进入气门，沿气管系统到达组织产生毒效，如氯化汞、溴甲烷、磷化锌等。

（2）有机磷等神经挥发性杀虫剂，由气管进入血液，到达神经系统产生毒效，如敌敌畏。

（3）鱼藤酮、硫化氢等呼吸抑制剂，进入害虫体内后，抑制呼吸代谢酶类，从而影响正常的细胞或组织呼吸代谢。

另外，阻塞气门也是防治害虫的有效途径，如喷施糊剂、油乳剂能防治室内花卉蚜虫、红蜘蛛等，能提高防治效果。

3.4.2.2 提高呼吸毒剂的杀虫效果

由于呼吸毒剂是随空气进入虫体的，一般进入得越多，对害虫的防效越好。因此，促进呼吸作用，有助于提高防治效果。可采用的方法有：

（1）适度提高熏蒸场所的温度，温度高，酶活性大，呼吸强，防效好。

（2）增加环境中的二氧化碳浓度，刺激气门开启，增强呼吸系数，毒效高。

（3）加工并喷施乳油、油剂等杀虫剂，有助于杀虫剂由气门渗入体内。

3.5　昆虫的循环系统

昆虫属于开放式循环系统，血液在体内循环时，仅有一段在背血管内，其余均在体腔内和组织器官间流动。昆虫循环系统的主要功能是运输养料、激素和代谢废物，维持正常生理所需的血压、渗透压和离子平衡，参与中间代谢，清除解离的组织碎片，修补伤口，对侵染物产生免疫反应以及飞行时调节体温等。昆虫的循环系统没有运输氧的功能，氧气由气管系统直接输入各种组织器官内，所以昆虫大量失血后，不会危及生命安全，但可能破坏正常的生理代谢。

3.5.1 循环系统的构造

昆虫的循环系统主要包括推动血液流动的背血管及辅搏器，另外，背膈、腹膈有节律的收缩活动也能使血液沿着一定的方向流动。

3.5.1.1 背血管

背血管位于昆虫背壁的下方，是一条纵贯于背血窦中央的管状器官，一般从腹部伸达头部，由肌纤维和结缔组织组成，可以分为心脏和动脉两个部分，心脏两侧着生有扇状的翼肌与背膈相连（图 3–5）。

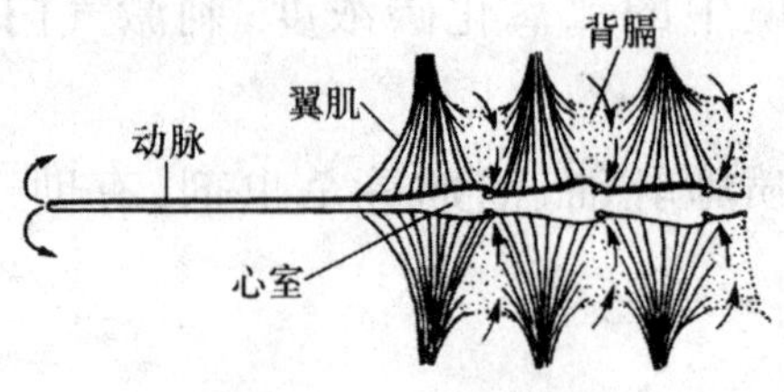

图 3–5 背血管

心脏是背血管中呈连续膨大的部分,每个膨大的部分称心室,心室的两侧有一对心门。心门是血液进入心脏的开口,外观为一条垂直或斜的裂缝,边缘向内折入,形成心门瓣(图 3–6)。背血管的前端称动脉,直径较小,其前端开口于脑及食道之间形成的血窦内,可使脑及咽侧体浸泡在血液中。翼肌是环状或半环状薄层肌肉,将前、后心门之间的心室腹侧壁连接到两侧的体壁或附近其他组织上。翼肌的数目通常与心室数目一致,其主要功能是协助心脏搏动,并与背膈共同起到固定心脏的作用。

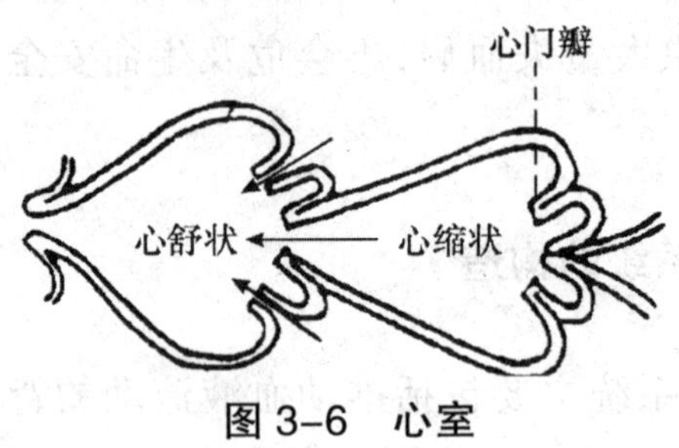

图 3–6 心室

3.5.1.2 辅搏器

辅搏器是昆虫体内辅助心脏进行血液循环的结构,在多数情况下是一种相对独立的构造,一般与背血管不发生任何联系,通常位于触角、翅和附肢的基部。辅搏器由含肌纤维的薄隔组成,薄隔收缩,可驱使血液流入远离体躯的部位。辅搏器的形状因所在部位而异,有膜状、瓣状、管状或囊状等多种。蝗虫触角的末端,蚜虫足跗节的基部,蜻蜓的胸部等都具辅搏器。

3.5.1.3 造血器官

昆虫的造血器官是昆虫体内不断分化并释放血细胞的囊状构造,周围有膜包被,膜囊有相互交织的类胶原纤维和网状细胞。造血器官除有补充血细胞的功能外,还有活跃的吞噬功能。膜翅目幼虫的造血器官在胸腹部脂肪体附近,鳞翅目幼虫的在翅芽周围,双翅目幼虫的在动脉上。造血器官只存在于昆虫幼期,成虫期退化消失。

3.5.2 循环系统与害虫防治的关系

杀虫剂进入虫体后,都要依赖血液循环将其送到目标组织中,才能发生作用。一般血液循环越快,药剂运载效率越高,杀虫效率越大。杀虫剂的作用靶标通常与循环系统无关,但常有一些毒副作用。杀虫剂破坏循环系统的主要表现是扰乱血液循环,如烟碱类;破坏血细胞,如无机盐类;使心脏搏动率下降,减低血液循环压力,如氰氢酸和除虫菊素等。

3.6 昆虫的神经系统

昆虫的神经系统联系着体壁表面和体内各种感觉器官和反应器。感觉器官接受内外刺激而产生冲动,由神经系统将不同的冲动综合后传递到肌肉、腺体等反应器官,从而引起收缩和分泌活动,以适应环境的变化和要求,并支配昆虫的一切活动。

3.6.1 神经系统的构造

昆虫神经系统的基本单位是神经原。每个神经原包括一个神经细胞及其伸出的神经纤维。神经细胞分出的主支为轴状突,轴状突再分出的支为侧支。轴状突及其侧支的顶端发生的树状细支，称端丛。在细胞体四周发生的小树状分支，称树状突（图3–7）。

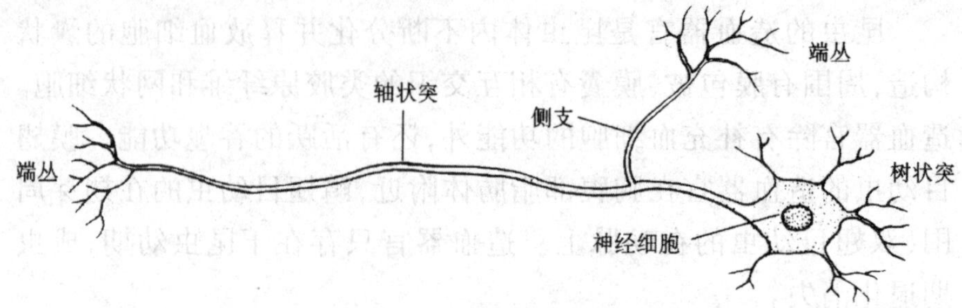

图 3–7 神经元模式图

按细胞外突着生的形式，神经原可分为单极神经原（只有 1 个轴状突和侧支）、双极神经原（除轴状突外，细胞体另一端还具有 1 个端突）和多极神经原（除轴状突外，还有树状突）；按神经原的作用，可分为感觉神经原、运动神经原和联络神经原。

昆虫的神经系统可分为中枢神经系统、交感神经系统和周缘神经系统 3 部分。

3.6.1.1 中枢神经系统

中枢神经系统包括脑、咽下神经节和腹神经索（图 3–8）。脑由前脑、中脑、后脑组成。其上有神经通到眼、触角、上唇和额。脑不仅为头部的感觉中心，也是神经系统中最主要的联系中心。咽下神经节发出的神经通至上颚、下颚、下唇、舌、唾管和颈部肌肉等处，其主要作用是控制和协调口器的动作。腹神经索由 3 个胸神经节和 8 个腹神经节以神经索相连而成，支配着昆虫胸腹部及其附肢的各项反应，控制呼吸和肌肉运动以及排泄、交尾、产卵等生命活动。

3.6.1.2 交感神经系统

交感神经系统亦称内脏神经系统，由额神经节发出的 1 对额神经索与后脑相连，并由 1 对额神经索的中央生出 1 条逆走神经，沿咽喉背面通过脑下伸到前肠、涎腺、背血管等处，控制内部器官的活动(图 3-9)。

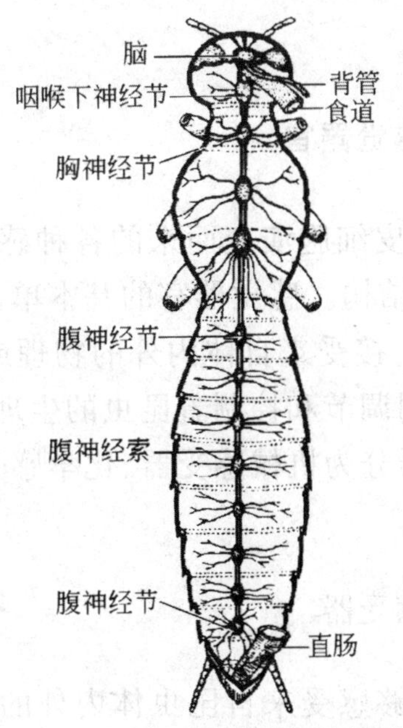

图 3-8　昆虫中枢神经系统模式图

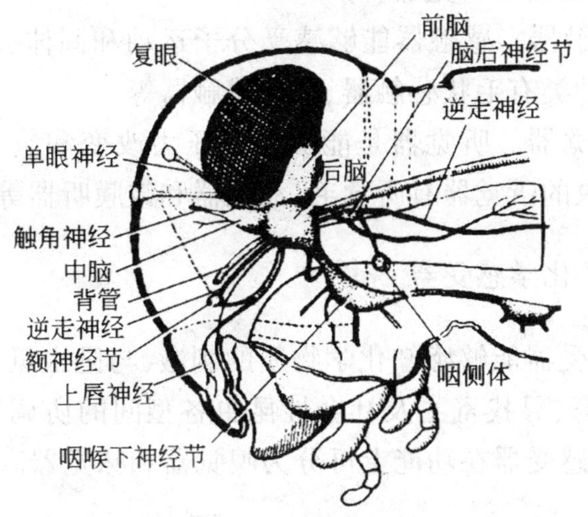

图 3-9　昆虫头部及前胸神经系统侧面观

3.6.1.3 周缘神经系统

周缘神经系统分布在体壁部分，位于真皮细胞层下，呈蛛网状，包括来自中枢神经的神经末梢，有的连接在感觉器上，其功用是把外来刺激所产生的冲动传至中枢神经系统,以便作出适当的反应。

3.6.2 昆虫的感觉器官

由昆虫体壁的皮细胞演变而来的各种感觉器官是接受环境和体内信息的重要结构。感觉器官的基本单元是感受器,它分布于体躯的各个部位,接受来自体内外的物理或化学刺激,与神经系统协调作用,共同调节和控制着昆虫的生理和行为反应。根据功能,可以将感受器分为机械感受器、化学感受器、温湿度感受器和视觉器四大类。

3.6.2.1 机械感受器

机械感受器能够感受来自昆虫体内外的机械刺激。机械感受器包括感触器和听觉器。

(1)感触器。感触器能够感受分子运动和固体、液体的接触能量,常见种类有毛状感触器、钟状感触器等。

(2)听觉器。听觉器是能够感受压力改变和空气或水振动的结构,昆虫的听觉器有听觉毛、江氏器和鼓膜听器等。

3.6.2.2 化学感受器

化学感受器能够感知化学物质的刺激,与昆虫觅食、求偶、产卵、选择栖境、寻找寄主及社会性昆虫各型间的协调等行为密切相关。化学感受器在功能上可分为嗅觉器和味觉器。

3.6.2.3 温湿度感受器

昆虫的温湿度感受器能够感受环境温湿度变化的刺激。昆虫是变温动物,其活动与功能受环境温度的影响和调节。

(1)温度感受器。昆虫常常能感觉到环境温度的微小变化,如蜜蜂群能感觉到 ±0.25 ℃的温度变化,臭虫会离开一个发烧的人而选择具有正常体温的人吸血。温度感受器分布于昆虫的整个体躯上,而以端跗节和触角部位最多。

(2)湿度感受器。湿度感受器常呈锥状、毛状和板状等,能反应空气中水分的饱和、亏缺或蒸气压的变化。有些昆虫对湿度的改变很敏感,如金针虫喜欢高湿环境,库蚊则躲避高湿环境。此外,有些昆虫如蜜蜂能借触角上特殊的感受器找到相当远距离的水源。

3.6.2.4 视觉器

视觉器能够感受光波的刺激,其含有特定色素的感觉细胞能受一定波长范围内的光波(253 ~ 700 nm)刺激产生生物电位,并传递给中枢神经系统引起视觉反应。昆虫的视觉器包括复眼和单眼。它们对昆虫的觅食、求偶、避敌、休眠、滞育、决定行为方向等都有重要作用。

(1)复眼。只有成虫和不完全变态的若虫或稚虫才有复眼。复眼由许多小眼组合而成,通过综合不同小眼的刺激效应而成像。

(2)单眼。单眼分为背单眼和侧单眼。背单眼为成虫和不完全变态类的若虫或稚虫所具有,侧单眼仅为完全变态类的幼虫所具有,它们只能感受光线的强弱与方向,而都无成像功能。

3.6.3 神经系统的传导

神经系统的传导主要包括神经原内、神经原与神经原之间,以及神经原与肌肉(或反应器)间的传导。整个传导是一个相当复杂的过程。

3.6.3.1 神经原内的传导

当感觉器接受刺激后,连接于感觉器上的感觉神经原膜的通透性改变,产生了兴奋,兴奋达到一定程度时,感觉神经上即表现明显的电位差，形成动作电位，产生了电脉冲，它是依电波脉冲信号每秒约 7 m 的速度在神经原轴突上推进传导。

3.6.3.2 神经原间的传导冲动

在神经原间的传导是靠突触传导。每当突触前神经末梢发生兴奋时，就有兴奋性递质（乙酰胆碱）从突触小泡中释放出来，扩散至突触，作用于突触后膜上的乙酰胆碱受体，激发突触后膜产生动作电位，使神经兴奋冲动的传导继续下去。

每次神经兴奋释放出的乙酰胆碱，在引起突触电位改变以后的很短时间内被乙酰胆碱酯酶水解为乙酸和胆碱，胆碱又被神经末梢重新摄取，再参与合成乙酰胆碱，贮存备用。

3.6.3.3 运动神经原与肌肉之间的传导

它们之间也是靠突触传导，但有两种类型的突触，其一是兴奋性突触，以谷氨酸盐为化学传递物质；其二是抑制性突触，以 γ- 氨基丁酸为化学传递物质。

神经系统内最简单的 1 次传导途径，包括 1 个接受刺激的感觉器官和与其相连的感觉神经原，将冲动传至神经节内，再经由 1 个联络神经原而传导至运动神经原，最后传到肌肉、腺体或其他反应器而发生相应的反应。这种传导 1 次冲动的途径，称为 1 个反射弧（图 3–10）。由此引起的反应称为反射作用。

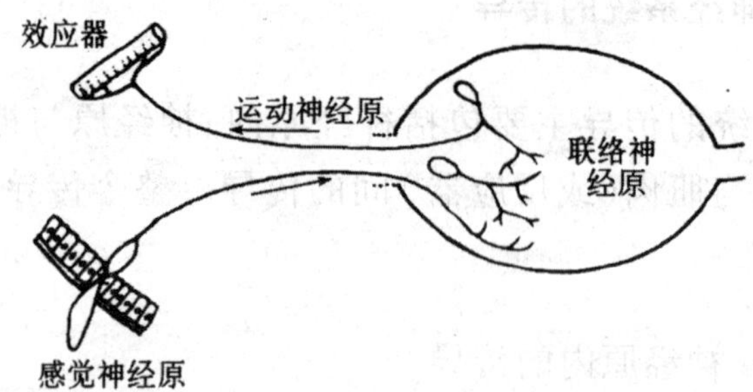

图 3–10 简单反射弧的传导途径

3.6.4 神经系统与害虫防治的关系

神经系统的研究,可使我们较深刻地理解昆虫的习性行为和生命活动,对于防治害虫具有重要指导意义。目前使用的有机磷杀虫剂,如 1605、3911 等都属于神经性毒剂。它的杀虫机理,就是破坏乙酰胆碱酯酶的分解作用,使昆虫受刺激后,神经末梢突触处产生的乙酰胆碱不能分解,使神经传导一直处于过度兴奋和紊乱状态,破坏了正常的生理活动,以至麻痹衰竭失去知觉而死。此外,利用害虫神经系统引起的习性反应,如伪死性、迁移性、趋光性、趋化性等,也可用于害虫的防治。

3.7　昆虫的生殖系统

生殖系统是种的繁衍器官,它的主要功能是繁衍后代,延续种族。一般位于消化道两侧或背面。

3.7.1 雌性内生殖器官

昆虫的雌性内生殖器官主要包括一对卵巢、两根侧输卵管及一根中输卵管。此外,大多数昆虫还在中输卵管后端连接着由体壁内陷特化形成的生殖腔或阴道,以及受精囊和附腺等(图 3-11)。

3.7.1.1 卵巢

大多数昆虫的卵巢都由一群管状的卵巢管组成。每个卵巢管前端伸出的端丝集合成悬带,附着于邻近的脂肪体、体壁内面或背膈上,以固定卵巢。另一些昆虫中,两个卵巢的悬带常连接成一条中悬带,附着于背血管的腹壁下。不同类型昆虫卵巢管的数目差异较大,每个卵巢通常由 4 ~ 8 根卵巢管组成,一般较低等的昆虫卵巢管数量较少，高等昆虫卵巢管的数量较多。鳞翅目昆虫一般为4条、6条或8条，金龟甲为6条，棉蚜为12条，草蛉为16条，多数双翅目或膜翅目昆虫卵巢管的数量可达100~200条。

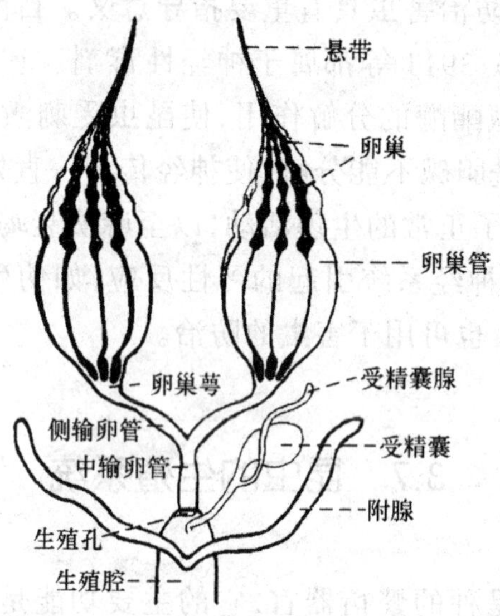

图3–11　雌性内生殖器官模式构造（仿Snodgrass）

3.7.1.2 侧输卵管

侧输卵管是连接卵巢和中输卵管的一对管道，由中胚层演变而成。每一侧输卵管前端与卵巢管的连接处，常膨大呈囊状，称为卵巢萼，可暂时贮存卵子。在蝗科中，每一侧输卵管的顶端还伸出一条管状附腺。侧输卵管的外面，常包被有一层由环肌和纵肌组成的肌肉鞘，用以伸缩排卵。

3.7.1.3 中输卵管

中输卵管由外胚层演变而成，前端与两根侧输卵管相接。中输卵管后端延伸到第8腹节后，一般不直接开口于体壁外面，而是开口于由体壁内陷形成的生殖腔或阴道的基端。中输卵管的后端开口称为生殖孔，是排卵的通口；而生殖腔或阴道的外端开口称为阴门，是交配和产卵的通口。大多数昆虫的阴门位于第 8 腹节的后端或第 9 腹节上，同时具有交配和产卵的功能，称为单孔类。但多数鳞翅目昆虫第 8 腹节后端和第 9 腹节上各有一个开口，各自担负着交配和产卵的功能，分别称为交配孔和产卵孔，称为双孔类。

3.7.1.4 生殖腔

绝大多数昆虫的生殖腔与 1 ~ 3 个暂时贮存精子的受精囊相通，受精囊上常有受精囊腺。其分泌的液体可保藏接受的精子。多数昆虫的生殖腔还与成对的雌性附腺相通，附腺又称为黏腺，其功能是分泌胶质，保护所产的虫卵。

3.7.2 雄性生殖器官

昆虫的雄性生殖器官包括起源于中胚层的一对睾丸（或称精巢）、一对输精管、来源于外胚层的一条射精管及附腺等。此外，有些昆虫的输精管基部还膨大形成贮精囊（图 3-12）。

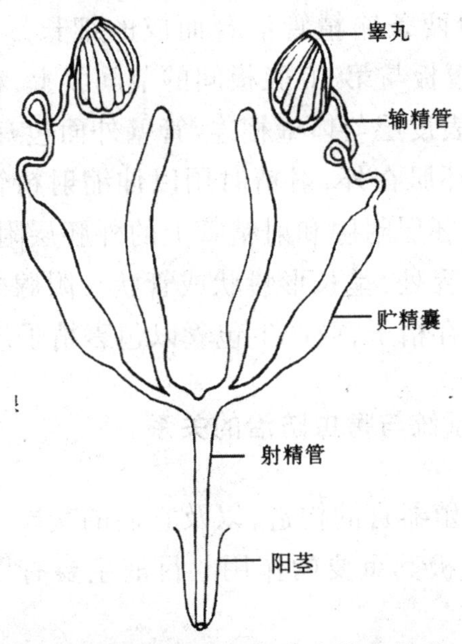

图 3-12　雄性生殖器官模式构造（仿丁锦华，苏建亚）

3.7.2.1 睾丸

睾丸由一组精巢小管组成,借气管和脂肪体固定在消化道背面或侧面,是精子发生和发育的场所。低等昆虫的精巢小管是相互分开的,其外无围膜包被。较高等昆虫的精巢小管则互相紧靠并包被在一层围膜内。各类昆虫精巢小管的数量有很大差异,在鞘翅目肉食亚目中仅有一条,而在蝗科中可多达100余条。

3.7.2.2 输精管

输精管是与睾丸基部相连的一对细长的精子通道,它相当于雌性的侧输卵管。有些昆虫输精管的一段通常卷成紧密的环圈,称为附睾,如鞘翅目昆虫。而有些昆虫的输精管常有一部分膨大成囊状,用以贮藏成熟的精子团,称贮精囊。两条输精管在下端合成一条公共通道,与射精管相连接。

3.7.2.3 射精管

射精管是由两条输精管汇合而成的细长导管,与阳茎相连接,开口于第9腹板与第10腹板间的节间膜上,精液经此射入阴道内。射精管的表皮层与体壁相连,管壁外面包有强壮的肌肉层,一般纵肌在内,环肌在外,射精时用以伸缩射精管。雄性附腺包括输精管上的中胚层附腺和射精管上的外胚层附腺,一般位于输精管和射精管交界处,呈长形囊状或管状。附腺分泌黏液的主要作用是浸浴和保存精子,或产生包囊以包裹精子形成精珠。

3.7.3 生殖系统与害虫防治的关系

研究昆虫生殖器官的构造,以及它们的交尾、受精等行为,对于害虫防治有着极其重要的作用。目前主要有以下两个方面的应用。

3.7.3.1　测报上的应用

通过解剖雌成虫的内生殖器官,观察卵巢发育的级别和卵巢管内卵的数量,作为预测害虫的发生期、防治适期、发生量以及迁飞等的依据。

3.7.3.2　利用绝育防治害虫

这种方法比直接杀死害虫更有效,并且不会伤害天敌和污染环境,很受国内外的重视。特别是对于某些一生只交尾一次的昆虫,采用辐射不育、化学不育剂等绝育方法,可以使雄虫不育或者雌虫不育,有些化合物可使雌雄两性均不育,然后释放到田间,使其与正常的防治对象交尾,便可造成害虫种群数量不断下降,甚至灭亡。

3.8　昆虫的分泌系统

昆虫的分泌系统分为内分泌器官和外分泌腺体两大类。

3.8.1 内分泌器官

昆虫激素是由内分泌器官分泌的、具有高度活性的微量化学物质,经血液运输,作用于靶细胞和靶组织,调节和控制昆虫的生长、发育、变态、滞育、交配、生殖、雌雄二型或多型现象和生理代谢等。

昆虫的内分泌器官包括神经分泌细胞和内分泌腺体两部分,后者主要包括心侧体、咽侧体和前胸腺(图 3–13)。

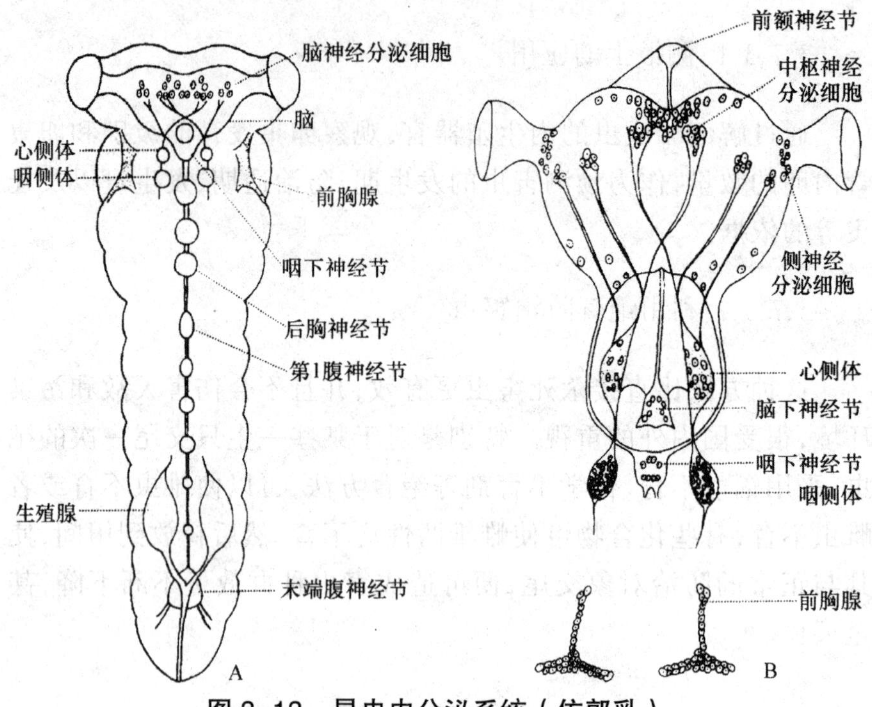

图 3–13　昆虫内分泌系统（仿郭乳）

A. 模式结构；B. 昆虫头部和胸部内分泌器官中分泌细胞模式图

3.8.1.1　神经分泌细胞

神经分泌细胞是昆虫中枢神经系统中具有内分泌功能的一群神经细胞，主要包括脑、咽下神经节及其他胸腹部神经节内的神经分泌细胞。其中，位于前脑的脑神经分泌细胞分泌的脑激素是一种肽类激素，具有激发前胸腺分泌蜕皮激素，控制昆虫幼虫蜕皮的重要作用。

3.8.1.2 内分泌腺体

（1）心侧体。心侧体是位于心脏附近或心脏上的一个或一对乳白色光亮的小球体，内含内分泌细胞和贮存细胞，并有神经与咽侧体和后头神经节相连。心侧体除了贮存脑神经分泌细胞分泌的激素外，也能分泌脂动激素、促心搏激素、利尿激素、抗利尿激素和高海藻糖激素等。

(2)咽侧体。咽侧体附着在心侧体的下面,多为一对卵圆形、外被一层薄膜结缔组织和微气管的内分泌器官,经过心侧体的神经一直伸入咽侧体内。但在半翅目昆虫中,左右两个咽侧体常合并为一个中央腺。咽侧体受脑激素的控制,具有合成和分泌保幼激素的功能。

(3)前胸腺。前胸腺是位于昆虫近前胸气门气管上的一对带状透明的细胞群体,有神经与咽下神经节和胸部神经节相连。前胸腺存在于昆虫的幼体、蛹以及无翅亚纲昆虫的成虫体内,有翅亚纲昆虫的成虫无前胸腺。前胸腺在脑激素的激发下能分泌蜕皮激素。

在双翅目环裂亚目昆虫的幼虫中,心侧体、咽侧体和前胸腺在脑后合并成环绕心脏的环状内分泌腺体,称为环腺。

3.8.2 外分泌腺体

外激素即信息激素,由昆虫的外分泌腺体产生,是同种昆虫个体间通信的化学物质,散布于昆虫体外,可以调节或诱发同种间其他个体的特殊行为,如集结、标记踪迹、告警自卫及雌、雄间的引诱等,还可对个体发育过程产生特殊的影响,如性成熟的抑制和性别的决定等。

信息激素都是由昆虫身体上不同部位的外分泌腺体所分泌,不同昆虫外分泌腺体的位置各异。一些鞘翅目昆虫的性信息素分泌腺在腹部末端,半翅目昆虫在后胸腹板,同翅目昆虫可在后足胫节上,而蜜蜂的性信息素是由上颚腺所分泌。

3.8.3 分泌系统与害虫防治的关系

昆虫激素有较大的应用价值。如保幼激素用于害虫防治,有杀卵、致畸、致死和不育的作用;蜕皮激素对幼虫有致死作用;性外激素可用于害虫测报及防治。近年来已发现 300 多种昆虫能分泌性外激素,其中已有数十种经过化学分析进行人工合成。这些昆虫有棉红铃虫、梨小食心虫、稻螟、稻瘿蚊、黏虫、玉米螟、棉铃虫等。激素对害虫的作用专一,而且有些种类可从植物中提取或人工合成。因此,其应用前景日益受到重视。

昆虫生长调节剂就是通过干扰昆虫体内的激素平衡,破坏其正常的生长发育或干扰其变态和生殖,以达到防治害虫的目的,且对人畜毒性低,不污染环境。因此,被称为第三代杀虫剂。如噻嗪酮防治飞虱、粉虱等同翅目害虫;米螨和抑太保防治小菜蛾、甜菜夜蛾等都取得良好效果。

第4章 昆虫的发育和行为分析

本章专门讨论昆虫的生命特性，即昆虫的生殖方式、发育和变态、世代和年生活史、休眠和滞育、习性和行为等。目的在于了解昆虫个体发育的基本规律。

4.1 昆虫的生殖方式

4.1.1 两性生殖

雌雄个体经两性交配，卵受精后方能发育成新个体的生殖方式称为两性生殖。昆虫的绝大多数种类进行两性生殖和卵生，即需经过雌雄两性交配，雌性个体产生的卵子受精之后，方能正常发育成新个体。两性生殖与其他各种生殖方式在本质上的区别是，卵必须接受精子以后，卵核才能进行成熟分裂；而雄虫在排精时，精子已经是进行过减数分裂的单倍体生殖细胞。这种生殖方式在昆虫纲中极为常见，为绝大多数昆虫所具有。

4.1.2 孤雌生殖

孤雌生殖也称为单性生殖，是指卵不经过受精也能发育成新的后代个体的生殖方式。一般又可分为兼性孤雌生殖（即偶发性孤雌生殖）、专性孤雌生殖（包括经常性孤雌生殖和周期性孤雌生殖）等类型。

4.1.2.1 偶发性孤雌生殖

偶发性孤雌生殖是指某些昆虫在正常情况下行两性生殖,但雌虫偶尔产出的未受精卵也能发育成新个体的生殖方式,常见于家蚕、一些毒蛾和枯叶蛾等。

4.1.2.2 经常性孤雌生殖

经常性孤雌生殖也称为永久性孤雌生殖。这种生殖方式在某些昆虫中经常出现,而被视为正常的生殖现象。可分为两种情况:

(1)在膜翅目的蜜蜂和小蜂总科的一些种类中,雌成虫产下的卵有受精卵和未受精卵两种,前者发育成雌虫,后者发育成雄虫。

(2)有的昆虫在自然情况下,雄虫极少,甚至尚未发现雄虫,几乎或完全行孤雌生殖,如一些竹节虫、粉虱、蚧、蓟马等。

4.1.2.3 周期性孤雌生殖

周期性孤雌生殖也称为循环性孤雌生殖。其特点是两性生殖和孤雌生殖随季节变迁而交替进行,即通常在进行1次或多次孤雌生殖后,再进行1次两性生殖,因而又称为异态交替或世代交替。如瘿蜂科的一些种类,1年发生2代,春季世代只有雌虫,行孤雌生殖;夏季世代有雌雄两性个体,行两性生殖。棉蚜(*Aphis gossypii*)从春季到秋末,没有雄蚜出现,行孤雌生殖10～20余代;到秋末冬初则出现雌、雄两性个体,并交配产卵越冬。

孤雌生殖是某些昆虫对恶劣环境和扩大分布的一种有利适应。因为即使只有1个雌虫个体被带到新的地区,行孤雌生殖的昆虫也有可能在这个地区繁殖和蔓延起来;在遇到不适宜的环境条件而造成大量死亡时,行孤雌生殖的昆虫更容易保留其种群。

4.1.3 多胚生殖

这种生殖方式见于约 30 种寄生性的膜翅目昆虫(如小蜂科、细蜂科、茧蜂科、姬蜂科、螯蜂科等类群)及一种捻翅目昆虫中(Ivaflova-Kasas,1972)。这种生殖方式多与寄生及胎生相关,有时还与孤雌生殖相连,如有些寄生蜂一次可在寄主里产卵 1 ~ 8 个,既可有受精卵,又可有非受精卵,受精卵发育为雌蜂,未受精卵发育为雄蜂。

一个卵形成胚胎的数目变化很大,如一种寄生黑赤瘿蚊的细蜂(*Platygaster hiemalis*)一个卵只形成 2 个胚胎,而寄生于鳞翅目幼虫的金小蜂(*Litomastix truncatellus*)一个卵产生数百个甚至 2 000 个左右的胚胎。

多胚生殖的卵在成熟分裂时,极体不消失,它们集中于卵的一端并继续分裂,逐渐形成包在胚胎外的滋养羊膜。胚胎通过滋养羊膜从寄主体内吸取它们所需要的营养,孵化为幼虫后继续取食寄主,直到把寄主柔软的部分吃光才化蛹;此时,寄主实为一个装满寄生物蛹体的表皮袋(图 4-1)。

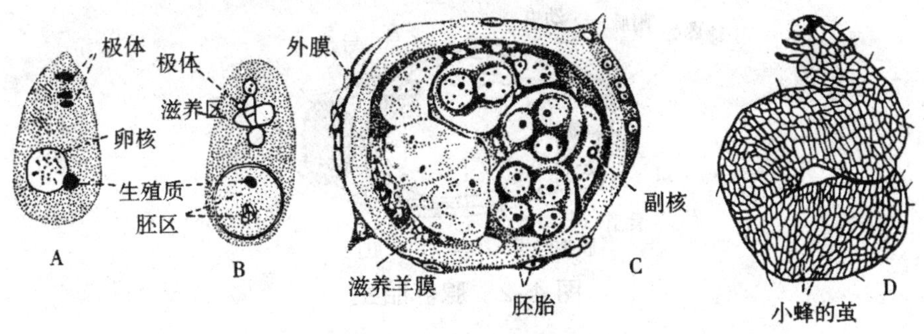

图 4-1　昆虫的多胚生殖

(A ~ B 仿 Reichensperger, C、D 仿 Mergelsberg)

4.1.4 胎生

有些昆虫的胚胎发育是在母体内完成的,母体所出来的不是卵而是幼体，这种生殖方式称为胎生。胎生是昆虫纲中较为常见的生殖方式，特别是在进化程度较高的双翅目昆虫中更为普遍。根据幼体离开母体前获得营养的方式，可将胎生分为卵胎生、腺养胎生、血腔胎生和伪胎盘生殖4类。

4.1.4.1 卵胎生

胚胎发育所需的养分全部由卵供给，胚胎发育在母体内完成，卵在母体内孵化，孵化后不久幼虫便离开母体。从营养源看，与卵生相同，故名卵胎生。介壳虫、蓟马、肉蝇、家蝇、寄蝇等均有进行卵胎生的种类。

4.1.4.2 腺养胎生

胚胎发育的养分也由卵供给，但幼体在母体内孵化后并不马上产出，而是寄居于母体的阴道膨大成的子宫内，由母体的附腺（子宫腺）供给幼虫养分，直至幼体接近化蛹时才被产出体外，刚产出的幼虫即在母体外化蛹，因而又称为蛹生。腺养胎生多见于双翅目家蝇科、虱蝇科和蛛蝇科的一些种类(图4-2)。

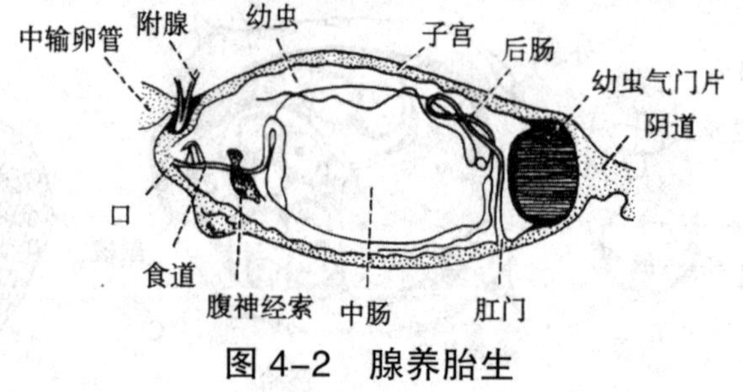

图4-2 腺养胎生

4.1.4.3 伪胎盘生殖

伪胎盘生殖是指一些昆虫的卵无卵黄或卵黄甚少，无卵壳，胚胎发育所需的养分主要靠一种称为伪胎盘的构造从母体内吸取。构成伪胎盘的物质来自母体或来自胚胎本身，或兼有上述两种成分。例如，蚜虫在行孤雌生殖的同时又行伪胎盘生殖；半翅目和蜚蠊目等的部分种类也行这种胎生方式。

4.1.4.4 血腔胎生

为捻翅目及幼体生殖的瘿蚊科昆虫所具,当卵发育成熟后卵巢破裂,将卵释放到母体的血腔中。捻翅目昆虫胚胎从血淋巴中直接吸取养分,卵孵化后,幼虫经雌虫的生殖孔出来。而在一些瘿蚊中,卵母细胞不受精就在卵巢管中发育,孵化后幼虫进入血腔,幼虫取食母体的组织,至化蛹前从母体的体壁中出来。

胎生既是昆虫保护卵而产生的适应性生殖方式,又可使幼体脱离母体后能敏捷地逃避敌害或离开不良环境。同时,因胎生缺少独立的卵期,完成 1 个世代所需的周期比较短,因而有利于种族的繁衍。

4.1.5 幼体生殖

一些昆虫在幼虫期就能进行生殖的现象,称为幼体生殖。这类昆虫在幼虫期即已具备生殖能力,又行腺养胎生,所以又属特殊类型的孤雌生殖和胎生。幼体生殖多见于双翅目、鞘翅目和同翅目的某些种类中,以双翅目摇蚊科和瘿蚊科最为典型。例如,一些瘿蚊在老熟幼虫或蛹期时卵母细胞即可在母体的血腔中发育,一些摇蚊雌虫在蛹期后代的胚胎即开始发育。在母体内完成胚胎发育而孵化的幼体取食母体组织,继续生长发育,至母体组织消耗殆尽时,才破母体外出行自由生活,这些幼体又以同样的方式产生下一代幼体(图 4-3)。例如,瘿蚊(*Dligarces paradoxus*)在夏季产生雌蛹和雄蛹,成虫羽化后交配产卵,行两性生殖,而其余季节则行幼体生殖,因而也是一种世代交替现象。但在两性生殖时,1 个母体中只能产生同一性别的后代个体,即在同一母体内不能同时产生雌性个体和雄性个体。

图 4-3　幼体生殖

4.2　昆虫的发育和变态

4.2.1 昆虫的变态

昆虫的个体发育过程中，特别是在胚后发育阶段要经过一系列的形态变化，即变态。根据各虫态体节数目的变化、虫态的分化及翅的发生等特征，可把昆虫的变态分为 5 大类。

4.2.1.1 增节变态

增节变态是昆虫纲中最原始的一类变态，其特点是幼期与成虫期之间腹部的体节数逐渐增加：初孵化时腹部只有 9 节，以后逐渐增至 12 节为止。第 12 节是尾节，所增加的 3 节均为第 8 腹节增生而来。

4.2.1.2 表变态

表变态的主要特点是幼体从卵中孵化出来后已基本具备成虫的特征；在胚后发育过程中仅是个体增大、性器官渐成熟等；但到成虫期仍继续脱皮，这也是节肢动物遗留下来的原始特征。表变态为弹尾目、缨尾目、双尾目昆虫所具。

4.2.1.3 原变态

原变态是有翅亚纲昆虫中最原始的变态类型，为蜉蝣目昆虫独具，其特点是从幼期转变为成虫期要经过一个亚成虫期，亚成虫期很短，外形与成虫相似，初具飞翔能力，并且已达性成熟，因此，亚成虫期的存在相当于成虫的继续脱皮，这显然是表变态昆虫演化为有翅昆虫时保留下来的原始特征。蜉蝣目的幼期虫态称为“稚虫”。

4.2.1.4 不全变态

不全变态又称为直接变态，是有翅亚纲外生翅类（除蜉蝣目外）具有的变态类型。其特点是一生只经过卵期、幼期和成虫期 3 个发育阶段。幼期的翅在体外发育，成虫期的特征随着幼期虫态的生长发育逐渐显现出来。不全变态又可分为半变态、渐变态和过渐变态 3 个亚型。

（1）半变态。半变态类昆虫的幼期营水生生活，其幼体在体形、取食器官、呼吸器官、运动器官及行为习性等方面均与成虫有明显的分化现象，因而特称为稚虫。稚虫适于水生生活的某些适应性构造在转变为成虫时全部消失，所以这些适应性构造又被称为暂时性构造。属半变态类的昆虫有蜻蜓目（图 4-4）和祴翅目等。

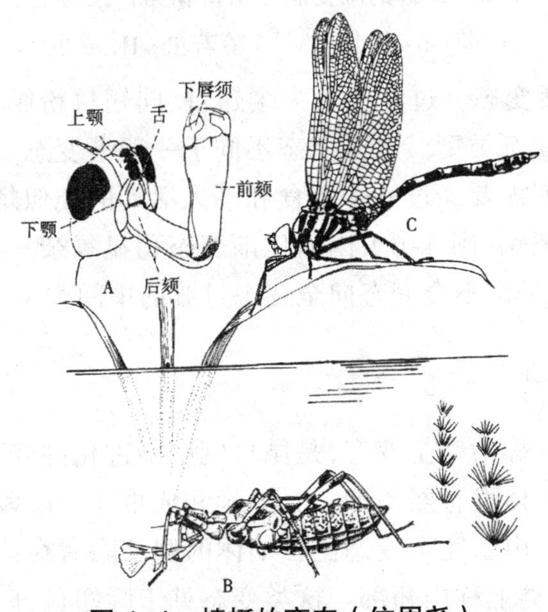

图 4-4　蜻蜓的变态（仿周尧）

A. 稚虫头部；B. 稚虫；C. 成虫

（2）渐变态。渐变态类昆虫的幼虫期与成虫期在体形、习性及栖境等方面都很相似，仅是幼体的翅和生殖器官尚未发育完善，故特将其称为若虫。属渐变态类的昆虫有直翅目、螳螂目、蜚蠊目、革翅目、等翅目、啮虫目、纺足目、半翅目和大部分同翅目（图 4-5）等。

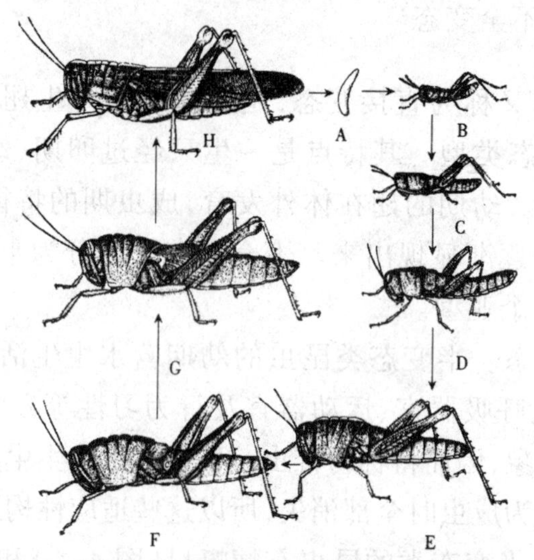

图 4-5　棉蝗的渐变态（仿雷朝亮，荣秀兰）

A. 卵；B~G. 第 1 ~ 6 龄若虫；H. 成虫

（3）过渐变态。过渐变态为缨翅目、同翅目粉虱科和雄性介壳虫具有的变态类型。过渐变态不同于一般渐变态的是，由幼期转变为成虫期需要经过一个不食和不大活动的类似蛹的虫龄，特称为伪蛹或拟蛹（图 4-6），因而比渐变态稍显复杂一些。一般认为，该类变态是由不全变态向全变态过渡的中间类型。

4.2.1.5 全变态

全变态又称为完全变态，是昆虫纲中最进化的变态类型。其主要特点是个体发育经历卵、幼体、蛹和成虫 4 个阶段，翅在幼体的体内发育。由于完全变态昆虫幼体的翅芽隐藏在体壁下发育，不显露，在分类上称内翅部。这类变态见于脉翅目、广翅目、长翅目、蛇蛉目、毛翅目、鞘翅目、鳞翅目、蚤目、双翅目和膜翅目等。

这类昆虫的幼体特称幼虫。幼虫的生殖器官没有分化，外部形态、内部器官及生活习性等与成虫也有明显差异。从幼虫转变为成虫，需要经过一个将幼虫组织器官分解和成虫器官重建的蛹期。在完全变态昆虫中，一些幼虫营寄生生活的种类，其幼虫各龄间因生活方式迥然不同而表现为体形、结构等方面的差异，其发育过程中的变化比一般全变态昆虫显得复杂，因而特称为复变态。见于捻翅目和鞘翅目芫青科等昆虫，其中芫青的变态最为典型。

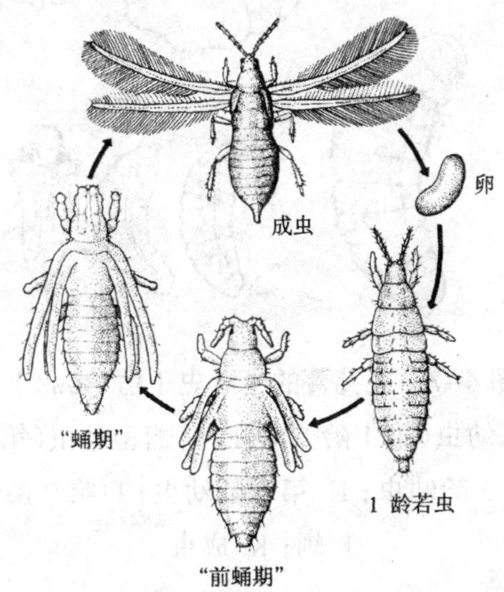

图 4-6 梨蓟马的过渐变态（仿 Foster&Jones）

芫菁的成虫是植食性的；幼虫则是肉食性的，大多数取食蝗虫的卵。其第 1 龄幼虫具有发达的胸足，行动活泼，以搜寻土中的蝗卵，称为三爪幼虫或三爪蚴。当它钻入蝗虫卵囊内取食后，再蜕皮即变为体壁柔软、胸足不很发达、行动迟缓的蛴螬型幼虫。幼虫经过若干龄接近老熟时，离开食物，深入土中，蜕皮后转变成胸足更退化、不食不动、体壁坚硬的伪蛹型幼虫，并以此虫态越冬，翌年再化蛹、羽化（图 4-7）。

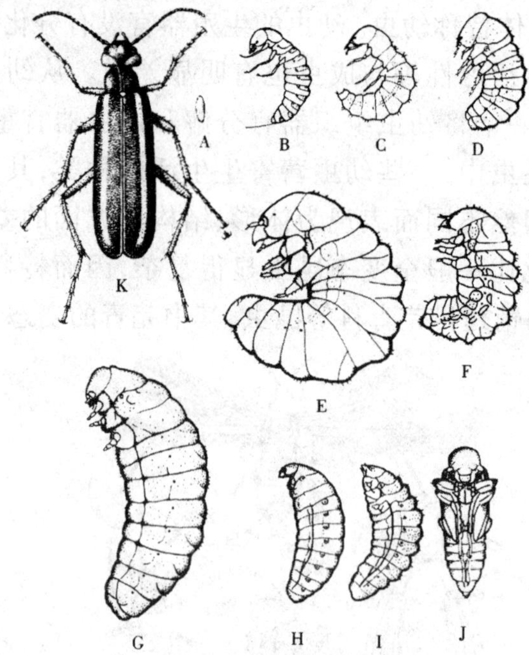

图 4–7　豆芫菁的生活史（仿 Ross）

A. 卵；B. 三爪幼虫(第 1 龄)；C~E. 蛴螬型幼虫(第 2 ～ 4 龄)；
F~G. 第 5 龄幼虫；H. 第 6 龄幼虫；I. 第 7 龄幼虫；
J. 蛹；K. 成虫

4.2.2 昆虫的各发育期的生物学特性

4.2.2.1　卵期

对于卵生昆虫而言，卵是个体发育的第 1 个虫态，又是一个表面不活动的虫态。

（1）昆虫卵的大小。昆虫的卵较小，但与高等动物的卵相比则相对很大；其大小与昆虫本身的大小及产卵量等有关；一种螽斯的卵长近 10 mm，而葡萄根瘤蚜的卵长仅 0.02 ～ 0.03 mm；但大多数昆虫的卵长在 1.5 ～ 2.5 mm 之间。

（2）昆虫卵的形状。卵的外形也呈现出高度的多样性，最常见的为卵圆形和肾形，还有半球形、球形、桶形、瓶形、纺锤形等。

（图 4-8）。

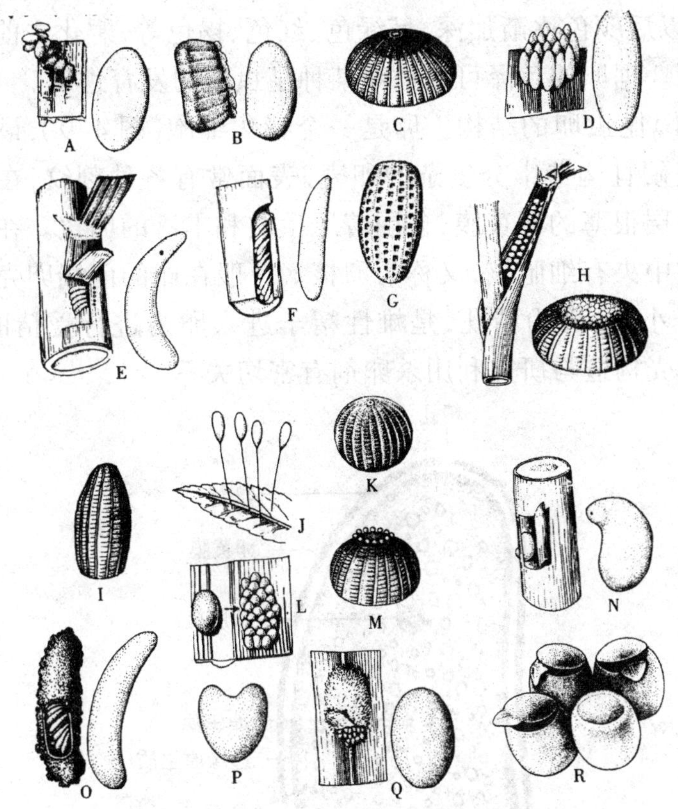

图 4-8 昆虫卵的形状（仿各作者）

A. 椭圆形（蓝目天蛾 *Smerithus planus planus*）；B. 椭圆形（中华真地鳖 *Eupolyphaga sinensis*）；C. 半球形（斜纹夜蛾 *Prodenia litura*）；D. 长椭圆形（龟纹瓢虫 *Propylaea japonica*）；E. 香蕉形（灰飞虱 *Delphacodesstriatella*）；F. 长椭圆形（一种叶蝉 *Empoasca* sp.）；G. 花生形（棉红铃虫 *Pectinophora gossypiella*）；H. 扁球形（蛀茎夜蛾 *Sesamia inferens*）；I. 瓶形（菜粉蝶 *Artogeia rapae*）；J. 具柄形（草蛉 *Chrysopa* sp.）；K. 圆球形（棉铃夜蛾 *Helicoverpa armigera*）；L. 椭圆形卵粒与鱼鳞形卵块（亚洲玉米螟 *Ostrinia furnacalis*）；M. 鱼篓形（一种金刚钻 *Earias* sp.）；N. 肾形（稻管蓟马 *Haplothrips aculeatus*）；O. 长椭圆形（棉蝗 *Chondracris rosea rosea*）；P. 马蹄形（茶枝镰蛾 *Casmara patrona*）；Q. 椭圆形卵粒与霉黄豆形卵块（三化螟 *Tryporyza incertulas*）；R. 桶形（一种蝽 *Erthesina* sp.）

（3）昆虫卵的颜色。大部分昆虫的卵初产时呈乳白色或淡黄色，以后颜色逐渐加深，呈绿色、红色、褐色等，孵化之前颜色变得更深。据卵的色泽可以推断某种昆虫卵的发育进度。

（4）昆虫卵的结构。卵是一个特化细胞（图4-9），最外面是一层坚硬且构造十分复杂的卵壳，表面常有各种刻纹，在卵壳之下有一层很薄的卵黄膜，包围着原生质和丰富的卵黄。在卵黄和原生质中央有细胞核，又称为卵核。一般在卵的前端卵壳上有一至数个小孔，称为精孔，是雄性精子进入卵内进行受精的孔口。了解卵壳构造与研究利用杀卵剂有密切关系。

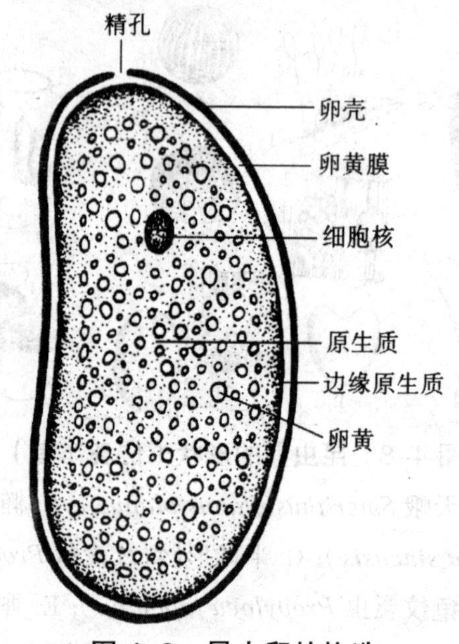

图4-9　昆虫卵的构造

（5）昆虫的产卵方式。昆虫的产卵方式多种多样。有的单粒或几粒散产，如棉铃虫和稻弄蝶；有的多粒聚产在一起形成卵块，如玉米螟和黏虫；有的将卵裸露产在植物叶片表面，如棉铃虫；有的将卵产在植物组织中，如叶蝉和飞虱。有些昆虫产卵后，以各种方式加以保护。例如，三化螟的卵以体毛保护；螳螂的卵以卵鞘保护；豌豆象的卵产在豆荚表面，往往2个卵上下重叠，以减少下面的卵被寄生蜂侵害的机会；草蛉产卵时，先分泌一点黏胶，随之腹部上翘拉成 1 条细丝，将卵产在细丝顶端，以防止被其他天敌捕食或幼虫孵化后互相残杀。

（6）卵的发育和孵化。两性生殖的昆虫，卵在母体生殖腔内完成受精过程并产出体外后，当环境条件适宜时，便进入胚后发育期。在卵内完成胚胎发育后，幼虫或若虫即破卵壳而孵出，称为孵化（图 4-10 中的 1）。但一批卵（卵块）从开始孵化到全部孵化结束，称为孵化期。孵化时很多昆虫具有特殊的破卵构造——刺、骨化板、能翻缩的囊等破卵器，用以突破卵壳。有些初孵化出的幼虫有取食卵壳的习性。卵期的长短因种类、季节或环境温度不同而异。卵期短的只有 1 ~ 2 d，长的如棉蚜的受精越冬卵可达数月之久。

昆虫自卵中孵出后，是幼虫（若虫）取食生长时期，也是大多数农林害虫为害的重要虫期。所以灭卵是一项重要的预防措施，可以把害虫消灭在为害之前。而对多数天敌昆虫来说，幼虫和若虫也是捕食或寄生于农林植物害虫的主要虫期。

4.2.2.2 幼虫期

昆虫幼虫或若虫从卵内孵化、发育到蛹（全变态昆虫）或成虫（不全变态昆虫）之前的整个发育阶段，称为幼虫期或若虫期。幼虫期的变化体现在体重增长和蜕皮两个方面。

（1）幼虫的类型。根据足的多少及发育情况可将全变态类昆虫的幼虫分为 4 大类型（图 4-10）。

①原足型。幼虫是在胚胎发育的早期孵化，不像虫子，很像一个胚胎。腹部分节不明显，胸足仅几个突起，口器及呼吸系统均发育不完，不能独立生活，浸在寄主体腔中，靠体壁吸收营养。这类昆虫的卵，其卵黄很少，因此孵化较早。原足型昆虫见于膜翅目一些内寄生蜂如小蜂、姬蜂。

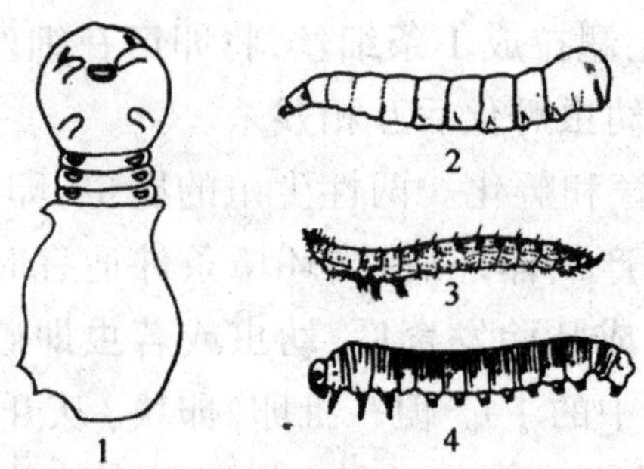

图 4-10　昆虫的幼虫类型

1—原足型；2—无足型；3—寡足型；4—多足型

②多足型。除 3 对胸足外，腹部还有多对附肢，呼吸系统属周气门式。见于广翅目及部分鞘翅目、鳞翅目、长翅目和膜翅目中的叶蜂科。后 3 目又叫作蠋形幼虫。但有人将腹足超出 5 对的叶甲幼虫称为伪蠋形幼虫。广翅目、水龟虫、龙虱、豉甲的幼虫腹部具有多对刺突或呼吸丝。

③寡足型。仅 3 对胸足，腹部无附肢，可分为 3 类：

a. 柄型幼虫。胸足发达，行动迅捷，为捕食性种类，如脉翅目、毛翅目、鞘翅目中的步甲、瓢虫、芫青的 1 龄幼虫等。

b. 蛴螬型。身体粗壮，行动迟缓，弯曲成“C”形，如金龟甲。

c. 蠕虫型。胸足短小，身体僵直，如叩甲、拟地甲科。

④无足型。足完全退化，常根据头的发育程度分为 3 种类型。

a. 全头型。头部完全，见于少数潜叶蛾、鞘翅目中的象甲等、蚤目、低等双翅目、一些蜂子等(小蜂、姬蜂、蜜蜂等)。

b. 半头型。头部部分退化，后端缩入前胸。见于虻及部分蜂类。

c. 无头型。头部完全退化，无口器，仅留有口钩，见于所有的蝇类。

(2)生长与蜕皮。 幼虫体外表有一层坚硬的表皮限制了它的生长，所以当生长到一定时期，就要形成新表皮，脱去旧表皮，这种现象称为蜕皮。脱下的旧表皮，称为蜕或蜕皮(图 4-11 中的 2)。

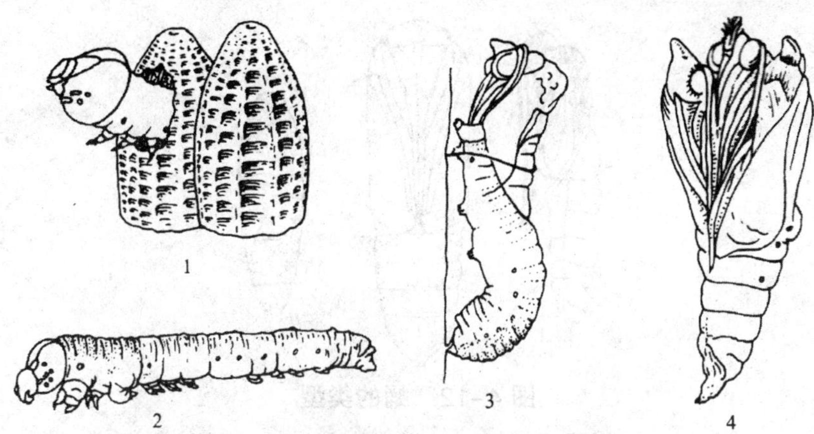

图 4-11　菜粉蝶的孵化、蜕皮、化蛹和羽化

1—孵化；2—蜕皮；3—化蛹；4—羽化

昆虫在蜕皮前常不食不动，每蜕一次皮，虫体就显著增大，食量相应增加，形态也发生一些变化。幼虫和若虫从孵化到第 1 次蜕皮及前后两次蜕皮之间所经历的时间，称为龄期。在每一龄期中的具体虫态称为龄或龄虫。从卵孵化后至第 1 次蜕皮前称为第 1 龄期，这时的虫态即为 1 龄；第 1 次与第 2 次蜕皮之间的时期称为第 2 龄期，这时的虫态即为 2 龄，往后以此类推。昆虫种类不同，龄数和龄期长短也有差异。同种昆虫幼虫（若虫）期的分龄数及各龄历期，因食料等条件不同也常有区别。通常是经过饲养观察而明确的。在获得各龄标本后，分别测定其头宽和体长，观察记载翅芽长短和体色等的变化，可作为区别龄虫的依据，其中头宽是区分幼虫龄别最可靠的特征。掌握幼虫（若虫）各龄区别和历期是进行害虫预测预报和防治必不可少的资料。

4.2.2.3 蛹期

蛹是全变态昆虫由幼虫转变为成虫过程中所必须经过的一个虫期，是成虫的准备阶段。

（1）蛹的类型。根据翅和触角、足等附肢是否紧贴于蛹体上，以及这些附属器官能否活动和其他外形特征，可将蛹分为离蛹、被蛹和围蛹 3 种类型（图 4-12）。

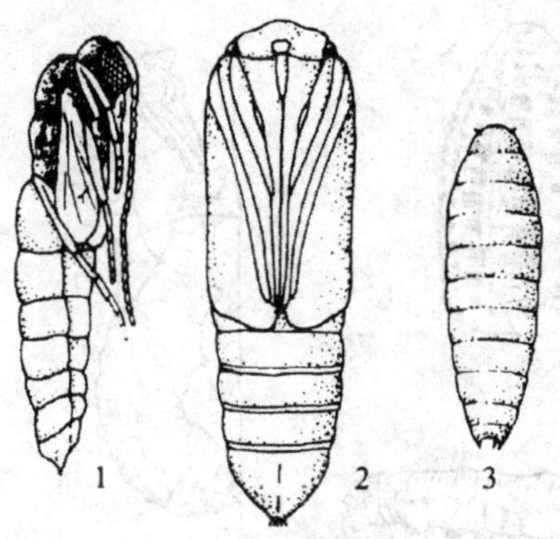

图 4–12　蛹的类型

1—离蛹（胡蜂类）；2—被蛹（夜蛾）；3—围蛹（蝇类）

①离蛹。离蛹又称为裸蛹。其特点是翅和附肢与蛹体分离，而不紧贴于蛹体上，可以活动，腹节间也能自由扭动，一些脉翅目和毛翅目的蛹甚至可以爬行或游泳。例如，脉翅目、长翅目、鞘翅目、毛翅目、膜翅目和鳞翅目轭翅亚目等昆虫的蛹为离蛹。

②被蛹。被蛹的翅和附肢都紧贴于身体上，不能活动；大多数腹节或全部腹节因化蛹时分泌黏液，硬化后在外面形成 1 层硬膜，也不能扭动。例如，鳞翅目、鞘翅目的隐翅虫、双翅目的虻和瘿蚊等的蛹为被蛹，其中以鳞翅目最为典型。

③围蛹。围蛹为双翅目蝇类所特有。其蛹体实为离蛹，只是在离蛹体外被末龄幼虫的蜕形成的蛹壳。蝇类幼虫将第 3 龄蜕下的皮硬化成为蛹壳，第 4 龄幼虫就在蛹壳里，成为不吃不动的前蛹，前蛹再经蜕皮即形成离蛹，而蜕下的皮又附加在第 3 龄幼虫的皮下，其蛹体被第 3 龄和第 4 龄幼虫所蜕的皮共同构成的蛹壳所包围。

（2）预蛹和蛹。幼虫老熟以后，即停止取食，寻找适当场所，如瓢虫类附着在植物枝叶上，玉米螟在蛀道内，大豆食心虫入土吐丝作茧等，同时体躯逐渐缩短，活动减弱，进入化蛹前的准备阶段，称为预蛹（前蛹），所经历的时间即为预蛹期。预蛹期也是末龄幼虫化蛹前的静止期。预蛹蜕去皮变成蛹的过程，称为化蛹（图 4–11 中的 3）。从化蛹时起发育到成虫所经过的时间，称为蛹期。

各种昆虫的预蛹期和蛹期的长短，与食料、气候及环境条件有关。在蛹期发育过程中，体色有明显的变化。根据体色的变化，可将蛹期划分成若干蛹级，作为调查发育进度的依据，可准确地预测害虫的发生期，在害虫的预测预报中已得到广泛的应用。

预蛹和蛹在外表看来是处于静止状态，其实体内在起着激烈的生理变化。由于异化作用和同化作用这一对矛盾的激化，引起其内部各种组织和器官的改建，即一方面破坏了幼虫原来的内部器官，另一方面则形成了成虫所具有的内部器官。因此，蛹的外形基本上和成虫近似，如出现成虫具有的足和翅等外部器官，而与幼虫完全不同。

4.2.2.4 成虫期

成虫是昆虫个体发育的最后阶段，其主要任务是交配、产卵，繁衍后代。因此，昆虫的成虫期实质上是生殖时期。

（1）羽化。不全变态昆虫末龄若虫蜕皮变为成虫或全变态昆虫的蛹由蛹壳破裂变为成虫，都称为羽化（图 4-11 中的 4）。初羽化的成虫，一般身体柔软而色浅，翅未完全展开，呈不活动状态。随后，身体逐渐硬化，体色加深，吸入空气并借肌肉收缩和血液流向翅内，以血液的压力，使翅完全展开，方能活动和飞翔。成虫从羽化开始直到死亡所经历的时间，称为成虫期。

（2）雌雄二型和多型现象。成虫从羽化到开始产卵时所经过的历期，称为产卵前期。从开始产卵到产卵结束的历期，称为产卵期。成虫产完卵后，多数种类很快死亡，雌虫的寿命一般较雄虫长，“社会性”昆虫的成虫有照顾子代的习性，它们的寿命较一般昆虫长得多。

①雌雄二型。同种昆虫的雌雄两性个体间，除内、外生殖器官构造不同外，在个体大小、体形、体色等形态结构方面存在明显差异的现象称为雌雄二型。如在鞘翅目犀金龟科中，雄性个体明显大于雌性个体，且雄虫头部和前胸背板上常有角状突起，有“独角仙”或“独角犀”之称，而雌虫的头部和前胸背板无突起；在鞘

翅目锹甲科中,雄性个体也明显大于雌性个体,且雄虫上颚特别发达,有的甚至与身体等长或分支如鹿角,而雌虫上颚不发达(图 4-13);在捻翅目、同翅目蚧类、鳞翅目蓑蛾科与尺蛾科中,雄虫有翅,而雌虫无翅;在鳞翅目蝶类中,许多种类雌雄个体翅的底色与饰纹差异显著;蛾类的翅缰往往雄的只有 1 根,雌的则为 2 根以上;蝇类的复眼,雄性的大且几乎左右相接,雌性的则较小且明显分离;雄蚊触角呈环毛状,雌蚊则为丝状等。如袋蛾、多数蚧虫,雌虫无翅,雄虫有翅;舞毒蛾雄成虫体小、色深,雌成虫体大、色浅,翅上的斑纹也不完全相同。第二性征不可能在幼虫期出现,这本身就说明它同两性活动的联系。

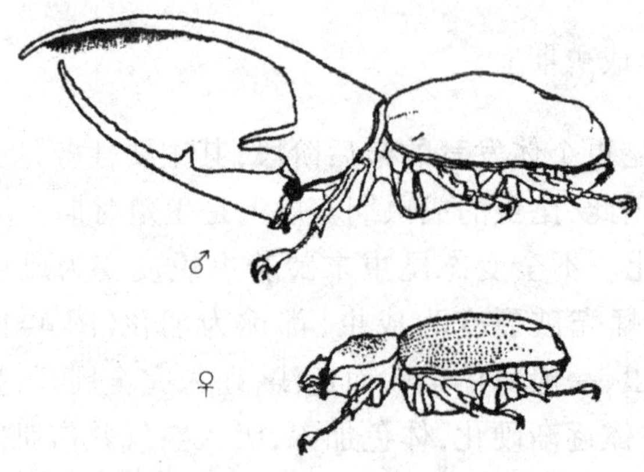

图 4-13 犀金龟的雌雄二型现象

②多型现象。多型现象是指同种昆虫同一性别的个体间在大小、体形、体色等形态结构方面存在明显差异的现象。多型现象不仅可以在成虫期出现,也可以在幼期或蛹期出现,但以成虫期居多,且以雌性普遍。

多型现象在蜜蜂、蚂蚁和白蚁等社会性昆虫和蚜虫中表现最为突出。如雌性蜜蜂中,有负责生殖的蜂后(王)和失去生殖能力而担负采蜜、筑巢等工作的工蜂;雌性白蚁中,生殖型个体常可分为长翅型、短翅型和无翅型;在蚜虫中,受光周期、寄主植物和种群密度等因素的影响会出现干母、干雌、有翅孤雌胎生蚜、无翅孤雌胎生蚜、雄蚜、雌蚜、卵生雌蚜等不同型(图 4-14)。

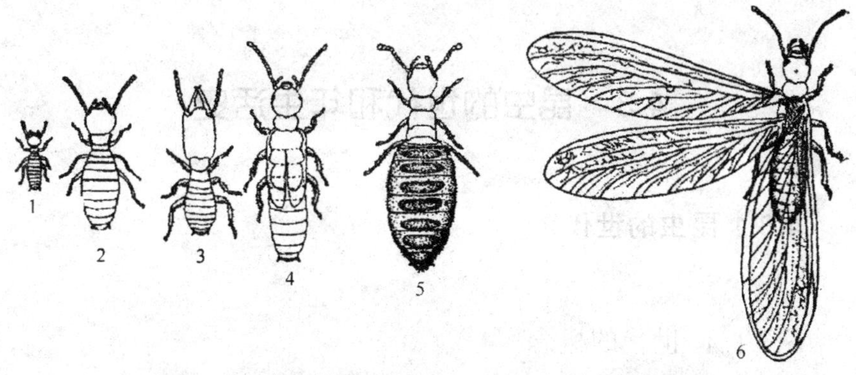

图 4-14　白蚁（*Reticulitermes*）的多型现象

1—幼虫；2—工蚁；3—兵蚁；4—若虫；
5—补充王蚁；6—有翅王蚁

（3）性成熟和补充营养。某些昆虫羽化为成虫后，性器官就已成熟，即能交配和产卵。如三化螟、家蚕蛾、蜉蝣等。但很多害虫如黏虫、小地老虎、稻纵卷叶螟等羽化为成虫后，性腺和卵还未完全成熟，必须继续取食一段时间，获得完成性腺和卵发育的营养物质，才能交配产卵。这种对成虫性成熟不可缺少的营养，称为补充营养。在自然界中，蛾类获得补充营养的来源有开花的蜜源植物、腐熟的果汁、植物蜜腺及蚜虫、介壳虫的分泌物等。利用这些害虫具有补充营养的特性，可设置糖、醋、酒混合液诱杀，或设置花卉观察圃进行诱集，作为害虫防治或预测的措施之一。

（4）交配和产卵。成虫性成熟后，即行交配和产卵。雌雄成虫从羽化到性成熟开始交配，所经时间，称为交配前期。雌成虫从羽化到第 1 次产卵所经时间，称为产卵前期。产卵前期的长短，常因昆虫种类而异。在农作物害虫防治上，为把成虫防治在产卵以前，以及应用历期法进行发生期预测，了解害虫的产卵前期是必不可缺少的基本资料。

雌虫由开始产卵到产完卵所经历的时间，称为产卵期。产卵期的长短，因昆虫种类不同和成虫寿命的长短而异，也受气候和食料等环境条件的影响。如许多蛾类一般为 3 ～ 5 天；叶蝉、蝗虫 20 天至 1 个月；某些甲虫可达数个月；白蚁类昆虫则更长。

4.3 昆虫的世代和年生活史

4.3.1 昆虫的世代

4.3.1.1 世代的概念

昆虫的卵(或幼虫、若虫)从离开母体到成虫性成熟产生后代为止的个体发育过程,称为生命周期或1个世代。完成1个世代所需要的时间,称为世代历期。多数昆虫的1个世代中通常包括卵、幼虫、蛹及成虫等虫态,习惯上常以卵或幼体产离母体作为世代的起点。

4.3.1.2 昆虫的寿命

昆虫的卵(或幼虫、若虫)从离开母体到死亡为止所经历的时间,即为该种昆虫的寿命。所以,多数昆虫的寿命往往比其生命周期会长一些。两者差异的大小取决于成虫开始生殖后所存活的时间。例如,蜉蝣羽化为成虫后仅存活几个到几十个小时,其寿命与生命周期无多大差别;而许多甲虫的成虫性成熟后能存活半年到1年,其寿命就比完成1个生命周期所需时间长。

不同种类昆虫的寿命差别很大。孤雌生殖的蚜虫的寿命在昆虫中可能是最短的,仅20～30天;白蚁的蚁后寿命可能是最长的,一般认为其能活20～25年;大多数昆虫的寿命在1年左右。此外,同种昆虫的寿命一般雌虫长于雄虫。大多数昆虫的雄虫在交配后不久便死亡,因而寿命较短;而雌虫产卵后有些种类还有护卵和护幼习性,所以寿命较长。

4.3.2 昆虫的年生活史

生活史是指昆虫在一定阶段的发育史。生活史常以 1 年或 1 代时间为单位,昆虫在一年中的发育史称为年生活史或生活年史,一种昆虫在 1 年内的发育史指从当年的越冬虫态开始活动起到第 2 年越冬虫态结束止的发育经过。而昆虫在一个世代中的发育史称代生活史或生活代史。

由于各种昆虫的生活习性不同,所以必须了解并掌握各种昆虫的越冬虫态和场所、1 年中的代数、各个世代和各种虫态发生的时间和历期、生活习性的特点、与寄主植物发育阶段是否吻合、地理分布区的特点、年生活史等,只有掌握了这些情况,才能做好防治害虫和利用益虫工作。可以通过野外观察和室内饲养,将结果用比较简明的图表表示,以便掌握和运用,如图 4–15 所示。

世代	6月	7月	8月	9月	10月	11月	12月	1~5月	6月
	上中下	上中下	上中下	上中下	上中下	上中下	上中下	上中下	上中下
Ⅰ	·· – –	· – – ▲▲▲ + +	+						
Ⅱ		· –	· – – ▲▲▲ +	+ + +					
Ⅲ			·	··· – – – ▲	– ▲▲▲	▲▲▲	▲▲▲	▲▲▲	+ + +

图 4–15　河南棉铃虫年生活史

·卵；– 幼虫；▲蛹；+ 成虫

4.4 昆虫的休眠和滞育

昆虫在一年的发生过程中，为适应不良的环境条件，常会出现一段或长或短的生长发育暂时停滞的时期或虫态，通常称为越冬和越夏。但如果进一步研究分析产生这种现象的原因和昆虫对环境条件的反应，可以将其区别为两种不同的性质，即休眠和滞育。

4.4.1 休眠

休眠又称为“蛰伏”，是由于不利环境引起的生命活动暂时停滞现象，当环境条件变好时能立即恢复生长发育。昆虫的休眠有因冬季低温引起的冬眠，有因盛夏高温引起的夏眠，也有因食料缺乏而导致的饥饿休眠。但当环境条件适宜或一旦得到满足时，就不会出现休眠，或立即终止休眠而恢复生长发育。如黏虫和小地老虎，在我国北纬 33° 越冬北界以南的地区，若冬季温度低于该虫的发育起点，则以幼虫和蛹越冬；若高于该虫的发育起点，则可继续发育而无越冬现象。这类害虫在人工控温条件下或在南方温暖的冬季可以周年繁殖世代。

4.4.2 滞育

某些昆虫在一定的季节或发育阶段，不论环境条件适合与否，都出现生长发育停滞、不食不动的现象，称为滞育。滞育是昆虫长期适应不良环境而形成的种的遗传特性。在自然情况下，当不良环境到来之前，这些昆虫在生理上已经有所准备，即已进入滞育状态，而且一旦进入滞育，即使给予最适宜的条件，也不能马上恢复生长发育等生命活动。所以，滞育具有一定的遗传稳定性。凡是具有滞育特性的昆虫一般都有固定的滞育虫态，亲缘关系相近的昆虫可以有不同的滞育虫态，通常 1 个世代只有 1 次滞育，但也有在 1 个世代中出现 2 次滞育的昆虫。

滞育可分为专性滞育和兼性滞育两类。

（1）专性滞育。专性滞育又称为确定性滞育。属这种滞育类型的昆虫为一化性昆虫，在每个世代的固定虫态都发生滞育，而且已成为种的巩固的遗传性。例如，舞毒蛾成虫于 6 月下旬至 7 月上旬产卵，此时尽管环境条件适宜，但也不再生长发育，即以卵进入越冬状态；其他许多一化性昆虫（如天幕毛虫和大地老虎等）也属专性滞育越冬的昆虫。

（2）兼性滞育。兼性滞育又称为任意性滞育。属此滞育类型的为二化性和多化性昆虫，滞育的虫态一般固定。但由于地区或个体发育进度不同，可使滞育发生在不同世代，其种的遗传性有一定的可塑性。例如，亚洲玉米螟在各地滞育的代别不同，但多以末代老熟幼虫越冬。

昆虫的滞育虫态因种类而异，可出现在任何虫态或虫期。卵期滞育一般发生在胚胎发育前期，进入滞育后，其呼吸速率显著降低。幼虫期滞育表现为不吃不动，不化蛹，体内脂肪量增加，水分减少，呼吸速率明显下降。蛹期滞育的生理状态与幼虫相似，有的滞育蛹和非滞育蛹在形态上有一定的差异。例如，棉铃虫的滞育蛹，在复眼外侧区有 4 个斜排的小黑点（幼虫单眼的痕迹），而非滞育蛹则无。成虫期滞育主要是性腺发育停滞，不能交配产卵，但有的仍可取食，如七星瓢虫的滞育成虫当气温适宜时，虽不能交配产卵，但能活动取食。

4.5　昆虫的习性和行为

习性是昆虫种或种群具有的生物学特性，亲缘关系相近的昆虫往往具有相似的习性。行为是昆虫的感觉器官接受刺激后通过神经系统的综合而使效应器官产生的反应。

4.5.1 昆虫活动的昼夜节律

昆虫的活动在长期的进化过程中形成了与自然中昼夜变化规律相吻合的节律，即生物钟或昆虫钟。绝大多数昆虫的活动，如飞翔、取食、交配等均有固定的昼夜节律。我们把在白天活动的昆虫称为日出性或昼出性昆虫，把夜间活动的昆虫称为夜出性昆虫，把那些只在弱光下(如黎明时、黄昏时)活动的则称弱光性昆虫。如绝大多数蝶类为日出性昆虫，而绝大多数的蛾类是夜出性的，蚊子则喜欢在弱光下活动。不论是日出性昆虫、夜出性昆虫还是弱光性昆虫，在 1 天当中，多在相对集中的活动时间内活动。

由于自然中昼夜长短是随季节变化的，所以许多昆虫的活动节律也有季节性。1 年发生多代的昆虫，各世代对昼夜变化的反应也会不同，明显地表现在迁移、滞育、交配、生殖等方面。

昆虫活动的昼夜节律表面上看似乎是光的影响，但昼夜间还有不少变化着的因素，例如，湿度的变化、食物成分的变化、异性释放外激素的生理条件等。

4.5.2 食性

不同种类的昆虫，取食食物的种类和范围不同，同种昆虫的不同虫态也不完全一样，甚至差异很大。昆虫在长期的演化过程中，对食物形成一定的选择性，即食性。根据昆虫对食物的选择情况，可将其分为不同的类型。

按昆虫取食的食物性质，通常可分为以下几种类型。

(1)植食性。植食性是以植物的各部分为食料，这类昆虫占昆虫总数的 40% ~ 50%，如黏虫、菜蛾等农业害虫均属此类。

(2)肉食性。肉食性是以其他动物为食料，又可分为捕食性(如七星瓢虫、草蛉等)和寄生性(如寄生蜂、寄生蝇等)两类，它们在害虫生物防治上有着重要意义。

(3)腐食性。腐食性是以动物的尸体、粪便或腐败植物为食料,如埋葬虫、果蝇和舍蝇等。

(4)杂食性。杂食性兼食动物、植物等,如蜚蠊。

按取食范围的广狭,可分为以下几种类型。

(1)单食性。单食性是以某一种植物为食料,如豌豆象只取食豌豆等。

(2)寡食性。寡食性是以1个科或少数近缘科植物为食料,如菜粉蝶取食十字花科植物,棉大卷叶螟取食锦葵科植物等。

(3)多食性。多食性是以多个科的植物为食料,如棉铃虫可取食茄科、豆科、十字花科、锦葵辞等30个科200种以上的植物。

昆虫的食性虽有其稳定性,但也有一定的可塑性,在食料改变和缺乏正常食物时,其食性可破迫改变和发生分化。近年来,随着昆虫营养生理、生物防治等研究的深入,国内外已研制出了许多昆虫的人工饲料,如棉铃虫、斜纹夜蛾、三化螟、瓢虫等。

4.5.3 趋性

昆虫的趋性是较高级的神经活动,也是一种无条件反射。趋性是昆虫对任何一种外部刺激源(光、温度、化学物质等)产生的反应运动。这些运动带有强迫性,是昆虫不可能置之不理的,不趋即避。因此,趋性有正和负的区别。按刺激物的性质,趋性可分为:(1)趋光性(对于光源的反应);(2)趋温性(对于热源的反应);(3)趋化性(对于化学物质的反应);(4)趋湿性(对于湿度的反应);(5)趋地性(对于土壤的反应)等。其中以趋光性和趋化性为最重要和普遍。

4.5.3.1 趋光性

昆虫通过视觉器官,都有一定的趋光性,虽然不同种类对光强度和光性质的反应不同。一般夜出昆虫对灯光表现出正的趋光性,而对日光则表现为避光性。相反,很多蝶类则在日光下活动。不同波长的光线对各种昆虫起的作用及效应亦不同,一般说,短光波的光线对昆虫的诱集力特大。如二化螟对于330 nm紫外光至400 nm紫光的趋性最强,棉铃虫和烟青虫用330 nm的紫外光诱集效果最好,因此,可以利用黑光灯、双色灯来诱杀害虫和进行预测预报。昆虫的趋光性在雌雄性别间也表现不同。如铜绿丽金龟雌虫有较强的趋光性,而雄虫则弱;华北大黑鳃金龟则相反,雄虫有趋光性,雌虫则无。

4.5.3.2 趋化性

昆虫通过嗅觉器官对挥发性化学物质的刺激所起的冲动反应行为,称为趋化性。趋化性也有正负之分,对昆虫取食、交配、产卵等活动,均有重要意义。昆虫辨认寄主,主要是靠寄主所发出来的具有信号作用的某种气味。如菜白蝶有趋向含有芥子油气味(糖苷化合物)的十字花科蔬菜产卵的习性。人们可根据害虫对于化学物质具有的趋性反应,应用诱杀剂、诱集剂和驱避剂来防除害虫。如用马粪诱杀蝼蛄;用糖、醋、酒等混合液诱集梨小食心虫、黏虫、小地老虎等。驱避剂多用于防治卫生害虫,如涂抹皮肤用的避蚊油等。

4.5.4 群集、扩散和迁飞

4.5.4.1 群集

同种昆虫的个体大量聚集在一起生活的习性,称为群集。但各种昆虫群集的方式有所不同,可分为临时性群集和永久性群集两种类型。

(1)临时性群集。临时性群集是指昆虫仅在某一虫态或某一阶段时间内行群集生活,然后分散。如天幕毛虫的低龄幼虫行群集生活,老龄后即行分散生活;多种瓢虫越冬时,其成虫常群集在一起,当度过寒冬后即行分散生活。

(2)永久性群集。永久性群集往往出现在昆虫个体的整个生育期,一旦形成群集后,很久不会分散,趋向于群居型生活。如东亚飞蝗卵孵化后,蝗蝻可聚集成群,集体行动或迁移,蝗蝻变成虫后仍不分散,往往成群远距离迁飞。多数昆虫的永久性群集主要是由于视觉器或嗅觉器受到环境刺激,引起虫体内特殊的生理反应,并产生外激素的作用所造成的。

4.5.4.2 扩散

扩散是指昆虫个体经常的或偶然的、小范围内的分散或集中活动,也可称为蔓延、传播或分散等。昆虫的扩散一般可分为以下几种类型。

(1)完全靠外部因素传播。即由风力、水力、动物或人类活动引起的被动扩散活动。许多鳞翅目幼虫可吐丝下垂并靠风力传播。人类活动(如货物运输、种苗调运等)有时也无意中帮助了一些昆虫的扩散。

(2)由虫源地(株)向外扩散。有些昆虫或其某一世代有明显的虫源中心,常称之为"虫源地(株)"。绵蚜等常首先由点片发生,后逐渐向周围附近植株及田块蔓延。

(3)由于趋性所引起的分散或集中。

4.5.4.3 迁飞

迁飞是昆虫通过飞行,大量、持续地远距离迁移。许多农业害虫如黏虫、小地老虎、稻纵卷叶螟、褐飞虱、白背飞虱等,在成虫羽化幼嫩期的后期,雌虫卵巢发育处于1级或2级初期时,具有成群地从一个发生区远距离迁移到另一个发生区的习性。迁飞昆虫与成虫期滞育的非迁飞性昆虫有很多相似性,它们都具有未发育成熟的卵巢,发达的脂肪和相类似的激素控制。从进化的适应性来看,迁飞是从空间上逃避不良环境条件,滞育则是从时间上逃避不良环境条件,当然,昆虫迁飞亦有主动开拓新栖息场所的含义。因此,昆虫的迁飞和滞育是适应环境变更的两种方式,是不同种类在长期进化过程中形成的两种生存对策。昆虫迁飞有助于其生活史的延续和物种的繁衍,是自然界中存在的一种普遍现象。

研究和了解昆虫的群集、扩散和迁飞的生物学特性,对农业害虫的测报和防治具有重要意义。如目前我国已广泛开展的对迁飞性害虫的异地测报,能较准确地预测其发生期和为害趋势;利用害虫的群集习性,及早地采取有效的防治措施,可把它们消灭在分散为害之前。

4.5.5 保护习性

假死性是指昆虫受到某种刺激或震动时,身体卷缩,静止不动,或从停留处跌落下来呈假死状态,稍停片刻即恢复正常而离去的现象。如金龟子、象甲、叶甲,以及黏虫幼虫等都具有假死性。假死性是昆虫逃避敌害的一种适应。

一种动物"模拟"其他生物的姿态,得以保护自己的现象,称为拟态。这是动物在自然选择上朝着有利特性发展的结果。拟态可以分为两种主要类型:一种称为贝氏拟态,另一种称为缪氏拟态。

保护色是指一些昆虫的体色与其周围环境的颜色相似的现象。如栖居于草地上的绿色蚱蜢,其体色或翅色与生境极为相似,不易为敌害发现,利于保护自己。菜粉蝶蛹的颜色也因化蛹场所的背景不同而不同,在甘蓝叶上化的蛹常为绿色或黄绿色,而在篱笆或土墙上化蛹时,则多呈褐色。

有些昆虫既有保护色,又有与背景形成鲜明对照的体色,称为警戒色,更有利于保护自己。如蓝目天蛾,其前翅颜色与树皮相似,后翅颜色鲜明并有类似脊椎动物眼睛的斑纹,当遇到其他动物袭击时,前翅突然展开,露出后翅,将袭击者吓跑。

有些昆虫既有保护色,又能配合自己的体形和环境背景,保护自己。如一些尺蛾幼虫在树枝上栖息时，以末对腹足固定于树枝上，身体斜立，体色和姿态酷似枯枝；竹节虫多数种类形似竹枝；大部分枯叶蛾种类的成虫体色和体形与枯叶极为相似，因而不易被袭击者发现。

第5章　昆虫的发生与环境的关系

在自然界,昆虫与其周围环境有着紧密的关系。研究昆虫与周围环境相互关系的科学称为昆虫生态学。它是农业昆虫预测预报和防治的理论基础。

5.1　环境因子对昆虫的影响

有关环境的概念具有很多不同的提法,一般认为环境是指一定时间内对有机体生活、生长发育、繁殖以及对有机体数量具有影响的空间条件,包括有机环境和无机环境。通常所说的环境因子主要包括气候因子、生物因子和土壤因子。

5.1.1 气候因子对昆虫的影响

气候对昆虫具有极为重要的生态学意义。气候不仅直接影响昆虫本身,而且对其他环境因素也有很大影响。气候因子包括温度、湿度、降雨、光、辐射、风等,其中以温度和湿度的影响最大。

5.1.1.1 温度对昆虫的影响

(1)温度对昆虫的生态学意义。昆虫为变温动物,体温随周围环境的变化而变动。昆虫的新陈代谢等生命活动在一定温度条件下才能实现,而维持昆虫体温的热源有两方面,即太阳辐射热和新陈代谢所产生的化学热,但主要为太阳辐射热。温度不仅是昆虫进行积极的生命活动所必需的一个条件,也是对昆虫影响最为显著的一个因子。

昆虫对温度的一般反应如图 5-1 所示。昆虫的生长发育、繁殖等生命活动在一定的温度范围内进行，这个范围称为昆虫的适宜温区或有效温区。不同昆虫有效温区不同，一般在 8 ~ 40 ℃之间。在有效温区内包括最适于昆虫生长发育和繁殖的温度范围，称为最适温区，一般在 22 ~ 30 ℃之间。此外，还包括最低有效温区或发育起点温度，一般在 8 ~ 15 ℃之间；最高有效温区或高温临界区，一般在 35 ~ 40 ℃之间或更高些。

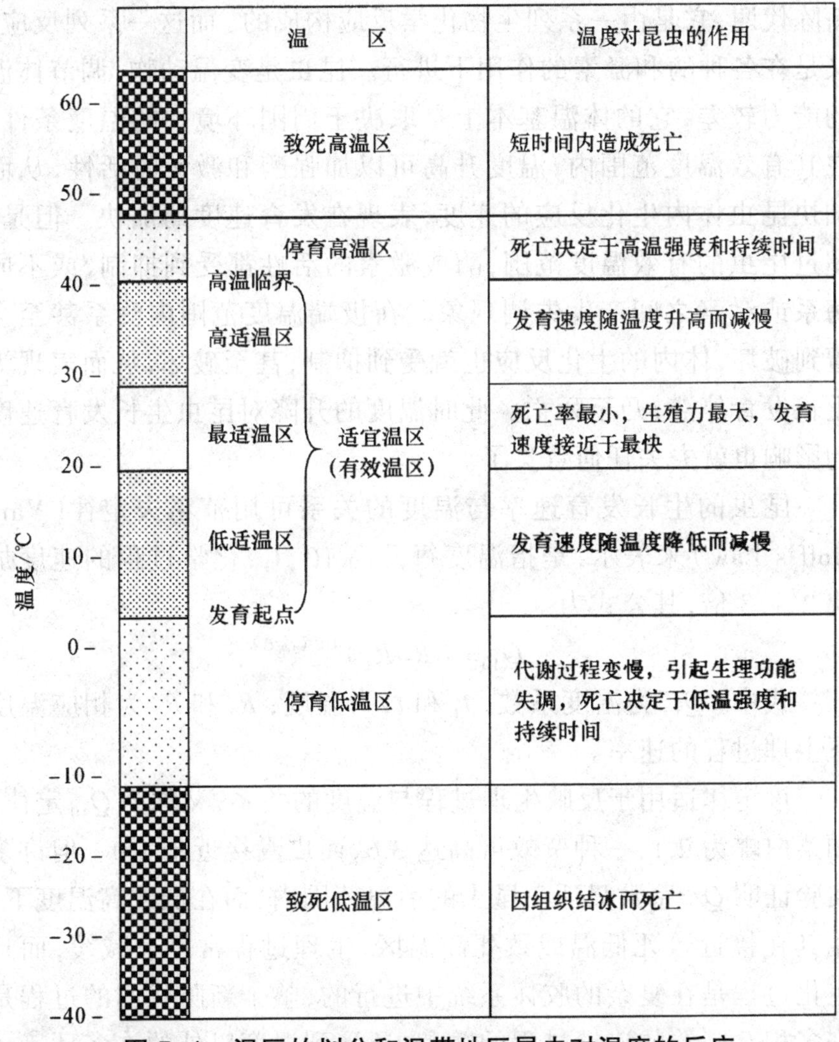

图 5-1 温区的划分和温带地区昆虫对温度的反应

昆虫在发育起点温度以下的一定范围内并不死亡，因温度低而呈昏迷状态或体液开始结冰，当温度在短时间内上升到适宜温区内，昆虫仍可恢复生长发育，如持续时间过长，则有致死的作用，该温区称为停育低温区。温度再下降，昆虫因过冷而死亡，该温度范围称为致死低温区。同样，在高温临界以上有一个停育高温区，在此温度范围内昆虫的生长发育因温度过高而停滞。温度再高，昆虫因过热而死亡，即进入致死高温区，一般在 45 ℃以上。

（2）温度对昆虫生长发育的影响。昆虫生长发育的基础是新陈代谢，它是由一系列生物化学反应构成的。而这一系列反应，又是在各种酶和激素的作用下进行。昆虫是变温动物，调节体温的能力较差，它的体温基本上是取决于周围环境中的温度条件，在其有效温度范围内，温度升高可以加强酶和激素的活性，从而加快昆虫体内生化反应的速度，表现在发育速度的加快。但是，超过昆虫的有效温度范围，酶或激素的活性都受到抑制，或不同酶系或激素之间产生失调现象。在极端温度范围内酶系甚至会遭到破坏，体内的生化反应也就受到抑制，甚至破坏，从而表现为生长发育停滞，乃至死亡。此时温度的升降对昆虫生长发育速度的影响也就失去任何意义了。

昆虫的生长发育速率与温度的关系可用范霍夫定律（Vant Hoff’s Law）来表示，是指温度每升高 10 ℃，化学过程的速度加快 2 ~ 3 倍，其公式为

$$Q_{10}=(R_2/R_1)^{10/(t_2-t_1)}$$

式中，Q_{10} 为温度系数；t_1 和 t_2 为温度；R_1 和 R_2 为相应温度下生理过程的速率。

该定律适用于反映生理过程与温度的关系，又称为 Q_{10} 定律。如菜白蝶为 2.1，一种莹蚊可高达 3.6，而皮蠹接近于 1.0。但许多实验证明 Q_{10} 系数只适于昆虫的适温范围内，而在低或高温度下，尤其在接近致死低温或致死高温区，生理过程常迅速减缓，而且生化过程是在复杂的胶体系统中进行的，整个新陈代谢的过程是许多相互制约的连锁过程的总和，还受到温度以外的许多环境条

件的影响，如食物、水分等。因此，Q_{10}系数并不是一个常数。一般认为，用有效积温法则或逻辑斯蒂曲线来描述生长发育与温度关系比较切合实际。

有效积温法则是指昆虫完成某一发育阶段所需要的总热量为一常数，也可称为热常数或总积温。由于变温动物的生长发育有一定的温度范围，低于某一温度时，生长发育便停止，高于此温度时，生长发育才开始进行。这一温度阈值就叫作发育起点温度或称生物学零点。所以，实际的发育总积温为每日平均温度减去发育起点温度后累加值。热常数法则应以有效积温计算和表示，其公式如下：

$$K=N(T-C) \tag{5-1}$$

式中，K为热常数，也称为有效总积温，℃；N为发育历期，d；T为发育期间的平均温度，℃；C为发育起点温度，℃。

式（5-1）移项为

$$T=C+K/N \tag{5-2}$$

设发育速率$V=1/N$，则

$$T=C+K(1/N)=C+KV \tag{5-3}$$

式（5-2）为数学上的双曲线（$y=a+b/x$），而式（5-3）则相当于直线方程（$y=a+bx$），表示温度与发育速率是直线关系。公式中的参数C和K可从一系列温度下的发育速率实验或观测数据，按回归统计法中最小二乘法原则求得。有效积温法则较普遍地用于害虫发生期预测。

（3）极端高温和低温对昆虫的影响。高温可抑制昆虫的发育，使其体重减轻，死亡率增加，而且还有一定的后遗作用，尤其是对成虫的影响显著。例如，引起发育不全、体小、翅不能正常展开、性腺发育受到抑制、不孕卵数量增多等。从生理角度看，温度升高会引起昆虫体内水分过量蒸发，使体内蛋白质凝固、变性，酶系或细胞内的线粒体被破坏。同时，高温在一定程度上加速了各种生理过程的不协调，如不能供应足够的氧气，不能排泄更多的代谢产物而引起中毒，以及造成神经系统的麻痹等。

低温对昆虫的致死作用主要是由于体液的冰冻和结晶，使原生质遭受机械损伤、脱水和生理结构的破坏，当这种现象达到一定程度时，将使组织和细胞内产生不可复原的变化，引起虫体死亡。昆虫耐寒性的一个重要指标是其体液的过冷却现象，即由于昆虫的体液内含有大量的糖、脂肪和蛋白质等物质，与原生质形成一定的有机结构，使其体液能忍受 0 ℃以下的一定低温而不冻结，这种现象称为过冷却现象。

过冷却理论也称为复苏现象（图 5–2），认为当昆虫体温下降到 0 ℃时（N_1），体液并不结冰，当体温下降到 T_1 时，其体温突然上升（因此时体液开始结冰而放出凝固热），但体温只能暂短地上升至接近 0 ℃（N_2），随之下降，体液并开始结冰；体温降至 T_2（与 T_1 为同一温度）时，昆虫死亡。其中，N_1 表示体内开始过冷却；N_2 表示体液开始结冰，称为体液结冰点；T_1 称为过冷却点；T_2 称为死亡点。在昆虫体温下降到过冷却点以前，虫体处于昏迷状况，但不出现生理失调，而只是体液处于过冷却阶段，此时如环境温度回升，昆虫仍可恢复其正常生命活动。但体温降至 T_2 温度以下，昆虫一般不能复苏而死亡。昆虫的不同种类、不同虫态、生活条件的差异以及内部生理状况的不同，均可影响昆虫的过冷却点。

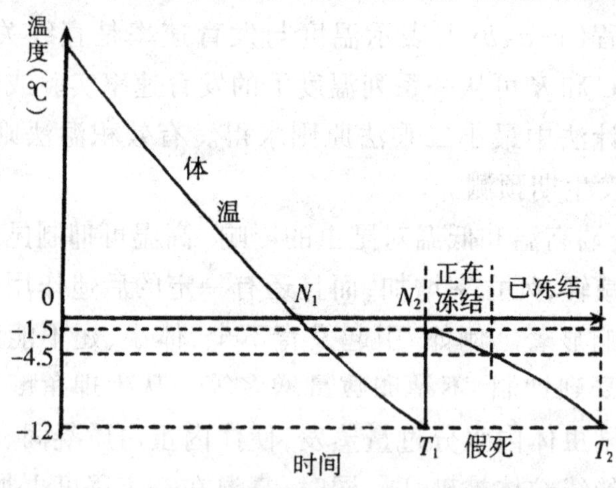

图 5–2　不同环境温度下昆虫体温状态的图解

5.1.1.2 湿度和降雨对昆虫的影响

空气和土壤中湿度高低,影响昆虫的生存与分布。昆虫也以各种方式适应生活环境的水、湿因子。

(1)水、湿因子的生态作用。水是昆虫生存的重要条件。昆虫体内的含水量一般为体重的45%~92%。昆虫和其他生物一样,都需一定的水分来维持其正常的生命活动。体内的各种生化反应,都是在溶液或胶体状态下进行的。水是很好的溶剂,对许多化合物有水解和电离作用,许多化学元素都是在水溶液的状态下为生物吸收和运转。水是生物新陈代谢的直接参与者,无水也就无原生质的生命活动。因此,当外界环境影响到昆虫体内水分调节、使之失去平衡时,便可引起昆虫发育、繁殖和生存等方面不同程度的反常表现。

虫体内水分的平衡是通过水分的吸收和排除来调节的。昆虫摄取水的方式主要有:

①从食物和饮水中获取水分,这是昆虫主要取水方式,如蜜蜂须经常饮水。

②利用代谢水。从虫体自身生物氧化过程中获得水分,如1 g脂肪完全氧化,可产生1.07 g水,糖和蛋白质的氧化过程中同样产生水分。

③通过体壁或卵壳吸收水分。如东亚飞蝗的卵,从产出到孵化,卵内水分要增加到卵重的40%,才能完成发育,其中一部分水就是从周围土壤中透过卵壳吸收的。不少害虫产卵在植物组织中,也可以通过卵壳直接吸收植物组织中水分,当水分不能满足时,发育就受到抑制。

昆虫体内水分的排出,主要靠排泄,也可通过体壁和气门及节间膜处蒸发。在昆虫变态过程中,如孵化、蜕皮、化蛹和羽化时都大量失水。此时如果天气干旱,空气或土壤湿度过低,就会过多地损失水分,往往使得昆虫发育不良、羽化不健全,或羽化后生殖能力降低,甚至引起死亡。玉米螟卵在干旱时,胚胎发育虽已完成,但也不能孵化。当外界环境中的湿度或水分影响到昆虫的吸水或排水机制时,可使体内的水分调节失去平衡,从而引起种种反常表现。

(2)湿度对昆虫的影响。湿度主要通过影响虫体水分的蒸发和虫体的含水量,其次影响虫体的体温和代谢速度,从而影响昆虫的成活率、生殖力和发育速度。昆虫在孵化、蜕皮、化蛹和羽化时,如果湿度过低,往往会大量死亡;干旱会影响昆虫的性腺发育,也影响交尾和雌虫的产卵量。

(3)降雨对昆虫的影响。降雨与空气的湿度密切相关,因此,某一地区的湿度情况常由该地区的降水量来确定。降雨除了可改变大气或土壤的湿度而影响昆虫外,还对昆虫具有直接的机械杀伤作用,尤其是对个体小的一些昆虫。毛毛细雨通常有利于昆虫的活动,大雨常阻止昆虫的活动。

5.1.1.3 光和辐射对昆虫的影响

太阳光和热是生态系统中能量的主要来源。昆虫也可从太阳辐射热中吸收热能或间接获得能量。光的波长、强度和周期对昆虫的行为、趋性和滞育等生命活动均有重要影响。

(1)光波长对昆虫的影响。光是一种电磁波,由于波长不同,显示出各种不同的性质,表现出各种不同的颜色。太阳光通过大气层到达地球的波长为 290 ~ 2000 nm,各种颜色的光波长范围如图 5-3 所示。

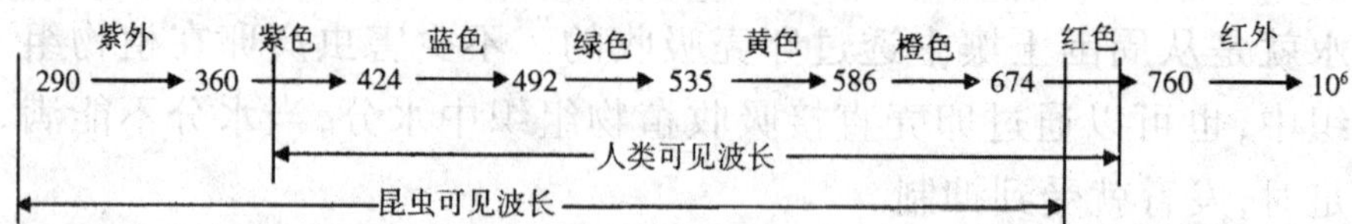

图 5-3　人和昆虫的可见光波长(nm)范围比较

人眼可见波长为 390 ~ 750 nm 之间,对红色最为敏感;昆虫可见波长范围为 250 ~ 700 nm,对紫外光敏感。昆虫的趋光性与光的波长关系密切,许多昆虫都有不同程度的趋光性,并对光的波长具有选择性。一些夜间活动的昆虫对紫外光最敏感,如棉红铃虫、棉铃虫和烟青虫分别对 366 ~ 400 nm、330 nm 和 365 nm 的趋性最强。测报上所采用的黑光灯波长为 360 ~ 400 nm，比白炽灯诱集昆虫的效果好。

（2）光强度对昆虫的影响。光的强度，亦即亮度或照度，单位常用勒克斯（lx）表示。光的强度主要影响昆虫昼夜的活动和行为，如交配、产卵、取食和栖息等。根据昆虫的生活与光强度的关系，可把昆虫分为白昼活动、夜间活动、黄昏活动和昼夜活动 4 类。同时，光强度对昆虫的影响也因虫种而异，而且同种昆虫的不同发育阶段也有所不同。例如，家蚕成虫主要在白天交配，但在黑暗下产卵最多，强光有抑制产卵的作用；其幼虫则昼夜均可取食。

（3）光照周期与昆虫生活的关系。光照周期主要是对昆虫的生活起着一种信息作用。自然界的光照有年及日的周期变化。光照是以每日内光照时数作为基本单位的。中纬度地区，一地一年内以冬至日光照最短，自冬至后到夏至光照逐渐变长，而夏至日光照最长，自夏至后到冬至时光照逐渐变短。这样，便形成了光照的年周期变化。在同一时间里，每日光照时数又因纬度而异。夏季高纬度地区的光照长于低纬度地区。

昆虫的季节生活史、滞育特性、世代交替，蚜虫的季节性多型现象等均与光照周期变动的信息作用有密切关系。例如，豌豆蚜若虫期在短光照每日 8 h、温度 10 ℃时即产生有性繁殖后代；在长光照每日 16 h、温度 25 ~ 26 ℃或 29 ~ 30 ℃即产生无性繁殖后代。棉蚜也有类似的反应。光照的季节性周期随纬度而异。如全年短日照（每日 12 ~ 13 h）秋季的来临，北京为 9 月 8 日始，南京则 9 月 23 日始，两地相差达半月。以蚜虫秋季性蚜的出现为例，则华北早于长江流域。因此，秋季在越冬寄主上调查性蚜的适期应有差别。

近年来，对于光照期与生物（包括昆虫）生活间的关系已有比较广泛而深入的研究。Beck（1980）总结了昆虫的光周期性：一切季节性的或地理的光周期现象，都是以光的日周期为基础的；

日周期为生物体内时间性组织作同步的反应，也称为光周期反应；而生物体内的光周期反应也正是生物物候现象的机制，也是对生物气候的一种适应性。

生物物候现象如植物的光合作用或昆虫的趋光性等是对光源的光能量的一种直接的反应，反应常随光照度的减小而减弱。如日出性昆虫或夜出性昆虫的活动就是直接与光照度的变化密切配合的。而昆虫的光周期反应的含义则远不止这些，昆虫和其他动物的光周期反应都是建立在环境的光周期节律基础上。

5.1.1.4 风对昆虫的影响

风对昆虫的体温、飞翔和分布有影响，常会引起昆虫的死亡。风与水分蒸发量关系密切，从而对相对湿度产生影响。许多飞翔的昆虫大多在微风或无风晴天时飞行，当风速增大到一定程度时，飞行受阻；风速超过 15 km/h，所有昆虫停止自发飞行。在风大的地区，昆虫常具有相适应的形态特征和习性，如飞虱和瘿蚊等可随风做远距离传播；一些有长距离定向迁移的昆虫，如东亚飞蝗等，与季风的关系密切。有时发生乘风迁飞的害虫，遇到高山受阻，被迫降落，在高山山麓下的农田为害成灾。

5.1.2 生物因子对昆虫的影响

生物因素是指环境中的所有生物由于其生命活动，而对某种生物（某种昆虫）所产生的直接和间接影响，以及该种生物（昆虫）个体间的相互影响。其中食物和天敌是生物因素中两个最为重要的因素。

5.1.2.1 食物因素对昆虫的影响

食物是一种营养性环境因素。食物的质量和数量影响昆虫的分布、生长、发育、存活和繁殖，从而影响种群密度。昆虫对食物的适应进而引起其食性和种型的分化。

各种昆虫均具有其适宜的食物。虽然杂食性和多食性昆虫可取食多种食物，但它们仍都有各自最嗜好的植物或动物种类。昆虫取食嗜好的食物后，不但其发育、生长快，死亡率低，而且繁殖力强。例如，东亚飞蝗蝻期，饲以禾本科和莎草科植物，其发育期缩短，死亡率较低；饲以油菜，则发育期延长，死亡率增高，只有少数能完成其生活史；而饲以棉花、洋麻和豌豆则不能完成其生活史。同时，取食同一植物的不同器官对昆虫生长发育、繁殖等也有较大影响。

食物对昆虫分布的影响十分明显，尤其是对单食性昆虫，由于它对食物的依赖性，食物的分布状况往往限制了害虫的分布，即使是寄主植物较多的昆虫，其食料植物也可能对其分布起作用。例如，水稻食根叶甲（*Donacia provosti*）的分布，除与水稻的分布区有关外，也与稻田杂草眼子菜的分布有关。该杂草适于在南方冬季灌水休闲稻田内发生，冬耕、冬种的稻田，由于眼子菜不能生存，因而食根叶甲也不能生存。

同时，同种昆虫在不同地域内长期取食不同作物，就有可能引起种型、体色型的分化等，从而形成新种或出现新的种下分化现象。

5.1.2.2 天敌因素对昆虫的影响

昆虫在生长发育过程中，常由于其他生物的捕食或寄生而死亡，这些生物称为昆虫的天敌。昆虫的天敌主要包括致病微生物、天敌昆虫和食虫动物 3 类，它们是影响昆虫种群数量变动的重要因素。

（1）致病微生物。致病微生物主要有细菌、真菌和病毒，但习惯上也将病原线虫、病原原生动物归于致病微生物中。此外，立克次氏体等对昆虫也有致病作用。

①细菌。昆虫病原细菌已知有 90 余种，分属于芽孢杆菌科、肠杆菌科、假单胞菌科。研究和应用较多的是芽孢杆菌，如苏云金杆菌和日本金龟芽孢杆菌等。

②真菌。昆虫病原真菌也称为虫生菌，种类繁多，已记载有900余种，其中主要有接合菌亚门的虫生霉，子囊菌亚门的虫草菌，半知菌亚门的白僵菌、绿僵菌、多毛孢、轮枝孢等属。

③病毒。常见的昆虫病毒主要属于有包含体类的核型多角体病毒（NPV）、质型多角体病毒和颗粒体病毒，是研究和开发应用的重点。

④立克次氏体。立克次氏体是介于最小细菌和病毒之间的一类独特的微生物，其特点之一是多形性，可以是球杆状或杆状，有时出现长丝状体。报道较多的昆虫病原立克次氏体是鳃金龟微立克次氏体，能引起多种金龟子的大量死亡。

⑤原生动物。微孢子虫是一个大家族，不同种类的微孢子虫可以感染不同的害虫。其孢子被昆虫吞食进入肠道。通过外翻极丝而引起感染。可侵染昆虫消化道和马氏管，有的侵染脂肪组织、血细胞或肌肉，或侵染生殖组织甚至全体组织，引起活力丧失、行为变化、交配减少和产卵率降低。

⑥线虫。昆虫病原线虫是一类专门寄生于昆虫的线虫，它随食物或通过自然孔口（气门、肛门）、节间膜等进入昆虫体内，迅速释放其携带的共生菌，使昆虫罹患败血症而死亡。

（2）天敌昆虫。天敌昆虫一般可分为捕食性天敌昆虫和寄生性天敌昆虫两大类。

①捕食性天敌昆虫。捕食性天敌昆虫主要隶属于蜻蜓目、啮虫目、螳螂目、长翅目、半翅目、广翅目、脉翅目、蛇蛉目、鞘翅目、膜翅目和双翅目等。常见的有螳螂、蜻蜓、捕食蝽、草蛉、步行虫、瓢虫、食虫虻和食蚜蝇等。这些天敌可大量捕食害虫，在自然控制中发挥着重要作用。

②寄生性天敌昆虫。寄生性天敌主要隶属于双翅目、膜翅目、鞘翅目、鳞翅目和捻翅目等。其中以双翅目和膜翅目中的寄蝇、姬蜂、茧蜂、小蜂和细蜂等在生物防治中的利用价值较大。

（3）食虫动物。食虫动物是指天敌昆虫以外的一些捕食昆虫的动物，主要包括蛛形纲（Arachnida）、鸟类和两栖纲中的一些类群。蛛形纲中的食虫动物隶属于蜘蛛目（Araneae）和蜱螨目（Acarina），其中以狼蛛、球腹蛛、微蛛和跳蛛等类群在生物防治中的作用较大。例如，稻田中的草间小黑蛛、水狼蛛分别与稻飞虱的数量比达1∶4～5和1∶8～9时，稻飞虱的种群就很难发展。蜱螨目中以植绥螨科（Phytoseiidae）中的捕食螨捕食害虫的作用最大，尼氏钝绥螨（*Amblyseius nicholsi*）、德氏钝绥螨（*A.deleoni*）、东方钝绥螨（*A.orientalis*）等已应用于害虫生物防治。

食虫鸟类的种类也很多，有些种类终生捕食昆虫，如啄木鸟（*Pious* spp.）、灰喜鹊、家燕（*Hirundo rustica*）等；有些在成鸟育雏期间捕啄昆虫供雏鸟食用，如麻雀（*Passer montanus*）等。

两栖类动物中的蛙类大都可捕食昆虫，其中以生活在稻田的泽蛙（*Rana esculanta*）捕食能力最强。另外，在丘陵山区果园中的树蛙（*Rana temporaria*）也是捕食昆虫的种类。

5.1.3 土壤因子对昆虫的影响

土壤是昆虫的一个特殊的生态环境，大约有98%以上的昆虫种类在生活史中都与土壤发生或多或少的联系，有些昆虫终生生活在土壤中，有些昆虫以一个虫期或几个虫期生活在土壤中。土壤是由固体相（岩粒、土粒等）、液体相（水）和气体相（空气）组成，这三种状态的不同组合构成了土壤不同的特性，并影响着生活在土壤中的昆虫。

5.1.3.1 土壤温度对昆虫的影响

土壤温度的变化对土壤昆虫的潜土深度或垂直活动有直接影响。如许多昆虫在土壤内一定深度越冬或越夏，就是为了避免过高或过低温度的影响。昆虫愈向下移动，温度越低。春季天气变暖时，昆虫逐渐向上移动；夏季炎热时，昆虫又向下潜伏；夏末秋初又向上移动。昆虫这种在土壤不同层次的迁移行为是同其对土壤温度的适应相联系的。

5.1.3.2 土壤湿度对昆虫的影响

土壤湿度包括土壤水分和土壤缝隙内的空气湿度,主要来源为降雨和灌溉。土壤空气中的湿度,除表层外总是处于饱和状态,因此土栖昆虫不会因湿度过低而死亡。许多昆虫的不活动期(如卵、蛹)常常以土壤作为栖息地,避免了大气干燥对它们的不利影响。

土壤的干湿程度影响着土栖昆虫的分布和危害。如细胸金针虫主要分布在含水量较多的低洼地,沟金针虫则主要分布在旱地草原。在春季干旱年份,如果土壤表层缺水,会影响沟金针虫幼虫的上升活动。但对多数土栖昆虫来说,土壤水分过高,不利于其生活。

5.1.3.3 土壤理化性质对昆虫的影响

土壤理化性质主要包括土壤机械组成、通气性、团粒结构、土壤的酸碱度、含盐量、施肥情况等,对昆虫种类和数量都有很大影响。如葡萄根瘤蚜在有团粒结构的黏壤土和石砾土壤中,若虫活动和蔓延方便,发生较重,而在没有团粒结构的沙土中,无足够的空隙供若虫活动,则基本不能生存。

5.1.3.4 土壤有机质与昆虫的关系

土壤中生物种类和数量十分丰富,其中又以无脊椎动物尤其是昆虫为多,它们相互作用、相互影响而共同组成了土壤生物群落。生活在土壤内的昆虫,有的是以植物的根系为食料,有的以土壤中的腐殖质为食料。所以,在施肥的土壤中,尤其是在施用有机肥的土壤中,昆虫的密度比未施肥的多。这主要是同土壤昆虫的食性及土壤温湿度的变化有关。

一方面土栖昆虫受施用有机肥的影响;另一方面,一些腐食性昆虫在其生命活动过程中,将一部分有机物转化为可以被植物利用的可给态化合物，这对土壤肥力的形成具有一定的作用。同时，土栖昆虫在土壤中的活动，增加了土壤的孔隙度，使土壤微生物的好气性过程加强，有利于有机物的分解。有些土栖昆虫的消化道内存有大量的土壤微生物和共生微生物，它们的粪便就为土壤积累了腐殖质，从而使土壤肥力得以提高。所以，在防治地下害虫时，应避免盲目灌施农药，以减少对有益土栖微生物的杀伤，防止恶化土壤环境和降低土壤肥力。

5.2　昆虫的种群生态

5.2.1 种群的概念与特征

5.2.1.1　种群的概念

种群是种以下的一个单位。物种是指自然界中凡是在形态结构、生活方式及遗传上极为相似的一群个体，它们在生殖上与其他种类的生物有严格的生殖隔离。种群则是在一定的空间内（区域内），同种个体的集合群。种群作为具体的研究对象又可分为自然种群（如稻田中的褐稻虱种群）和实验种群（如实验条件下人工饲养的褐稻虱种群），单种种群（如观察田间稻纵卷叶螟种群）和混合种群（如寄主与寄生物间）。

5.2.1.2 种群的特征

种群的变动一方面表现为数量的增减，另一方面数量的增减必然伴随出现种群所占空间的收缩或扩张，而这两种变化均是同时间因素紧密联系在一起的。因而种群的空间、数量和遗传特征是种群存在的 3 个基本表现形式。

（1）空间特征。种群具有一定的分布区域即占据一定空间，分布区受非生物因素(如气候、水文等地质)和生物因素(如种间竞争、捕食和寄生)的影响。

(2)数量特征。种群具有一定的大小(个体数量或种群密度),并随时间变动。

(3)遗传特征。种群具有一定的遗传组成。

同一物种个体之间在形态上常无明显差异。但在特定的条件下,如由于地理上的长期隔离或寄主食物长期特化而对这些环境产生一定的适应,也会使同种个体之间在生活习性或生理、生态特性上发生某些差异,即形成不同的种群。例如,由于地理上的长期隔绝而形成的种群称为地理种群或地理宗;主要由食物条件引起的种群差异称为食物种群或食物宗。

5.2.2 种群的结构

种群结构是指种群内某些生物学、生态学乃至形态学和生理学特性互不相同的各类同种的个体群在总体中所占比例,如不同龄期的幼虫、成虫,雄性、雌性,不同生物型等。所以昆虫种群结构主要包括性比、年龄组配和多型性三个方面。

5.2.2.1 性比

性比是决定下代种群数量的关键因素。不同性别的积温可能不同,会影响到害虫的发育历期。不同性别的死亡率可能不同,特别是越冬阶段,从而影响到害虫的发生数量。迁飞昆虫雌雄个体迁飞能力不同,也会影响到害虫的迁飞期和迁飞量。

5.2.2.2 年龄组配

年龄组配是指种群内各年龄组(成虫期、蛹、各龄幼虫、卵等)的相对百分比。种群的年龄组配随着种群的发展而变化。对于连续增长且世代重叠的种群来说,年龄组配是反映种群发育阶段并预示种群发展趋势的一个重要指标。同样,昆虫种群中成虫的性比、滞育个体比率和处在生殖阶段的个体数量等，对于昆虫的数量动态也有重要影响。此外，对某些具有多型现象的昆虫来说，其各型个体的比例也是种群结构的一个重要指标。

5.2.2.3 多型性

蝗虫的散居型或群居型、蚜虫的有翅型或无翅型、飞虱的长翅型或短翅型、一些昆虫的滞育型或非滞育型以及休眠体或非休眠体等，是昆虫结构中的多态型现象。同一种昆虫的不同型常常在迁飞、扩散、繁殖能力或发生期上存在很大差异，因而常常直接或间接影响着害虫的发生及预测。

5.2.3 昆虫种群的空间分布

由于种群栖息地内生物和非生物环境间的相互作用，从而造成了种群在一定空间内个体扩散分布的一定形式，即空间分布型。种群的分布型不但因种而异，而且同一种内不同虫态、年龄、密度或环境等条件的差异，均可影响分布型的变化。研究昆虫的分布型，不仅有助于确定或改进精确的抽样设计方案，而且对于了解昆虫的猖獗和扩散行为也有一定的意义。

5.2.3.1 昆虫种群空间分布型的类型

昆虫种群空间分布型一般分为随机分布、聚集分布和均匀分布 3 种基种类型。

(1)随机分布。随机分布又称为泊松(Poisson)分布。随机分布种群的个体独立、随机地分配到可利用的空间单位中，每个个体占领空间任何一个位置点的概率是相等的，并且任何一个个体的存在不影响其他个体的分布，即个体间相互独立(图 5-4 A)。属于这类分布的种群，其全部个体占领研究区域内的任一位置的概率是相等的。通过样方抽样调查种群数量时，样方中个体的平均数大致与抽样样本的方差相等。随机分布的种群可用泊松分布的理论公式来表示样方中出现虫量的概率大小。

（2）聚集分布。聚集分布的种群其个体做不随机分布，而呈现疏松不均匀的分布状况，也就是一个个体的存在会影响其他个体对空间的占领，个体间相互影响较大（图 5–4 B）。样方取样调查该种群数量时，样本平均数会远远小于样本方差。聚集分布又可分为 2 ~ 4 种类型，常见的有以下两种。

①负二项分布。负二项分布又称为嵌纹分布。组成种群的个体分布疏密相嵌，很不均匀（图 5–4 D）。例如，大螟在稻田中的分布，常表现为田边多而田中间少的形式。

②核心分布。核心分布又称为奈曼分布。组成种群的个体在空间上形成很多大小集团或核心，核心与核心之间的关系是随机的（图 5–4 E）。例如，二化螟的幼虫在水稻上危害形成的枯心团，常呈核心分布。

聚集分布还可用泊松 – 正二项分布的理论公式来表示。

（3）均匀分布。均匀分布是指组成种群的个体呈规则分布，个体间均保持一定的距离（图 5–4 C）。样方抽样时，一般表现为样本平均数远大于样本方差。均匀分布常用正二项分布理论公式表示。属于均匀分布的昆虫特别少，幼虫蛀干危害松树的黄杉大小蠹（*Dendroctonus pseudotsugae*），其蛀孔在树干上的排列呈有规则的均匀分布。

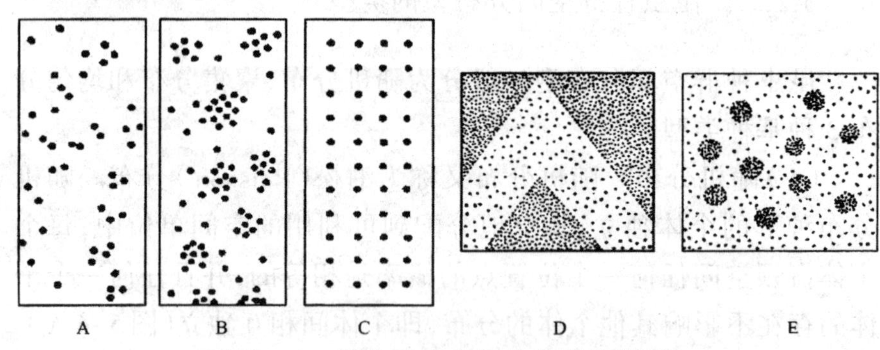

图 5–4　昆虫种群空间分布型的类型

A. 随机分布；B. 聚集分布；C. 均匀分布；

D. 聚集分布中的负二项分布；E. 聚集分布中的核心分布

5.2.3.2 昆虫种群空间分布型的确定

（1）频次分布法。频次分布法是一种经典的方法。基本原理是：将实查的种群空间分布信息（即调查的原始数据）编制成实查频次表，然后计算相应的参数，进而依各理论分布公式计算出理论频次分布，最后用实际调查整理的频次与对应的所计算理论频次值进行卡方检验，根据其吻合程度来判断该资料属哪种分布型。吻合程度是通过查表值与卡方值相比而得来的。

频次分布法测定的具体步骤如下所示。

①确定调查对象。

②选好调查标准地。根据害虫发生的情况和危害程度，选择具有代表性的试验地。

③确定调查方法。包括抽样方案的制订、抽样单位的选择和理论抽样数的确定。一般而言，频次分布法大多采取整体取样方法。

④整理调查结果。列出每个样方的虫口数（x）和实测频次（f）所组成的频次分布统计表，以求样本方差（S^2）和平均数（$\bar{x}$）。

⑤按照各分布型的概率通式，计算各项理论概率及其相应的理论频次数。

⑥进行卡方检验，测定其实测频次与理论频次之间的差异是否显著，计算卡方值的公式为

$$x^2=（实查频次-理论频次）^2/理论频次$$

然后根据自由度（f）和概率水平（P）查 x^2 表可得 x^2 值。各种空间格局类型条件下的自由度：泊松分布和正二项分布为（$n-2$），负二项分布和奈曼分布均为（$n-3$）。在相应的自由度下算得的卡方累计值大于该自由度下 $P_{0.05}$ 时的卡方值，则其 $P<0.05$，表示理论分布与实际分布不符合，也就是不属于该分布；反之，当算得的卡方值 $P>0.05$ 时，即表示二者相符合，可以判断为属于该种分布型。

（2）分布型指数法。由于频次分布法的计算过程复杂，且因参数估计方法的差异所得到的结果不同，同时，频次分布信息损失较多，除了说明种群属于某个理论分布外，对于种群中个体群的行为、种群分布的时序变化等均不能提供任何信息，因此人们又常用分布型指数阐明许多空间分布的结构特征。

①扩散系数 C。扩散系数是检验种群扩散是否属于随机型的一个指标，其公式为

$$C=\frac{\sum\left(x_i-\bar{x}\right)^2}{\bar{x}\left(n-1\right)}=\frac{S^2}{\bar{x}}$$

式中，x_i 为样本的虫数；$\bar{x}$ 为虫口平均数；S^2 为方差；n 为抽样数。

若种群的扩散是完全随机的，则 C 遵从均数为 1，方差为 $2n/(n-1)^2$ 的正态分布，其 95% 的置信区间为 $1\pm2\sqrt{2n/\left(n-1\right)^2}$ 。若 C 落入该区间内（等于 1），则为随机分布，若落入之外（大于或小于 1），则为聚集分布。

②负二项分布参数 K。其计算公式为

$$K=\frac{\bar{x}^2}{S^2-\bar{x}}$$

Waters（1959）提出，K 与虫口密度无关；K 越小，种群聚集度越大；若 K → 8（一般在 8 以上），则种群逼近泊松分布。由于 K 有时受样方大小的影响，所以一般最好在同样方下进行。

③ C_A 数值法。Cassie（1962）提出采用 C_A，即 K 的倒数表示分布类型，$C_A=1/K$。当 $C_A=0$，为随机分布；$C_A>0$，为聚集分布；$C_A<0$，为均匀分布。

④扩散指标 I_δ。Morisita（1959）提出用抽样概率的方法来分析种群内个体的聚集程度。他定义 I_δ 为以两个个体落入同一样方的概率与随机分布的比值为指标。

$$I_\delta=n\frac{\sum_{i=1}^{n}x_i\left(x_i-1\right)}{N\left(N-1\right)}=n\frac{\sum fx^2-N}{N\left(N-1\right)}$$

式中，n 为抽样数；N 为总虫数；x_i 为第 i 个样方中的虫口数。

当 $I_\delta=1$ 时，为泊松分布；当 $I_\delta>1$ 时，为聚集分布；当 $I_\delta<1$ 时，为均匀分布。

扩散型指数基于以下的假设：在整个抽样面积内，需要分成若干个亚面积，种群在每个亚面积内呈随机分布；抽样单位的面积一定要比亚面积小。根据这两个假设，除了抽样单位是以植株或叶片等外，若用面积作为抽样单位，在精确度上就会受到限制。

⑤平均拥挤度 $\overset{*}{x}$。平均拥挤度的概念由 Lloyd 于 1967 年提出，其定义是平均在同一样方内每个个体的拥挤程度或平均在同一样方内每个个体的邻居数。平均拥挤度强调 $\overset{*}{x}$ 是个体的平均 x，而不同于样方的平均数 x，$\overset{*}{x}$ 不受零样方的影响，因为零样方没有对个体提供任何信息。其公式为

$$\overset{*}{x}=\overline{x}+\frac{S^2}{\overline{x}}-1=\overline{x}+1$$

Lloyd（1967）采用平均拥挤度 $\overset{*}{x}$ 与平均数 x 的比值分析空间分布型。当 $\overset{*}{x}/x=1$ 时，为随机分布；$\overset{*}{x}/x>1$ 时，为聚集分布；$\overset{*}{x}/x<1$ 时，为均匀分布。

⑥估计个体群面积的 ρ 指数。该方法是用一系列不同大小的样方进行比较，其公式为

$$\rho_i=\frac{\overset{*}{x}_i-\overset{*}{x}_{i-1}}{x_i-x_{i-1}}$$

式中，$i=1,2,\cdots,n$ 行为样方由小到大时样方的序列号。在分布的基本成分为个体时，当 $\rho=1$ 时，为随机分布；当 $\rho>1$ 时，为聚集分布；当 $\rho<1$ 时，为均匀分布。同时，当 $\rho<1$ 时，表示样方小于个体群面积；当 $\rho\geqslant1$ 时，表示样方大于个体群面积。

⑦ Taylor 幂法则。该法则指出，种群的方差（S^2）与抽样平均数（$\overline{x}$）之间是函数关系。此法则可分析一块或多块田内调查的结果。方差和平均数间的关系可用下式进行拟合。

$$S^2=a\overline{x}^b$$

等式两边取对数，得

$$\lg S^2=\lg a+b\lg\bar{x}$$

式中，a 和 b 为参数，b 的生物学意义是种群聚集度对密度依赖性的一个测度。

以多块田调查所得 $\lg\bar{x}$ 为横坐标，$\lg S^2$ 为纵坐标作图，即可用最小二乘法算出直线回归方程的系数 $\lg a$ 及 b。然后根据 $\lg a$ 和 b 的大小确定种群的空间分布。

当 $\lg a=0, b=1(a=1)$时，随机分布；当 $\lg a>0, b=1(a>1)$时，为聚集分布，且与密度无关；当 $\lg a>0$, $b>1$（$a>1$），为聚集分布，且与密度有关。

⑧ Iwa0 判别式。Iwao（1971）提出的判别空间格局类型的公式为

$$\overset{*}{x}=a+\beta x$$

式中，a 为基本成分的平均拥挤度；β 为基本成分的空间分布型。当 $a=0$ 时，表示种群分布的成分为单个个体；当 $a>0$ 时，表示个体间相互吸引，分布的基本成分为个体群；当 $a<0$ 时，表示个体间相互排斥。当 $\beta=1$ 时，为随机分布；当 $\beta>1$ 时，为聚集分布；当 $\beta<1$ 时，为均匀分布。

5.2.4 昆虫种群的数量动态

种群的数量动态是指种群数量变动的特征和原因，是种群生态学研究的核心。昆虫种群数量是由种群存活率、生殖率和扩散迁移等因素相互作用的结果，而这些因素是受种群内遗传特性和外在环境因素的影响。因此，种群的数量动态取决于种群的内在因素和外在环境在一定空间和时间内的相互作用。

5.2.4.1 种群在栖息地的数量分布动态

昆虫种群在一定空间上的数量分布是由种群的特性及其栖息地内生物群落的组成和环境条件间的矛盾为转移的。在自然界经常可以看到一种害虫在其分布区域内不同区间种群密度差异很

大。有些害虫在某一地区常年发生较多，种群密度常维持在较高水平，猖獗为害频率很高，该地区称为该种群主要发生地或适合区。另一些地区该种害虫密度常年维持在较低水平。而介于两者之间的为种群密度波动区，即有的年份发生多，有的年份发生很少。这种现象即为昆虫种群在不同栖息地的数量分布动态。

5.2.4.2 种群密度的季节性消长类型

昆虫的种群密度是随着自然界季节的演替而有起伏波动。这种波动在一定的空间内常有相对的稳定性，形成了种群季节性消长类型。在一化性的昆虫中，季节消长比较简单，在一年内种群密度常只有一个增殖期，其余时期，都呈减退状态。小麦吸浆虫，在长江流域，春季 4 月中旬至 5 月中旬为增殖期，其余时间，生存数量均减退。一化性昆虫的这种季节性消长动态，常和滞育的特性密切关联。多化性昆虫的季节性消长就复杂得多，而且因地理条件变化极大。兹就长江流域几种重要害虫归纳如图 5-5 所示。

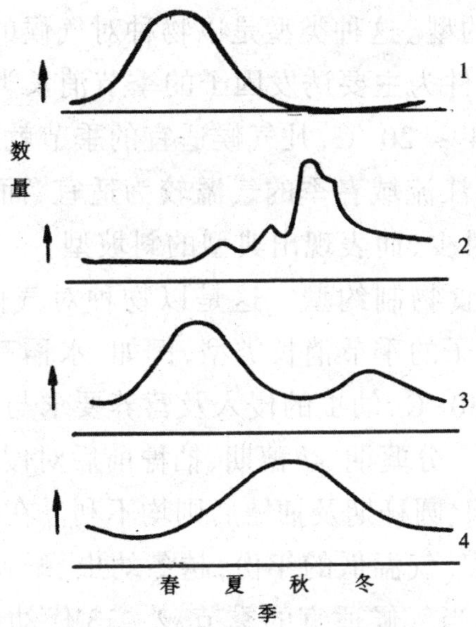

图 5-5　长江流域几种害虫种群季节性消长模式图（仿张孝羲等）

1—斜坡型（黏虫）；2—阶梯上升型（三化螟）；

3—马鞍型（桃赤蚜）；4—抛物线型（高粱蚜）

（1）斜坡型。种群数量仅在前期出现生长高峰，以后各代逐渐下降，如小地老虎、黏虫、豌豆潜叶蝇、稻小潜蝇、稻蓟马、麦叶蜂、芜菁叶蜂等。

（2）阶梯上升型。即逐代逐季数量递增，如玉米螟、红铃虫、三化螟、棉大卷叶虫、棉铃虫等。

（3）马鞍型。常在春秋季出现数量高峰，夏季常下降，如棉蚜（夏季发生伏蚜的地区除外）、萝卜蚜、桃赤蚜、麦长管蚜、黍缢管蚜、菜粉蝶、麦蜘蛛等。

（4）抛物线型。常在生长季节中期出现高峰，前后两头发生均少，如大豆蚜、高粱蚜、斜纹夜蛾、稻苞虫、棉红叶螨等。

5.2.4.3 昆虫种群季节性消长的主导因素

种群季节性消长原因是由物种的主要特性及其与栖息地生态系统内气候、食物及天敌的季节性变动的相互作用形成的。昆虫种群季节性消长主要受气候、食物和天敌因子的调控。

（1）气候制约型。这种类型是以物种对气候的适应性为内因，以生境的气候条件为主要诱发因子的季节消长类型，如小地老虎的发育适温为 14 ~ 20 ℃，凡气候适宜的季节就是该种群的发生季节。因此在长江流域春季的气温较为适宜，而发生量高；夏秋季气温高，发生量少，而表现出典型的斜坡型。

（2）气候 – 食物制约型。这是以物种对气候和食料条件的适应性为主导因子的季节消长类型，例如，水稻三化螟，其发育繁殖适温为 29 ~ 30 ℃，幼虫的侵入及营养要求与水稻各生育期间的关系极为密切。分蘖期、孕穗期、抽穗前后对侵入、生存均有利，而秧苗期、返青期、圆秆期及抽穗后则均不利。在江苏，当 3—4 月降水量大、雨日多、气温低的年份，越冬幼虫、蛹死亡多，第 1 代发生数受抑制。而当气候适宜的季节，2 ~ 3 代幼虫盛孵期与水稻各感虫生育期的吻合程度，常为决定当地多发季节的主导因素，并且由于这种吻合程度在不同地区及不同年份的变异，形成三化螟在各地区或年份内季节性多发期的差异，但总体上，随着代次的增多呈增加的趋势，而表现出了阶梯上升型的季节性消长动态。

（3）天敌制约型。这是以生境中天敌的季节性消长为主导诱发因子的季节消长类型，例如银纹夜蛾，在江苏徐州地区，7 月上旬第 2 代密度最大，但由于第 2 代在蛹期及第 3 代幼虫期遭到一种病菌和小茧蜂的寄生，致使以后各代密度急剧下降。

5.2.5 昆虫种群的结构动态

昆虫种群结构包括年龄结构、性比和生物型等，随着时间变化昆虫种群结构也会变化，而研究种群结构动态的主要方法是生命表。

5.2.5.1　生命表的概念

生命表是按种群生长的时间，或按种群的年龄（发育阶段）的程序编制的。它系统地记述了种群的死亡或生存率、生殖率以及死亡原因。

生命表最初用于人寿保险，1921 年 Pearl 和 Parker 开始用生命表技术研究果蝇和杂拟谷盗的实验种群增长规律。1954 年 Morris 和 Miller 发表了用生命表研究昆虫自然种群消长的详细实例，以后生命表技术被推广，广泛地应用于森林、果树和大田作物害虫的生态与防治研究中。最初，生命表仅作为一种种群死亡状况的系统记载表格，后来深入发展了关于生命表中各项目间关系的分析方法。

5.2.5.2 生命表的类型及基本形式

在生态学中应用较多的生命表有两种主要形式：特定时间生命表和特定年龄生命表。此外，还有动态混合生命表、图解式生命表等。动态混合生命表研究的种群是由不同时间出生的。图解式生命表是以图表等直观形式来表述生物的存活和死亡过程。这里主要讨论在昆虫生态学研究中广泛应用的前两种生命表。

（1）特定时间生命表。特定时间生命表也称为垂直生命表或静态生命表，是在年龄组配比较稳定的前提下，以特定时间为间隔单位，系统调查记载在时间 x 开始时的存活数量和 x 期间的死亡数量，同时也可包括各时间间隔内每一个雌体的平均产雌数量。从这种生命表中，可以获得种群在特定时间内的死亡率和出生率，用于计算种群在一定环境条件下的内禀增长力（r_m），或周限增长率（λ）和净增殖率（R_0），从而可用指数生长模型预测未来时间的种群数量变化，还可以用 Leslie 转移矩阵方法预测种群未来数量或建立预测模型。

特定时间生命表，没记录引起昆虫死亡的原因，因此它不能分析死亡的主要原因或关键因素。特定时间生命表适用于世代重叠的动物或昆虫，特别适用于室内实验种群的研究。

（2）特定年龄生命表。特定年龄生命表是以动物或昆虫的年龄阶段作为划分时间的标准，系统地记载不同年龄级别或年龄间隔中真实的虫口变动情况和死亡原因。在调查或制作生命表时，在一定阶段内只出现该年龄阶段的个体，不像在特定时间生命表中，同一时间调查的存活数中可能存在各种年龄个体。因此特定年龄生命表又可以称为水平生命表或动态生命表。可以根据表中的数据分析影响种群数量变动的关键因素，估算种群趋势指数和控制指数，从而组成一定的预测模型。特定年龄生命表是从同一种群中定期取样获得的。这类生命表适用于世代隔离清楚的动物或昆虫，特别应用于自然种群的研究。

5.2.5.3 种群结构动态第一定律和第二定律

（1）种群结构动态第一定律。种群结构动态第一定律为："任何一个的特定死亡率是常数，而且补充率（出生率）是常数的种群，最终都将达到定态"。"补充率"是指第一年（或任一适宜的时间间隔）加入到种群中的年龄为零的个体数。

Murray 将此定律在种群动态中的作用比做物理学中的牛顿

第一定律及种群遗传中的 Hardy–Weinberg 定律。他认为,虽然这是一个抽象的观念,但可用于比较自然状态下种群结构的可测和可估的偏差。

种群结构动态第一定律指出了达到定态种群的条件:年龄特定死亡率必须是一个常数。补充数也必须是一个常数,要想增加定态种群的大小只能通过:①增加平均寿命的期望值;②增加补充数;③ ①与②的某种联合作用。

(2)种群结构动态的第二定律。种群结构动态第二定律为:"任何一个年龄特定出生率和年龄特定死亡率是常数的种群,最终将建立起稳定的年龄分布"。因为在定态种群中,$r=0$,$e^{-rx}=1$。按照 Lotka 的种群结构基础模型:

$$\sum e^{-rmx} l_x m_x=1$$

变为

$$\sum l_x m_x=1$$

设瞬时出生率为 b,

$$1/b=\int_0^\infty l_x e^{-rx} dx=\sum l_x$$

于是

$$c_x=bl_x$$

式中,c_x 是 x 年龄组在总种群中所占的比例。

种群稳定年龄分布(或稳定年龄组配)反应的是种群中各年龄组个体的数量。如果种群中幼体组比例较大,则预示着种群的兴旺、发展;若老年组比例较大,则预示着种群的崩溃、灭亡。

5.2.6 昆虫种群的生态对策

生态对策是指昆虫适应环境并朝着有利于其繁殖的方向发展的过程,是昆虫在进化过程中,经自然选择获得的对不同生态环境的适应方式。生态对策是物种在不同栖息环境下长期演化的结果,是昆虫对其生态环境适应能力的体现,是种群的一种遗传学特性。

昆虫和其他生物一样,在能量分配上有一定的协调性。在生殖上耗去的能量多,在生存机能上耗去的能量相对就少;如果昆虫具有很好的照顾后代的能力,其本身繁殖能力就小。昆虫种群大小的变化速度取决于昆虫种群的内禀增长率(r)和环境容量(K)。种群的内禀增长率是指在特定的环境条件下,具有稳定年龄组配的种群的最大瞬间增长速率。环境容量是指在食物、天敌等各种环境因素的制约下,种群可能达到最大稳定的数量。r 反映了昆虫种群的增长速率,K 反映了昆虫种群发展的最大范围。所以当 K 保持一定时,r 越大,种群增长速率越快,种群越不稳定;当 r 保持一定时,K 越大,种群发展的范围越大,种群越趋向稳定。根据 r 和 K 的大小,可将昆虫种群分为 r 对策和 K 对策两个生态对策类型(表 5–1)。

表 5–1　K 对策和 r 对策昆虫的特征比较

指标	r 对策昆虫	K 对策昆虫
个体大小	较小	大
世代周期	短	较长
年发生代数	较多	少
寿命	较短	长
繁殖力	较强	弱
死亡率	较高	较低
食性	较广	较为专一
活动能力	较强	较弱
躲避天敌方式	活动	隐蔽性生活方式
种群稳定性	差,经常处于不稳定状态,变幅较大	强,种群数量比较稳定,变幅小
种群恢复能力	强,在短期内迅速恢复	差,短期内难以恢复

(1)K 对策。K 对策类昆虫的内禀增长率 r 较小,环境容量 K 较大,种群数量比较稳定。属于 K 对策类型的昆虫一般个体较大,世代周期较长,而年发生代数较少。这类昆虫对于环境的恢复能力较差。典型的 K 对策昆虫种类有金龟类、天牛类、麦叶蜂、

十七年蝉等。

(2)r 对策。r 对策类昆虫的内禀增长率 r 较大,环境容量 K 较小,种群经常处于不稳定状态。属于该类型的昆虫一般个体较小,世代周期较短,年发生代数较多。这类昆虫对环境的恢复能力较强。典型的种类有蚜虫类、螨类和棉铃虫等。

5.3 昆虫的群落生态

5.3.1 群落的概念与特征

5.3.1.1 群落的概念

群落是在一定空间或一定的生态环境里几个或多个种群相互松散结合的一种单元。群落是生态系统中有生命部分的组合,包括植物、动物和微生物等各个物种的种群。每个群落都有自己的分布区,结构具有一定的完整性,可相对独立区别于邻近的群落。

5.3.1.2 群落的特征

群落具有一系列可以研究和描述的属性或特征。根据 Daubenmire(1968)的意见,群落的特征可以归纳为以下几个方面。

(1)群落与其环境的不可分割性。生物与环境的相互关系是生态学的核心思想。一方面环境在决定群落的类型和特征中起着重要作用,另一方面群落对环境也具有重大影响。通过植树造林,借以防止风沙、涵养水源、改善气候就是群落影响环境的明显例证。当人类对群落的干预超过一定限度,如过度放牧、乱砍滥伐、滥施农药等都会带来严重的恶果。对于这一原理的洞察,是群落生态学对人类知识宝库提供的重要贡献之一。

(2)群落中有机体之间的能量及物质联系。群落中的全部生物种通过不断的物质循环和能量流动而相互联系。绿色植物及少数化能细菌,因其能固定太阳光的能量,将环境中的无机物质转换为有机物质,称为食物生产者;所有那些直接从植物或植食动物获得能量和营养的动物及活体寄生的真菌、细菌、寄生性植物称为食物消费者;对生产者、消费者的排泄物和尸体进行分解,从而完成储能释放,使养分重新被生产者利用的腐生性真菌、细菌和原生动物等,称为分解者。由生产者—消费者—分解者构成的食物链以及交错联结形成的食物网是群落中各生物有机体相互联系的本质,是群落完成其特定功能的基础,因此群落中的各种生物,按其在物质循环和能量流动的地位可区分为生产者、消费者和分解者三大功能类群。

(3)各种生物在群落中的重要性不同。组成群落的各个物种,因其个体的大小、数量不同,生物学、生态学特性不同,在食物链、食物网中位置不同等,对群落的重要性亦有很大差异。一般来说,群落中的一种或少数几种生物可能决定着群落的性质或主要特征,称为优势种。优势种通常在群落中占有较广阔的生境,利用较多的资源,而且一般生物量较大,个体数量较多,具有较高的生产力,因此优势种在群落中占有重要地位,如果它被排除,必然导致群落发生重大变化。

(4)群落内不同有机体类群在空间上的叠置。群落中的各种生物因其大小、高低以及生活习性等的差异而表现出在空间上的叠置结构。对于植物群落,植物学家用“层”这一术语描述群落的叠置结构。动物在群落内的空间分布常常依赖于作为食物的植物的叠置结构和自身的活动能力。群落内各生物种的叠置实质上反映了不同生物对环境资源的利用状况。

(5)群落的空间界限及群落交错区。群落的概念虽然限定了它在结构与种类组成上具有一定的生物学一致性,但是群落终究是各种生物种群的一个松散结合,但它的空间边界常常是模糊的,除非环境突然中断。当两个或多个群落相连接时,其连接带称为群落交错区。在环境异质性特别大的地区,群落可能完全由交错区构成,因为环境梯度频繁地交替着它们的方向,不容给同质群落以发展的空间。对于动物,尤其是高等动物,由于它们的活动性强,对环境有更快的自主选择能力,所以它们的踪迹所至使群落交错区的范围更广,但实际上它们栖居的范围却可能很窄。通常来说,群落交错区的物种数目更多,一些种群的数量更大,这种趋势称为群落的边缘效应。

(6)群落的季节变化和群落演替。群落的季节变化和演替是群落的一个重要动态特征。群落的季节变化是指随着一年春、夏、秋、冬四季变换,伴随着不同的环境温度、湿度、雨量和日照,因而群落的外貌和结构也呈现出不同的特征。植物的萌芽抽梢、开花结果,动物的活动、蛰伏或越冬、休眠都是群落季节性变化的反映。群落演替是指在一个相当长的历史时期中,群落由一种类型转变为另一种类型的顺序过程,并最终形成对生境永久性占领,而又相对稳定的顶极群落。既然群落是动态变化的,那么,人们只有通过对演替过程的精心研究,才能掌握和预见群落发展的趋势,科学合理地利用和管理群落。

5.3.2 群落的结构

生物物种在环境中分布及其与周围环境之间的相互关系所形成的结构,可称为群落的结构。从群落物种组成方面来考虑群落结构时,可从物种多样性、种间关系、功能组织等方面来描述。从组成群落的各种群的时空动态来考查群落结构时,可从各物种的垂直分布格局、水平分布格局、时间分布格局、营养格局等方面来描述。本节主要从群落的时空动态方面来讨论其结构,而从物种组成方面考查群落结构时多涉及物种多样性问题。

5.3.2.1 群落的垂直分布格局

群落的垂直分布格局包括不同类型群落的垂直分化和同一群落的垂直分层两个概念。前者是指陆地不同海拔高度、水体不同深度的群落类型分布;后者是指同一群落不同物种及其数量构成的层次结构。这两个概念常常容易混淆,其主要原因在于至今对群落如何划定一直存在着争论。Whittaker 的观察就充分说明了这一点。

Whittarer(1967)观察到美国大烟山国家公园从谷底到山脊随着高度梯度的变化,秋季景色呈现出 5 种不同颜色的地带:(1)多色彩的小湾森林带;(2)深绿色的铁杉林带;(3)深红色的栎树林带;(4)红褐色的栎——石南植被;(5)山脊上淡绿色的松树林带。这种不同植被状况的变化,显然是由于不同高度梯度上的土壤、阳光、温度、湿度等因子所决定的。如果把从谷底到山脊的整个山坡视为一个连续的统一体,或者说,将其看作为一个大的群落,则上述 5 种不同颜色的地带就相当于一个群落的垂直分层结构;而如果把这 5 个地带因其反映的优势种、环境条件不同而视为各自离散的群落,则相当于群落的垂直分化。

群落的垂直分层现象十分普遍,并且成为群落外貌的一个显著特征。例如,森林群落,典型的可区分为地下层、林底层、草本层、灌木层和乔木层 5 个层次,每个层次还可分为亚层。

森林中的动物因其要求的栖境和食物不同,也呈现出相应的分层状况。Dowdy(1947)在美国密苏里州的栎 - 山楂、桃林的 5 个层次中,采集节肢动物标本整整 1 年,他发现在 240 种昆虫、蜘蛛及多足类动物中,仅仅分布于 1 个层次的有 181 种,分布于 2 个层次的有 32 个种,分布于 3 个层次的有 19 个种,而在 4 个或 5 个层次中都有分布的仅 3 ~ 5 个种。

农田生物群落也因为作物的种类、生育期、种植方式以及环境条件等的差异而形成不同的层次结构,相应地,在作物的不同层次中分布的昆虫种类和数量也有不同。以稻田昆虫群落为例,稻田上层光照强、通风好,叶片茂绿,主要是稻苞虫、稻纵卷叶螟等食叶性害虫栖居为害;稻田中下层,光照较弱、湿度大,主要是飞虱、叶蝉和蛀茎类害虫栖居为害;而稻田地下层为水稻根部,处于淹水条件,则主要是食根性害虫栖居为害。

5.3.2.2 群落的水平分布格局

群落的水平分布格局与构成群落的成员的分布情况有关。陆地群落的水平结构主要决定于植物的空间分布。除人工林有可能出现均匀分布外,生长在沙漠里的灌木,因植株之间不可能太靠近,分布也比较均匀,但在自然状况下陆地群落大多数种类植物是成群分布的。植被的斑块状镶嵌结构是常见的水平格局,它受一系列内外因素所决定。例如,种子的散布和传播方式就相当重要,若种子成熟后直接散落在母株的周围,就会产生成簇的幼小植物,靠风力传播的(如蒲公英种子),或靠鸟兽传播的(如苍耳种子)就可散布得很远;植株的荫蔽和分泌抑制异种的物质,就可抑制其他植物的生长;此外,还有相互促进的正的种间关系。环境条件如土壤、地形、风、火等都可影响植物的分布。同时,动物的选择性采食、掘土挖洞、践踏等,所有这些因素都导致群落中的植被在水平方向上出现复杂的镶嵌性。

5.3.2.3 群落的时间分布格局

群落的时间结构是群落的动态特征之一。因为很多环境因素具有明显的时间节律,所以,群落结构也可随时间而有明显的变化,这就是群落的时间分布格局。时间分布格局实际上包括:一是由自然环境因素的时间节律引起群落各物种在时间上相应的周期变化;二是群落在长期历史发展过程中,由一种类型转度变成另一类型的顺序过程,亦即群落的发展演替。

群落昼夜节律的例子很多。在农田中,白天活动的昆虫有蝶类、蜂类和蝇类,夜间活动的有夜蛾类、螟蛾类。在森林中,白天常可看到多种鸟类,夜间则有猫头鹰、夜鹰和鼠类活动。由于物种活动时间的差异,使群落结构在白天和晚上有所不同。

群落的年周期变化,即季节性变动,动物和植物都比较明显。在温带地区,群落变化主要受周年日照、温度条件的影响;在热带地区,则主要受周年内干季、湿季交替的影响。温带落叶阔叶林,在冬季树木光秃、草被枯黄,候鸟迁往南方,大多数变温动物进入休眠状态。秋冬群落与春夏群落相比较,群落面貌迥然不同。研究昆虫群落的季节变化规律,可以看出,每时段昆虫群落物种组成及其数量变化的特点,并进而为害虫综合治理或益虫繁殖利用提供依据。

5.3.2.4 群落的营养格局

营养关系是生物群落的各生物成员之间最重要的联系,是群落赖以生存的基础。分析群落的营养关系,就可了解其营养格局:营养格局可以用食物链、食物网、生态金字塔来表征。

(1)食物链和食物网。食物链表示植食性动物取食植物、肉食性动物取食植食性动物、另一种肉食性动物又取食该种肉食性动物的食物联系。这种以植物为起点,彼此依存的食物联系的基本结构,称为食物链。例如,棉蚜为害棉花,七星瓢虫捕食棉蚜,麻雀捕食七星瓢虫,鹰又捕食麻雀等,一环接一环,形成一条以食物为联系的链。大多数昆虫都处于食物链的第 2 环(害虫)和第 3 环(天敌昆虫),通常是食物链的重要成员之一。

在自然界中,许多条食物链交错联系在一起,形成错综复杂的网状关系,称为食物网。例如,棉田中,为害棉花的有棉蚜、棉叶螨、棉蓟马、棉盲蝽、棉铃虫和棉红铃虫等,它们各有其天敌,天敌又有各自的天敌,所以棉田以棉花为中心,形成许多条食物链,且这些食物链相互交错,从而构成棉田食物网。

食物链的第 1 环节多为绿色植物,但也可为死的有机体,如植物的枯枝落叶、动物的尸体、排泄物或动植物的加工产品等。在一般情况下,食物链上的各种生物的数量保持着相对的动态平衡,如果其中一环发生变动,则影响到整个食物链,甚至整个食物网上生物种类的重新配置和数量变动。了解作为第 2 环的害虫和第 3 环的天敌在种类和数量上的变动规律,对于害虫测报和综合防治等都有重要意义。

(2)生态金字塔。营养格局可用各相继营养级别上的个体数量,或单位面积现存量,或单位面积单位时间所吸收的能量来作定量描述和测定。将其由低到高的顺序排列绘制成图形,可展示一个塔形图。塔基一般较宽,属植物类生产者,相继的各层形成逐渐缩小的塔身和塔顶,分别为各类消费者,如此构成的图形称为生态金字塔或生态锥体。生态金字塔有数量金字塔、生物量金字塔和能量金字塔3种基本类型。

①数量金字塔。数量金字塔是以各相继营养级别生物的个体数来描述的生态金字塔。

②生物量金字塔。生物量金字塔是以各相继营养级别生物的总干重或其他生命物质总量所建立的生态金字塔。

③能量金字塔。能量金字塔是以各相继营养级别生物的能量或“生产力”所建立的生态金字塔。

5.3.3 群落的演替

5.3.3.1 群落演替的概念

群落演替是指群落经过一定的发展历史时期及物理过程和环境条件的改变,而从一种群落类型转变成另一种群落类型的顺序过程。群落的演替在时间、空间上是不可逆的,具有定向性。在生态学中,研究群落演替具有十分重要的理论和实际意义。根据演替的机理和规律,人们通过适当干预,可以使之朝着有利于人类的方向发展。

5.3.3.2 群落演替的类型

群落演替可根据演替出现的起始点、引起演替的原因以及群落代谢的特征等分为若干类型。

根据演替出现的起始点分为原生演替和次生演替两类。原生演替开始于从未被生物占据过的区域,又称为初级演替,如在岩石、沙丘和冰川泥上开始演替等，其演替速度缓慢，所需时间长；次生演替是指在原来就有生物群落或曾经被生物占据过的地方发生演替，如火烧演替、弃耕演替、放牧演替等，其演替速度较快，所需时间较短。

根据引起演替的原因分为内因性演替和外因性演替。内因性演替是由于群落内部不同物种的竞争、抑制或生命活动，而改变环境条件引起的演替；外因性演替是因非生物因素引起的演替，如海岸的升降、河流的冲积、沙丘的移动和大气候的变化等。

根据群落代谢的特征分为自养性演替和异养性演替。自养性演替是指群落中主要生物以增加光合作用产物的方式进行的演替，如裸岩→地衣→苔藓→草本植物→灌木→森林的过程；异养性演替则相反，如受污染的水体，在那里的细菌和真菌的分解作用特别强，使群落中的有机物的量由于腐败分解而逐渐减少。

5.3.3.3 群落演替的过程

Clements（1916）认为群落演替一般要经历以下过程：

（1）裸地形成，包括由侵蚀、沉积、陆地上升、陆地下沉和解冻作用等形成的原始裸地，由气候、生物及人为因素等形成的次生裸地。

（2）生物的侵入、定居及繁殖。

（3）环境变化，包括由有机体自身活动的自发影响和非生物因素的异发影响造成的环境变化。

（4）物种竞争，由于多种生物可能对环境资源有共同要求，或者一种生物对另一种生物直接或间接造成危害，从而形成和造就了群落中各物种成分的比例和优势种群。

（5）群落水平上的相对平衡和稳定，即各物种通过竞争而进入协同进化，生物对自然资源的利用更为有效，群落结构更趋完善，整个群落及其与环境之间的关系保持相对稳定和平衡。

从群落演替的一般过程可以看出，演替中的物种关系一般会经历侵入定居时的互不干扰阶段、竞争平衡过程中的相互干扰阶段和达到相对平衡或稳定的共同进化阶段。

5.3.3.4 群落演替的特征

从群落演替的一般过程和演替过程中各种生物之间的关系，可以看出演替具有几个带共通性的规律，亦即群落演替的一般性特征。

（1）演替的方向性。演替由初始的先锋期经发展期到成熟期或顶极期。Margalef（1968）曾提出用生物量、食物网、生物组成和食物利用率作为衡量群落成熟的指标。Odum（1969）提出用群落能量学、群落结构、生活史、营养物质循环、选择压力和群落的稳定性来衡量演替的趋势。大多数群落的演替都有共同的趋向，即从低等到高等，小形到大形，生活史长到生活史短，群落层次少到层次多，营养层次从简单到复杂，物种数从少到多，种间关系从不平衡到平衡，群落从不稳定到稳定状态。

（2）演替速度。群落演替历期变化很大，从拥有很少生物量群落（如腐食者）的数周到拥有丰富生物量群落（如森林）的数百年。演替速度是指群落演替从裸地开始，经过一系列演替阶段达到顶极群落所需要的时间。原生演替的速度非常缓慢，因为先驱物种在一片原生裸地上形成种群，再以它为基础发展成一个先驱群落，需要经过漫长的自然选择过程。先驱群落建立之后，每个定居种需要复制、扩散、巩固，同时物种之间发生激烈的资源竞争，群落组成不断变化或更新，所需的时日更长。次生演替的速度则比较迅速，因为这类群落已有一定基础，加上在次生裸地上蕴藏的一个休眠种子或孢子的供应库，这就大大缩短了演替的时间。

由于有些群落的演替时间很长，其演替过程较难直接观察到其实情。这时，可以利用生物化石标本的记录来分析得到史前群落的物种组成、种间关系等情况，反演推测出群落的演替方向和速度。这属于古生态学研究的内容。

（3）演替效应。演替效应是指群落内的物种，在其自身发展过程中经常对生境产生一些对自己生存发展不利，而对其他物种有利的因素，从而在演替过程中主动创造了物种替代的环境条件。例如，在储粮生态系统、农林生态系统中，初级害虫、次级（或次生）害虫的变化，常常是由于演替效应引起的。

5.3.3.5 群落演替的顶级理论

随着群落的演替最终会出现一个稳定平衡的顶级群落，这个事实已由深入的观察与合理的理论而获得普遍承认。但是，关于顶级群落的性质、特征和对这一事实的解释，却有3种不同的学说，即单顶级学说、多顶级学说和顶级群落—格局学说。

（1）.单顶级学说。单顶级学说的创始人美国生态学家Clements（1916；1928；1936）认为，在任何地区，群落总是向着由气候所决定的顶级发展，并演替为唯一的气候顶级群落。

（2）多顶级学说。多顶级学说的早期倡导者英国生态学家Tansley（1920；1939）认为，一个地区的顶级群落可能是多种多样的，顶级群落的形式不仅受气候条件的影响，而且还受地形、土壤和生物因素等的制约。这样，在一个地区群落的演替可能向气候顶级群落、地形顶级群落、土壤顶级群落、动物顶级群落等方向发展。

（3）顶级群落—格局学说。顶级群落–格局学说是由英国生态学家Whittaker（1953）在多顶级学说的基础上提出的，他认为在逐步改变的环境中，顶级群落也是连续逐步变化的，它们彼此之间难以截然区分，从而演替形成了一个相互交织的群落连续体。

植物群落演替的“顶级”理论在英国、美国的植物学派中流传甚广，而且对其他国家的植物群落学研究也有深刻的影响。

第 6 章　农业害虫的调查与预测预报

在农业生产中，由于各种病虫的为害，使农业经济遭受很大的损失。根据联合国粮农组织估计，世界粮食因虫害常年损失14%、因病害损失10%、因草害损失11%。造成这一结果的原因之一就是对有害生物成灾规律认识不清而盲目防治。因此，在实施农作物害虫综合治理中，只有搞好预测预报，以真实可靠、准确有效的调查数据和科学分析的手段来指导，才能使防治工作做到有目的、有计划、有步骤、有成效地开展，从而达到预灾、控灾，保护农作物健康生长的目的。

6.1　农业害虫的调查

害虫调查是积累资料的主要方法之一。调查时必须明确调查的目的和内容，采取科学的调查方法，才有可能获得准确的数据。

6.1.1 田间抽样技术

进行田间调查前，需要先制定一个抽样方案。一个合理的田间抽样方案必须包括3个方面的内容：(1)确定抽样单位及大小，也就是样方单位及样方大小；(2)确定抽样数量，也就是样方数；(3)确定抽样方式或方法。这都关系到抽样结果的真实性、准确性和工作效率。

6.1.1.1 总体和样本

一群性质相同的事物的总和,在统计学上称为总体。在害虫调查统计中,也常将一种类型田里发生的某种害虫当作总体。例如,一块类型麦田里的黏虫,称为一个总体,而另一块类型棉田里的小地老虎,又被称为另一个总体。

在调查一种作物田内某一种害虫发生数量或危害程度时,一般是根据这种害虫在这种作物田内当时的空间分布型,按照一定的抽样方法,在调查对象的总体中,抽取一定数量的个体,这个有限个体称为样本,根据对样本调查得到的结果,即能比较准确地估计出这种害虫总体的田间种群密度、发育进度、危害程度等。

在害虫田间调查时,对总体或样本性状,通常是以平均数、标准差、变异系数等来表示。实际上,人们计算的平均数、标准差、变异系数等,都是根据样本计算的,与总体的情况不可能完全相等,它们之间所产生的差异称为抽样误差。抽样误差取决于抽样方法和抽样数目两个方面。

抽样方法的选择与昆虫在田间的空间分布型有关,不同的分布型,要选用不同的抽样方法,这样才能减小抽样误差,使调查结果基本符合总体的实际情况。

一般说取样数目愈多,愈能代表总体的情况,但增加取样数目,就会多费人力和时间,因此要根据调查要求的精确程度,适当选取一定样本数目。关于这个问题将在后面专门讨论。

设一块玉米田内有 N 株玉米,若每株上有玉米螟的虫数分别为 X_1、X_2、$\cdots$、X_N,则 $\sum X_i$ 即为总体,该田总体每株平均虫数($\overline{X}$)、总体方差(σ^2)和总体标准差(σ)分别为

$$\overline{X}=(1/N)\sum X_i$$

$$\sigma^2=\left[\sum\left(X_i-\overline{X}\right)\right]^2/N$$

$$\sigma=\sqrt{\sum\left(X_i-\overline{X}\right)^2/N}$$

因总体中 N 数量很大，不可能逐株调查，为此用抽样调查结果来估计总体。从总体 N 中，抽查 n 株（$n<N$），每株虫数分别为 x_1、x_2、…、x_n，则 $\sum X_i$ 即称为样本，而每个 x_i 即为样方，该田的样本平均虫数（$\bar{x}$）、样本方差（s^2）和样本标准差（s）分别为

$$\bar{x}=(1/n)\sum x_i$$

$$s^2=\sum\left(x_i-\bar{x}\right)^2/(n-1)$$

$$s=\sqrt{\sum\left(x_i-\bar{x}\right)^2/(n-1)}$$

这样，样本平均数（$\bar{x}$）、方差（s^2）和标准差（s）分别是总体平均数（$\bar{x}$）、方差（σ^2）和标准差（σ）的估计量。

由于抽样是以样本的数值来估计总体数，因此与总体数间总存在一定的误差。故抽样后都要计算出抽样误差，田间调查昆虫种群数量时常不再放回（或造成死亡），故为不重复抽样。不重复抽样平均数标准误差（$s_{\bar{x}}$）的公式为

$$s_{\bar{x}}=\sqrt{\frac{s^2}{n}\left(1-\frac{n}{N}\right)}$$

由于取样数（n）常比总体数（N）要小得多，故上式改写为

$$s_{\bar{x}}=\sqrt{\frac{s^2}{n}}$$

从上式可以看出，（1）误差的大小主要决定于抽样数量（n），抽样数愈多，则抽样误差愈小；（2）样本的方差愈大，误差也愈大。

在明确了抽样误差或平均数的误差范围后，还应当确定在概率保证下的总体平均数（μ）或总体百分率（π）的估值范围，也就是有概率保证下的样本平均数的置信区间估计。当取样数 $n>50$ 时，有

$$\mu=\bar{x}\pm ts_{\bar{x}}$$

$$\pi=P\pm ts_P$$

式中，t 为标准误差的概率，可由 t 值表查来，一般当 $P=0.05$ 时 $t=2$，$P=0.01$ 时 $t=2.6$；$\bar{x}$ 及 P 分别为平均数及平均百分率；$s_{\bar{x}}$

及 s_P 分别为平均数标准误差及百分率标准误差。

6.1.1.2 抽样单位

抽样单位即样方,是指调查时在总体中抽出的需要调查的一定单位。抽样单位随调查总体的特征、研究目的等的不同而不同,常用的抽样单位可归纳为以下几种。

(1)长度单位。长度单位常用于生长密集的条播作物,如调查小麦黏虫时,可调查若干米长度的麦行,然后折算成每公顷虫数。稻纵卷叶螟清晨赶蛾时,可用一根固定长度的竹竿拨动一定长度的稻行,记录飞起的蛾数,然后折算成每公顷蛾量。

(2)面积单位。面积单位常用于调查地面或地下害虫、密集或矮生作物上的害虫、害虫密度很低的情况。例如调查蔬菜地的蛴螬的数量,可挖取一定面积的地块,调查其中的蛴螬数,然后折算成每公顷虫量。另外,调查小地老虎的卵和幼虫、湖滩地的蝗虫等也可对一定面积地块进行调查计数。

(3)体积或容积、质量单位。这些单位常用于木材害虫、种子或储粮中害虫。例如,抽取仓库中一定容积或质量的粮食,调查其中谷象的数量,再折算成整个粮仓中的虫数。

(4)时间单位。时间单位用于调查活动性强的害虫,观察单位时间内经过、起飞或捕获的虫数。例如,对飞虱起飞高峰期的调查,需在飞虱起飞的时段内,每天分时段记录起飞的个体数,从而得到起飞高峰出现的时间。另外,也可通过夜晚单位时间内的诱虫数量来估计田间害虫发生的数量。

(5)以植株、部分植株或植株的某一器官为单位。这种抽样单位在害虫调查中经常使用。如果小植株则可调查整株植物上的虫数,植株太大不易整株调查时则只调查植株的一部分或植株的某个器官上的虫量。

(6)诱集物单位。例如,灯光诱虫,以一定的灯种、一定的亮度(瓦数)及一定的诱集时间内诱集到的虫数为计算单位;糖醋液诱黏虫和地老虎,黄盘诱蚜,黄板诱粉虱和美洲斑潜蝇时以 1

个诱集器为单位；草把诱蛾、诱卵，则以 1 个草把为单位；性诱剂诱集时，以 1 个诱芯为单位。

（7）网捕单位或吸取器单位。一般用口径为 30 ~ 38 cm 的捕虫网，网柄长为 1 m，以网在田间来回摆动 1 次，称为 1 网单位。用吸取器在植株上取样时，可用吸取 1 次为单位，调查吸取的虫数。

抽样样方的大小与昆虫种群的空间分布有密切关系。一般均匀分布或随机分布的种群对抽样样方大小的要求不严格，又考虑到节省人力与时间，可按样方大和样方数少的原则。面对聚集分布的种群，尤其是核心分布，则以样方小和样方数多为原则，例如螟虫幼虫及危害率调查时，每块田要求样方单位为 1 丛稻，而样方数要达 200 丛，发生特情时甚至要增加到 1 000 ~ 1 500 丛。

6.1.1.3 抽样的度量标准

抽样的度量可分为绝对计数方法、相对计数方法和种群指数计数方法 3 大类。绝对计数是指直接通过抽样在田间或仓储、运输工具中按一定抽样单位直接调查虫数、虫态（期）数，或危害数，并可计算出有概率保证的绝对虫数或危害数（%），这也称为绝对数量调查。相对计数方法是指利用各类诱捕器或扫网、赶蛾、定时目测或昆虫遗留下的“痕迹”来估计昆虫的相对数量。有的相对数量可以转换为绝对数量，例如赶蛾得到的蛾量可转换为每公顷蛾量。

绝对计数抽样和相对计数抽样都是直接调查或计数到虫数、虫态或其危害数。在昆虫种群数量、危害程度等调查时，经常会遇到很难对种群进行直接计数的情况，此时就可用种群指数计数抽样法，改用种群数量级别、危害程度的轻重等对抽样调查计数。例如，调查蚜虫或螨类种群数量时，因虫数太多、不易数准，可将一定数量范围划分为不同等级，进行粗略计数，或将不同危害程度划分为不同级别记数。所以种群指数抽样调查并不直接查数昆虫，其调查结果以等级表示。例如调查棉花苗期蚜虫时，可分为4级：0级为每株0头蚜，1级为每株1～10头蚜，2级为每株11～50头，3级为每株50头以上，分别记录每抽样株的级数，并统计出每级蚜的株数（级数×株数），按下式计算蚜害指数。

$$蚜害指数=\sum fx_i/(n\sum f)$$

式中，x为等级指标（$x=x_0$、x_1、$x_2\cdots x_m$，本例$m=4$）；f为各级棉苗频数，n为级别数。

也可以按危害程度分级，如将棉苗的受害症状分为5级：0级叶正常，无蚜；1级叶正常，有蚜；2级有蚜，危害最严重的叶出现皱缩；3级有蚜，最严重的叶半卷；4级有蚜，最严重叶全卷呈圆形。例如调查棉田得0级为8株，1级为15株，2级为25株，3级为37株。4级为15株。则

$$蚜害指数=(0\times8+1\times15+2\times25+3\times37+4\times15)/5\times(8+15+25+37+15)=0.47$$

6.1.1.4 抽样的数量

从以上总体与样本关系分析中，已看出样本平均数离总体平均数间的误差大小与取样数行呈反比。当然，由于人工及时间的限制，不可能无限止地增加抽样数来减少误差。那么，在设计抽样方案时，如何合理地确定抽样数量呢？

（1）主观规定抽样数量。完全凭经验人为主观地规定，例如调查稻田稻纵卷叶螟时，规定每0.67～1.33 hm^2的田块，调查100丛稻，当稻田增大时则适当增多抽样点。虫口密度大时，因分布较均匀可适当少查抽样点。反之，虫口密度小时则分布不均匀，应适当增加抽样点。当然，这种方法在不同人设计时会有差异。

（2）在既定精度要求下确定抽样数量。从以上分析中已知总体平均数（μ）与样本平均数（$\bar{x}$）之间有如下关系$\mu=x\pm ts_x$，此时如将$ts_{\bar{x}}$看作调查精度的允许误差σ，则有$\mu=x\pm\sigma$。因为$s_{\bar{x}}=\sqrt{\frac{s^2}{n}}$，$\sigma=t\sqrt{\frac{s^2}{n}}=\frac{ts}{\sqrt{n}}$，所以$n=t^2s^2/\sigma^2$。

因此只要预先给定允许误差 σ,并算得 t 及 s 后,便可求得合理的行。s^2 的求法可先给定一个不精确的取样数 n,进行一次试查而算得,也可借鉴前人调查结果中的方差(s^2)。t 值从 t 值表中查得,一般 P=0.05 时取 t=2。例如,调查麦田麦蚜,要求允许误差 σ 为 10 头蚜虫,t=2,则可先随机在田中取样 10 个样方,每样方以 1/3 m 行长为样方单位,各样方中蚜量为:37、44、0、27、6、9、113、47、7、0。则样本平均数($\bar{x}$)和方差(s^2)分别为

$$\bar{x}=\sum x_i/n=190/10=19\text{ 头 }/0.33\text{ m}$$

$$s^2=\sum(x_i-\bar{x})^2/(n-1)=3\,968/9=440.89$$

$$\text{所以 } n=t^2s^2/\sigma^2=2^2\times 440.89/10^2=17.64$$

因此理论取样数应为 18 个,现只要再补查 8 个样方即可。

上述抽样数计算是以正态分布为理论依据的,而昆虫种群的分布一般属于泊松(Poisson)分布和负二项分布。以上公式基本可适合使用,但因分布函数的不同,而使 σ 与 s 之间有种种不同的关系。故计算结果会有一定差异。三者计算公式的比较如下:

正态分布 $n=(t^2/\sigma^2)s^2$

泊松分布 $n=(t^2/\sigma^2)\bar{x}$ 因泊松分布的 $s^2=\bar{x}$

负二项分布 $n=(t^2/\sigma^2)[(\bar{x}K+\bar{x}^2)/K]$

负二项分布有公共 K 时,$s^2=(\bar{x}K+\bar{x}^2)/K$。

用以上例子分别对 3 种空间分布下所需的总抽样数进行计算,正态分布需抽样数 n=17.64,泊松分布需抽样数 n=0.76,负二项分布用矩法求 K 时需抽样数 n=17.64。

6.1.2 种群相对密度调查方法

种群密度是表征种群数量及其在时间、空间上分布的一个基本统计量。种群密度可分为绝对密度和相对密度,前者是指一定面积或容量内害虫的总体数,如 1 hm^2 或 1 t 谷物内的某害虫数量。这在实际的研究或预测预报时常常是不可能直接查到的。故通常人们是通过一定数量的小样本取样(例如每株、每平方米、

每千克等）或用一定的取样工具（如诱捕器、扫网等）中的虫数来表征种群的相对密度。有的相对密度可以推算出种群的绝对密度。

常用于害虫预测预报的种群相对密度调查方法有5类：直接观察法、诱集或振落法、扫网法、吸虫器法和标记回捕法。

（1）直接目测观察是最常用的一种样本调查方法，它适合于种群所处的环境易于肉眼观察的情形，例如对棉株上棉蚜的调查、稻株上飞虱的调查、玉米上玉米螟的调查。

（2）扫网的构造包括网袋、网圈及网杆3部分，其尺寸及材料在我国至今没有具体的标准和规定。事实上，如果统一扫网的标准，就可对比分析不同时间、区域或人员的扫网调查结果。美国使用的扫网标准为：网袋用细网纱布制成，网袋口直径为38 cm，网深为75 cm；网圈直径同网袋；网杆一般长为1 m，杆粗为2.2 cm，末端有一根塑料管以扣紧网圈。

（3）振落法。振落法适宜用于植株苗期，在成长期调查时误差较大。增加一定拍打次数也可提高捕获率。

（4）吸虫器法存在吸力不足时抽样效果不好，而吸力太大时又易将虫体破碎，并且调查时需背负一定重量进行等不足点，同时造价较高，所以现今还少有用于害虫预测预报调查中的。

（5）诱集法包括灯光诱集、性信息素诱集、植物把诱集等。

6.1.3 调查结果计算

6.1.3.1 虫口密度

根据所调查对象的特点，统计在一定取样单位内出现的数量。凡属可数性状，调查后均可折算成一定单位内的虫数或受害数。例如，调查螟虫卵块，折算成每公顷卵块数；调查棉红铃虫在籽花中含虫数，折算为每千克籽花含虫量；调查植株上虫数常折算成百株虫数。凡数量不易统计时，可将一定数量范围划分成一定的等级，一般只要粗略估计虫数，然后以等级表示即可。例如，棉蚜蚜情划分等级为：0级为百叶0头，1级为1～10头，2级为11～50头，3级为50头以上。

6.1.3.2 作物受害情况

通常用被害率、被害指数或损失率来表示作物受害情况。

（1）被害率：表示作物的株、秆、叶、花、果实等受害的普遍程度，这里不考虑每株（秆、叶、花、果等）的受害轻重，计数时同等对待。

$$被害率（\%）=\frac{被害株（秆、叶、花、果数）}{调查总株（秆、叶、花、果数）}\times 100\%$$

（2）被害指数：许多害虫对植物的为害只造成植株产量的部分损失，植株之间受害轻重程度不等，用被害率表示并不能说明受害的实际情况，因此，往往用被害指数表示。在调查前先按受害轻重分成不同等级，然后分级计数，代入下面公式：

$$被害指数=\frac{各级值\times 相应级的株（秆、叶、花、果）数的累积值}{调查总株（秆、叶、花、果）数\times 最高级值}\times 100\%$$

（3）损失率：被害指数只能表示受害轻重程度，但不直接反映产量的损失。产量的损失以损失率表示。

$$损失率=损失系数\times 被害率$$

$$损失系数=\frac{健株单株产量-被害株单株产量}{健株单株产量}\times 100\%$$

6.1.3.3 田间药效试验结果计算

（1）防治效果：先根据小区药效试验结果，计算各处理的虫口减退率：

$$虫口减退率（\%）=\frac{防治前平均虫量-防治后平均虫量}{防治前平均虫量}\times 100\%$$

由于害虫数量变化不仅与施药有关，还受自然死亡及其他因素的影响；蚜虫、螨及蓟马等类害虫繁殖速度快，施药后短期内虫量会上升，对照区虫量在繁殖后可能比防治前增加，因此，调查计算防治效果时，必须与对照比较进行校正：

$$\text{校正防效或防治效果（\%）}=\frac{\text{防治区虫口减退率}\pm\text{对照区虫口增加或减退率}}{1\pm\text{对照区虫口增加或减退率}}\times 100\%$$

式中，“±”表示对照区虫口增加时用“+”，减少时用“-”。

（2）保苗效果：对生活隐蔽的害虫，很难调查防治前后的数量变化，常以作物受害程度的变化来衡量药效。若以被害率来表示被害程度，则以保苗效果（%）表示药效，计算公式如下：

$$\text{保苗效果（\%）}=\frac{\text{对照区被害率}-\text{防治区被害率}}{\text{对照区被害率}}\times 100\%$$

若以被害指数表示被害程度，用被害指数代替上式中的被害率，即可计算出防治效果。

6.2 农业害虫的预测预报

6.2.1 害虫预测预报的意义和进展

（1）了解害虫的种类、为害和发生规律，做好预防工作。害虫的发生发展有其特定的规律性，其数量变化都有一个从无到有，从多到少的过程。由于数量的不同变化，它们对农作物的为害也呈现出从无到有，从轻到重的过程。害虫数量发生变化、消长起伏与其所处的环境（如食物的数量和质量、天敌的作用、气候条件等）有着密切联系，因此害虫数量的发生变化是可以预测的。

（2）掌握防治害虫的有利时机。害虫防治适期，是指害虫在整个生育期中最薄弱和对农药最敏感的时期，此时施药防治可收到事半功倍的效果。一般来说，害虫处于幼龄期（3 龄前）对农药较敏感，对药剂抵抗力弱，且多数幼虫期是害虫取食生长期（即危害时期），因此，在害虫 3 龄以前是使用农药防治的最好时期。例如，水稻二化螟蚁螟在孵化后10天内集中危害叶鞘，幼虫长到2～3龄就分散钻蛀危害难以防治，造成枯心苗，对产量影响很大。因此，结合二化螟的发育进度和气象因素，推算出幼虫盛孵的具体时间，进行统一连片防治，不仅能有效防治二化螟，而且还可降低成本。再如，防治棉铃虫施药关键期是从卵盛期到卵孵化盛期，根据棉铃虫蛾卵调查结果，结合气候特点，及时进行预测预报卵盛期到卵孵化盛期的具体时间，以便指导防治工作。

（3）对未来时期内的害虫发展趋势（发生期、发生量、分布范围、危害程度）作出准确的预测，按照虫情进行科学用药，把害虫控制在经济危害水平以下。对害虫进行防治的目的是防治农作物生产效益的损失，这就涉及防治措施增加的产值与防治费用两方面的内容，药剂防治害虫的效果是随害虫数量的增加而增加的，当害虫密度减少时，防治费用逐渐上升，根据边际效益分析原理，在害虫密度达到当防治措施引起的生产增值与防治费用相等时进行防治，可获得最大的收益。

（4）指导病虫防治的准备工作，主要是农用器械、农药等物资的准备工作，使防治工作得以有目的、有计划、有重点地进行，从而达到有的放矢，确保农业安全生产。例如，根据湖北省植物保护总站预测预报，预计4代棉花盲蝽象在湖北东部、江汉平原棉区偏重发生（4级），各地植物保护站和农户可提前准备好防治该害虫的相关药剂。

（5）掌握害虫迁飞习性和趋性，结合气象因素，指导在迁出地和迁入地的发蛾高峰期诱杀成虫，指导作物虫害发生区域的防治工作，如用糖醋液或黑光灯诱杀粘虫。

（6）了解天敌的种类及数量，搞好天敌资源的保护利用，最大限度发挥天敌的自然控制能力，以实现对害虫长期的可持续控制和避免环境污染，维护自然生态平衡。

总之，植物的保护离不开预测预报，通过预测预报可以很好地指导农业生产，减少作物被害虫为害，作好害虫的防治工作，实现农业的可持续发展。

6.2.2 农业害虫预测预报中的抽样与种群密度估计

害虫预测预报，特别是基于生物学特性的预测预报，常常是以田间害虫种群发生的实况为基准，结合害虫种群的生物学特性和当时的环境条件，对种群未来的发生动态做出估计。例如，进行害虫发蛾高峰期的预测时，需要先调查得到田间化蛹高峰期发生在哪天这个实情，然后以该天为基点，加上当时条件下蛹的历期，从而较为准确地估测出发蛾高峰出现的日期。因此害虫种群实情获得的准确程度，直接关系到预测预报结果的准确性。害虫种群田间实情的获得需要正确的调查方法和科学的抽样技术的支持。

6.2.2.1 种群密度的估计

1）长度或面积单位样方调查时的密度估计

（1）单株调查后种群绝对密度的估计。其计算公式为

$$N=\sum n_i/n \times D$$

式中，N 为每公顷田块中害虫的个体数；n_i 为第 i 株查得的虫数，行为调查的总株数；D 为每公顷中的总植株数。

（2）一定行长调查后种群绝对密度的估计。其计算公式为

$$N=\sum n_i/（LM）$$

式中，N 为每平方米总虫数；n_i 为第 i 个行样中的虫数；$\sum n_i$ 为调查得到的总虫数；L 为行距（m）；M 为行样总长度（m）。

2）振落法中种群密度的估计

以株为单位进行拍打振落计数时，可将平均每株虫量换算为百株密度或每公顷密度。以一定行长为单位拍打振落调查时，可按上面的“一定行长调查后种群绝对密度的估计”中的公式进行绝对密度的转换。

3）分层抽样中种群密度的估计

分层抽样分别调查了各类型田中各样方中的虫量，则可计算出各类型田的平均数（$\bar{x}$）和方差（S）。如果对每种类型田均做了几个田块的重复调查，还可用方差分析检验各类型田中种群密度的差异，如果相同类型田不同田块间种群数量差异不显著，则说明分层的方法较为科学合理。

分层抽样结束后对总体的种群密度估计时，需要考虑各类型田在总体中所占的比例或各类型田中的种群数量对总体数量的贡献率（f_i），比例或贡献率一般可用各类型田所占的面积比例来估计，其计算公式为

$$f_i=S_i/S$$

式中，S_i 为 i 类型田（或 i 层次）的面积或样方数；S 为整个考察区域的总面积或总样方数；$\sum S_i=S$。

调查区域内种群的平均密度可计算为

$$X=\sum\left(f_1x_1+f_2x_2+\cdots+f_nx_n\right)$$

式中，X 为平均每样方中种群的密度，根据样方的面积大小，则可计算出平均每公顷田块中种群的密度。

4）多级抽样中种群密度的估计

多级抽样最简单的情形就是选取的所有基本抽样单位相同，例如，选择了 n 个样方，并在每个样方中选取 m 个亚样方。例如，在果园中随机选取 20 棵树作为样方，并在这 20 个样方中分别抽取 4 个亚样方（10 cm 长的枝条），调查各亚样方中蚜虫的数量。害虫预测预报中的调查均采用基本抽样单位相同的方法。这样的抽样可得到：x_{ij}，为第 i 个样方中第 j 个亚样方中蚜虫的数量；每样方中亚样方数为 m 个；$\bar{x}_i$，为第 i 个样方中每个亚样方内蚜虫的平均数量，则有

$$\bar{x}_i=\sum_{j=1}^{m}\frac{x_{ij}}{m}$$

那么所有样方中蚜虫的平均个体数，即种群密度的估计值为

$$\overline{x}=\sum_{i=1}^{n}\frac{\overline{x}_i}{n}$$

6.2.2.2 害虫预测预报数据中平均数的计算和使用

平均数是总体或样本统计中的一种归纳特征，是统计分析中的一个重要指标。平均数使用要得当，否则会产生歪曲事实的结果，影响预测预报的准确性。

1）平均数的使用条件

平均数只适于数据分布为钟状（正态分布）、偏左或偏右山形分布的资料，而不适用于马蹄形分布、斜坡形分布和双峰分布的资料（图 6-1）。

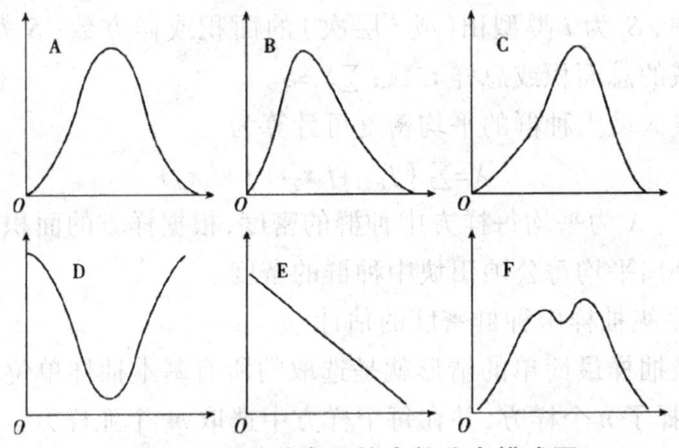

图 6-1　几种常见的次数分布模式图

A. 正态分布；B 偏右分布；C. 偏左分布；

D.马蹄形分布；E. 斜坡分布；F. 双峰分布

双峰形分布的资料，在害虫发生上是常见的。例如，三化螟在每年发生 4 代以上地区，其后 1 ～ 2 个世代，常发生双峰形，这是由于当地栽培制度复杂、栽植期长，因水稻营养条件的差异，生活在早栽（或早熟）稻田中的螟虫和生活在迟栽（或迟熟）稻田中的发育进度不同，从而出现两个或多个高峰，即双峰中的一个峰是早发型，另一个峰为迟发型（图 6-1 F）。因此，如果用算术平均数来求算发蛾高峰期，就会与实际发蛾高峰期不符。

不能把不同品种、不同栽插期、不同生长情况田块的虫口密度、危害率简单地平均；不能把不同龄期的幼虫头宽、体质量、体长等数据平均；也不能把环境条件相差很远的昆虫历期、繁殖率、死亡率机械地平均。因为这样的数据是不同质的，必须把它们合理地分组，然后分别求其平均数。

平均数受一群数据中的极端值影响较大，尤其是当样本数量较小时特别明显，应用时要特别注意。

2）预测预报上常用的平均数

（1）算术平均数。算术平均数（arithmetic mean）即通常所说的平均数。计算方法可按样本的大小或代表性而采用直接法或加权法计算。

①直接计算法求平均数。将一组数据逐个相加，再除以数据的总个数，这就是人们平常所用的平均数。

②加权法求平均数。当调查或试验所得的几个数值都代表有不同程度的比重时（统计上称比重为权重），则在计算平均数时要将各数值（x_i）的比重（f）考虑在内，采用加权平均值（weighted average，WA）来表示总体的平均水平，公式为

$$WA=\sum fx_i/(\sum f)$$

（2）几何平均数。在数值逐个递增或递减情况下，可用几何平均数（geometric mean，GM）表示平均增长（递减）率，计算公式为

$$GM=(x_1x_2x_3\cdots xn)^{1/n}$$

两边取对数后，得

$$\lg GM=(\lg x_1+\lg x_2+\lg x_3+\cdots+\lg x_n)/n$$

（3）调和平均数。调和平均数（harmonic mean，HM）常用于计算平均速率、昆虫平均存活率等。其计算公式为

$$HM=n/\sum(1/x_i)$$

6.2.3 害虫危害程度预测及产量损失估计

作物受害程度预测和产量损失估计是以害虫种群数量、危害

量和产量损失之间的变动规律为依据的。作物产量损失是各种因素相互影响的结果，因此是一个很复杂的问题。也就是说，产量损失程度通常是害虫发生量、发生期、危害习性与寄主植物品种特性、生育期、人为管理措施、农业经济规律等相结合的综合表现。在影响产量的众多因素中，有些因子不好控制（例如天气、土壤等），其他如植物品种、耕作方式、肥料、杀虫剂等则较易控制，可以在人为的控制条件下求得产量损失估计的各种变量关系和参数。

通常可根据害虫的危害程度，运用合理的统计方法，力求做出符合客观实际的损失估计，从而找出防治措施的依据，达到经济有效地灭害保苗、高产稳产的目的。

受害程度和损失程度的调查统计常因各种害虫的危害特点而有不同。下面举例说明三类害虫的危害程度预测及害虫造成的损失估计方法。

6.2.3.1 钻蛀性害虫造成的损失估计

钻蛀性害虫危害程度的预测及其危害造成的损失估计，可以根据被蛀食的苗、果、茎数与虫量的关系，或虫量、虫孔数、虫道多少或长短、虫株率等指标与产量损失的关系进行统计估测。现以水稻螟虫和玉米螟为例讨论如下。

1）水稻螟虫类造成的损失估计

（1）危害程度预测。水稻螟虫危害程度的预测，可以通过调查一个地区各类型田的卵块密度与被害率的相关度，建立预测式进行预测，也可求出各类型田的平均卵块密度，查明当时水稻的生育期，参照历年有关每个卵块造成的被害株数资料，推算出被害率。

枯心率或白穗率预测可据下式计算。

某类型田的枯心率或白穗率

$$=\frac{\text{每公顷卵块}\times\text{每卵块可能造成的枯心数或白穗数}}{\text{每公顷苗数或有效穗数}}\times 100\%$$

某地区的平均枯心率或白穗率

$$=\sum(\text{每种类型田枯心率或白穗率}\times\text{各类型田的面积占总面积的比例})$$

水稻螟虫的危害程度因地区、年份和世代不同而有差异。一个卵块所造成的受害株数在不同世代或不同的水稻生育期也不一致。

(2)水稻螟危害造成的产量损失估计。按目前国内通行的平行跳跃法取样,每块田抽样 200 丛,分别记录和统计调查总株数及各种被害株数(例如枯心数、自穗数、虫伤株数等),算出枯心率、白穗率等。枯心率的损失程度,据广东湛江地区 1963 年小区测定,当枯心率达 5%时,比对照减产 2.3%;枯心率为 10%和 15%时,分别比对照减产 3.4%和 5.7%。一般情况下白穗率也就是产量的损失率。如有虫伤株的情况,则可按下式估测损失的产量。

$$L=\frac{\frac{P}{n}\left(n'+n''\right)-P'}{P+P'}\times R$$

式中,L 为单位面积实际损失产量;n 为健穗数;n' 为虫害株数;n'' 为白穗数;P 为健穗总谷质量;P' 为虫害株总谷质量;R 为实测每公顷产量。

按取样 200 株,分别测计上列各数据和每公顷产量,即可得出损失产量。

2)玉米螟造成的损失估计

玉米螟对玉米产量的影响取决于虫口密度及与玉米生育期的吻合程度。在虫量相同的情况下,心叶期受害比穗期影响大,其中又以心叶末期受害对产量影响最大,这一点和水稻三化的情况不同。

6.2.3.2 食叶性害虫造成的损失估计

咀嚼式口器的食叶性害虫危害农作物，主要是啃食植物叶片，形成孔洞或缺刻，甚至把叶片全部吃光，影响光合作用的进行，结果使结实器官的质量和产量都受到严重影响。对这类害虫的危害程度的测定，常可以先试验测定作物的不同级别的被害程度和产量间的关系。在具体应用时通过实际调查作物的受害程度加以推算。

（1）黏虫造成的损失估计。黏虫危害三麦、水稻、旱粮作物等。1～2龄时仅啃食叶肉，造成“麻布眼”；3龄后则取食叶片成缺刻；到6龄暴食时可将叶片吃光，形成光秆，并爬到麦穗或稻穗上咬断穗头。

（2）稻纵卷叶螟造成的损失估计。稻纵卷叶螟幼虫吐丝纵卷稻叶，咬食叶肉下表皮，叶片呈白条状，严重时稻田一片白叶，瘪粒增加，千粒重减轻，造成减产。

食叶性害虫造成产量损失与受害叶位、叶片被害程度密切相关，尤其以功能叶片受害损失最大，而叶用植物叶片受害则直接影响产量多少。另外作物不同生育期叶片受害造成的损失也有差别。所以必须按作物不同生育期测出各种害虫的危害程度，再进一步应用经验公式估计损失率。

6.2.3.3 刺吸式害虫造成的损失估计

刺吸式害虫通过口针刺吸危害，除直接吸取植物汁液外，还由于刺吸时分泌唾液或毒汁，引起植物细胞坏死。唾液中含有多量的蛋白酶或淀粉酶，可导致作物内部代谢失常。刺吸式害虫的损失率估计，可以根据虫量和损失率的关系，或受害严重度与产量的关系进行。

1）褐飞虱造成的损失估计

褐飞虱危害损失率估计常用两种方法，一种是根据虫数与产量的关系推测，二是根据受害症状和产量关系进行推测。褐飞虱对水稻的危害损失与水稻受害生育期、害虫密度、水稻品种等有关。总的说来抽穗后受害损失大，而分蘖期损失小，甚至可有补偿效应。目前对抽穗前飞虱的损失还没有十分明确的试验结论。

（1）冒穿损失。冒穿是稻飞虱在水稻抽穗后严重危害的典型症状。丁宗泽等（1981）报道，在江苏太湖稻区，扬花期冒穿则基本颗粒无收，乳熟期冒穿则损失 60%左右，黄熟期冒穿损失 20% ~ 30%，齐穗后的危害天数（x）与冒穿损失率（y）呈负相关，其回归关系式为：$y=109.908-1.181\,75x$（$r=-0.954$）。

（2）不同为害程度的产量损失。日本的研究得出，水稻倒伏在 100%、80%和 60%时，产量损失分别为 80%、70%和 50%左右。造成的大量暗伤（倒伏不明显），也会减产 20% ~ 30%。

估计飞虱的危害，还可用危害指数来表示，其计算公式为

$$为害指数=\frac{A+2B+3C+4D}{4T}$$

式中，A 为仅上部 2 片叶未表现枯萎的分蘖数；B 为除剑叶外其余叶片枯萎的分蘖数；C 为除穗部外全部叶片枯萎的分蘖数；D 为叶片、茎秆和穗全部枯萎的分蘖数；T 为未受害的分蘖数。

通过调查，建立飞虱危害指数与产量损失间的关系，就可用于危害损失的估计。

2）麦蚜和棉蚜造成的损失估计

麦蚜（麦长管蚜 *Sitobion avenae*、禾谷缢管蚜 *Rhopalosiphum padi*、麦二叉蚜 *Schizaphis graminure*、玉米蚜 *Rhopalosiphum maidis*）成虫和若虫刺吸危害叶片、叶鞘，有时严重危害麦穗。麦蚜的损失，主要是根据蚜量和产量的关系进行推测。蚜量调查可在抽穗前或抽穗后分别按随机方式取样 25 株，仔细检查或拍下株上的蚜虫数，进行推算。

用棉蚜危害指数来确定防治指标：将每株棉花上的蚜量分为 4 个级别：0 级为无虫，1 级有虫 1 ~ 10 头，2 级有虫 11 ~ 50 头，3 级有虫 50 头以上。每块棉田五点取样，每点连续查 20 株苗，

每株苗查上部顶叶区 2 ~ 3 片真叶上的总蚜数来定级(因每级内蚜量幅度较宽,可按估测蚜量定级)。为了使受害重的棉苗有较重的权重,能更确切地反映出相对危害程度,故采用危害指数来表示危害程度大小,其计算公式为

$$\text{危害指数}=1\text{级株数}\times 1+2\text{级株数}\times 5+3\text{级株数}\times 10$$

并且测定出危害指数(x)与实际百株蚜量(y)间相关极显著($P<0.01$),回归关系式为

$$y=7.49x-299$$

危害指数(x)与卷叶株率(y)间相关极显著($P<0.01$),回归关系为

$$y=0.097\,7x-8.4$$

当危害指数估测达 200 以上时,应引起警惕,这时百株蚜量约为 1 000 头、卷叶株率 10% 左右,如果指数值在短时间内上升很快,应立即进行药剂防治。如果短时间内危害指数值增长缓慢,表示自然控制因素(气候或天敌等)正在起作用,可以等到危害指数上升到 250 ~ 300 时再防治,以控制百株蚜量不超过 2 000 头,卷叶株率不超 20%。这样有利于发挥自然控制因素的作用,又可减轻棉苗的损害。

3)小麦吸浆虫造成的损失估计

麦红吸浆虫(*Sitodiplosis mosellana*)和麦黄吸浆虫(*Contarinia tritici*)均以幼虫在小麦灌浆期危害,在颖壳内吸食浆汁,可严重影响产量。对其损失估计方法较多,可用健粒和受害粒的干粒重对比计算,也可用麦粒上的幼虫数和麦粒受害程度来计算,还可用全损粒作为基础进行计算。经实践,认为上述最后一种方法较好,它是以麦红吸浆虫幼虫 4 头或麦黄吸浆虫幼虫 6 头吃尽 1 颗麦粒作为基础进行计算,其计算公式为

$$\text{损失率}=\text{发生率}\times\text{严重率}$$

这里将严重率定为全损粒比例(%),因此有

$$\text{损失率}=\frac{\text{全损失粒数}}{\text{样品总粒数}}\times 100\%$$

实收量和损失率的关系为

实收量 = 理论收量 ×（1- 损失率）

求得的损失量为

损失量 =（实收量 × 损失率）/（1- 损失率）

上述公式在两种吸浆虫幼虫危害损失量计算中均可应用，方法简单，具体步骤如下：（1）先在田间取麦穗样品，以 20 穗或 50 穗为 1 组，每块田内取数组；（2）检查麦穗麦粒总数和全损失粒数；（3）应用公式求损失率；（4）应用公式求每公顷实收量；（5）应用公式求每公顷损失量。

6.2.3.4 产量损失的遥感预测

产量损失的估计在作物收获后进行，可获得较为准确的结果，并且通过多年多次的实际测定，可以建立产量损失与虫量或危害程度之间的关系模型，以后的各年份的产量损失可利用模型进行预测。以上产量损失估计方法都是基于田间测定基础之上的。目前，利用高空遥感技术对作物进行测产的研究已取得了一定进展，因此有望利用遥感技术来预测虫害造成的损失。

研究表明，高光谱遥感可用于干旱区棉花产量的估计，利用 670 nm 和 890 nm 处的反射率建立的归一化植被指数 $NDVI_{670-890}$ 和抗大气植被指数 $VARI_{-700}$ 可较好地表征出棉花的产量，其计算公式分别为

$$NDVI_{670-890}=\frac{|R_{670}-R_{890}|}{R_{670}+R_{890}}$$

$$VARI_{-700}=\frac{R_{700}-1.7\times R_{670}+0.7\times R_{450}}{R_{700}+2.3\times R_{670}-1.3\times R_{450}}$$

式中，R_{450}、R_{670}、R_{700} 和 R_{890} 分别表示在 450 nm、670 nm、700 nm 和 890 nm 波段处棉株的反射率。这两个光谱指数在棉花的各生育期都与棉花的产量有显著的相关性。因此在棉花收获前就可以通过高光谱遥感测定得到这两个指数，从而预测棉花的产量。

第7章　农业害虫防治原理和方法

在长期的害虫防治实践中,人们探索、研究各种各样的防治方法,经过不断的改进和发展,逐步形成了目前普遍采用的五类基本防治方法,即植物检疫、农业防治法、生物防治法、物理机械防治法和化学防治法。这五类防治方法各具优点,但也存在着一定的局限性。只有在害虫综合防治中要根据实际情况进行优化组合,才能取得最佳的效果。

7.1　植物检疫

有害生物(病、虫、草害等)在地球上的分布有一定的地域性,但同时也具有扩大分布为害地区的可能性。有的有害生物如棉红铃虫(*Pectinophora gossypiella*),人为传播是其传播的主要途径之一。随着国际和地区间贸易的发展,植物引种和植物产品交流日益频繁。与此同时,危险性有害生物人为传播的机会也日趋增多,加之现代高速运输工具的使用,较之自然扩散、传播更为危险和严重。一些危险性有害生物进入新区后,如果环境适宜,即可生存、定殖,且往往因为缺乏适当的天敌以及寄主植物缺乏抵抗力,而迅速蔓延,猖獗成灾,贻害千年。

由日本传入我国的甘薯黑斑病、蚕豆象、苹果绵蚜、葡萄根疣蚜、梨园蚧、桃小食心虫,给我国造成了巨大损失。近年入侵我国的美国白蛾(*Hyphantria cunea*)、松突圆蚧(*Hrmiberlesia pitysophila*)、美洲斑潜蝇(*Liriomyza sativae Blanchard*)、紫荆泽兰等有害生物，对我国的农林业生产也造成了极大威胁。

英国由于严格执行植物检疫制度，使百年来对欧、美许多国家的马铃薯造成毁灭性灾害的马铃薯叶甲（*Leptinotarsa decemlineata*）无法进入其国内。

我国的13岸检疫所每年都从进口的各种植物及其产品中截获大量危险性病、虫、杂草，已成功截获了30科100属200余种外来物种的入侵，如小麦矮腥黑粉菌、松材萎蔫线虫、南芥菜花叶病毒、非洲大蜗牛、地中海实蝇，甚至谷斑皮蠹（*Trogoderma granarium Everts*）等。避免了许多可以预见的重大生物灾害，为我国的农、林生产做出了巨大贡献。

植物检疫的具体实施如下：

（1）制定法规。植物检疫法规是开展植物检疫工作的法律依据。法规中应明确确定检疫对象和应施行检疫的植物、产品等对象。有关部门还分别制定了“实施细则”，确定了检疫对象名单和应施行检疫的植物及其产品名单。

在国际上则通过有关协议和公约来协调各国的植物检疫工作，如有“国际植物保护公约”、联合国粮农组织的“使全球植物检疫一致的程序”、世界贸易组织的“植物检疫和卫生措施协议（SPS）”、亚洲太平洋地区植物保护委员会（APPPC）的“亚洲和太平洋区域植物保护协定”等。绝大多数国家皆制定有符合自己国情的检疫法规。

植物检疫是依据法规保护本国、本地区和贸易国农、林业生产的安全。在制定法规和措施时首先要根据本国的实际情况作系统的科学分析。同时，所制定的法规和采取的措施必须符合国际惯例，为国际所公认或受有关国家的认可，力求达到国际标准。

（2）划分疫区和保护区。划分疫区和保护区是植物检疫工作的一项重要任务。植物检疫对象名单确定后，即可根据不同检疫对象的分布情况划分疫区和保护区。疫区就是某种检疫对象发生为害的地区，也叫作某种植物检疫对象的疫区。通常对某个检疫对象疫区的寄主植物及其产品的贸易和调运，都有相当的限制，或采取更为严格的检疫措施。保护区就是某种检疫对象还没有发生的地区，必须采取检疫措施，防止人为将检疫对象传入这个地区，也叫作防止某种检疫对象传入的保护区。疫区和保护区的划分，应根据检疫对象的传播情况、交通状况以及采取的封锁措施的需要，并应根据情况及时加以调整。疫区和保护区划定后，即可根据检疫对象名单进行检疫检验。

（3）检疫检验。一般可分出入境检疫（包括货检、旅检和邮检）、原产地田间检验、调运检疫和隔离种植检疫。

（4）检疫处理。经检疫发现某批被检物品，如植物及其产品等带有检疫对象时，应对其采取严格、坚决、妥当、安全、及时的处理措施。常用的处理措施有：根据检疫法规或合同，针对不同情况，可禁止入境、可退货、可就地销毁或作消毒除害处理；经改变用途（例如将种用改为加工用）后无害的，可改变用途；或者限定在一定的时间或指定的口岸、地点入境。对于已入侵的检疫对象，在其尚未蔓延传播前要迅速严密封锁，彻底铲除。在植物检疫中常用的消毒除害措施有很多。其中，化学处理方法主要是熏蒸和喷药；物理处理方法有速冻与冷冻处理、高温、热水电磁波、电离辐射等。消毒除害处理后应作严格检查，确认无害后方可放行。

7.2 农业防治方法

农业防治法就是在建立最优农业生态系统的前提下，根据害虫、天敌、作物、环境之间的辩证关系，综合应用一系列农业技术措施，有目的地创造有利于作物、天敌的生长发育而不利于害虫发生、发展的环境条件，抑制害虫种群的增长或直接杀灭害虫，以达到经济、安全、有效地控制害虫，获得作物优质、高产的目的。随着“可持续发展农业”理论和技术的不断完善，农业防治在害虫综合防治中有着越来越重要的地位。

农业防治的主要措施及对害虫的防治作用如下：

（1）改变生态环境，建立生态农业。通过兴修水利、进行农田基本建设，从大农业着手，建立最优农业生态系统。生态环境的改变能引起生物群落的剧烈变化和演替，即可创造有利于作物、天敌的生长发育而不利于害虫发生、发展的环境条件。我国通过对黄、淮、海河及内涝湖泊的治理，稳定水位、合理开垦荒地、扩种水稻、控制杂草等措施，改变了蝗区的植被和自然面貌，大大限制了飞蝗的产卵和适宜的生活场所，使千年蝗患在相当长的时间里得到了有效的控制。我国的生态农业的理论和实践，近年来都有了很大的发展，不少地方建立了生态农业示范区，获得了连年丰收的良好效果。

（2）合理的农田规划与作物布局。合理规划农田和布局作物不仅有利于作物的生长发育，而且还可以减少害虫的越冬场所和"桥梁田"，抑制害虫数量，减轻为害损失。一块农田内害虫发生为害的程度常与邻作种类有关，如邻近豆地的棉田，棉红蜘蛛往往发生较重。一般而论，对凡有季节性转移习性的害虫，在作物布局时应慎选邻作。

有的害虫如稻蛀螟类对寄主植物的生育期有明显的选择性。如在同一地区插花安排不同播栽期、成熟期的品种，则会使有利于蛀螟为害的生育期在一个地区内拉长，加重为害。我国南方稻区为了防治蛀螟，采用尽量避免插花安排水稻品种和秧田的方法，收到了明显的效果。

在作物布局上，还可人为设置一些诱集害虫的作物或一定比例的"诱杀田"，适时用药扑杀，这样可大大减少大田中的虫口密度；亦可种植一些有利于天敌栖息、繁衍的植物，以增加田间天敌的数量。

（3）合理的耕作制度，适宜的播栽期。种植制度对害虫的发生、消长影响极为显著。适宜的播栽期可以避开害虫的为害。

（4）合理轮作。作物多年连作，不仅会破坏土壤结构，使肥力减退，不利于作物生长，而且为害虫提供了丰富的食物来源和稳定的环境条件，还会使害虫的种群数量得以积累，致使为害加重,甚至为害猖獗。相反,合理轮作,既有利于作物生长,又使那些迁移能力弱、寄主范围狭窄、环境要求特殊的害虫的食物、环境条件恶化,从而抑制其发生。如地下害虫严重发生的地区,改为水旱轮作后,地下害虫的为害即可大大减轻,甚至得到彻底的治理。

(5)合理间套作。利用间、套作防治害虫,应注意作物的搭配。按比例或条带种植,棉麦套种,棉田种植油菜等,造成作物和害虫的多样性,可起到抑制害虫,增加益虫,以益控害的作用;小麦、油菜上的天敌如瓢虫、蜘蛛等可直接迁到棉花上,能抑制棉蚜的发生,第一代棉铃虫也会减少;而棉花与豆类、芝麻等间作,则红蜘蛛往往发生较重。

我国南方和长江流域稻区水稻改制后,稻蛀螟为害程度及优势种群都发生了变化。如广东五华县,在连片大面积扩种三季稻后,中稻成了桥梁田。使三化螟得到了充分的食料,种群数量大,为害严重。改为双季稻后,切断了三化螟的桥梁田,三化螟的发生为害减轻。合理调整播、栽时间,将水稻易受害的危险生育期(分蘖期和孕穗期)和螟蛾的盛发期错开,就可大大减轻螟害。

(6)培育和选用抗虫良种。选用抗虫良种是最经济、有效的害虫防治方法。植物抗虫性是一种可遗传的生物学特性。由于具备抗性,抗虫品种与感虫(易受虫害)品种在同样栽培条件和害虫数量达到足以造成虫灾的水平情况下,抗虫品种能不受虫害或受灾较轻。

抗性是由植物的某些生物化学、形态学和物候学特性形成的。植物的抗性反应表现在不选择性、抗生性、耐害性 3 方面。

①不选择性。如小麦品种西农 6028、南大 2419 抗小麦吸浆虫,主要由于其内、外颖扣合紧密,不适于成虫产卵。叶面光滑无毛的小麦品种麦秆蝇着卵较少。番茄中的番茄素对害虫具有明显的忌避作用。而植株含有芥子糖苷类物质则对小菜蛾能起到引诱和助长取食的作用。

②抗生性。表现为害虫取食或侵入这类植物后,其生存、生

长发育、繁殖等生命过程都会受到严重的不良影响。如玉米螟幼虫在玉米心叶前期死亡率高,原因是此时期植株中含有一定的有毒化学物质(简称“丁布”,DIMBOA),能抑制幼虫的取食和生长发育,并促其死亡(据近年研究还可能有其他有毒抗虫物质)。某些棉花品种当棉铃象甲(*Anthonomus grandis* Boh.)产卵于其蕾、铃组织内时,则会在产卵或幼虫活动处所的周围,急剧产生新细胞,对卵及幼虫产生机械挤压作用而促其死亡。

③耐害性。有的植物在受到害虫的为害后,具有很强的增殖或补偿能力,不受损失或损失很小。如水稻在分蘖期受螟害后,可增加分蘖;棉花处于蕾铃增长盛期补偿能力很强,这时棉铃虫某种程度的为害造成的蕾铃脱落对其产量影响不大。但耐害性在受害程度或时期上都有一定的限度,如水稻,若超过有效分蘖临界期,则增加的分蘖为无效分蘖,此时受害就无法得到有效的补偿。

(7)培育抗虫良种。常规抗虫育种和选种,是得到抗虫良种的传统方法。近年来,生物工程技术突飞猛进,Bt等抗虫基因已被转入许多作物并在大田条件下得到高效表达。如棉花、玉米、水稻、烟草、番茄等农作物和果树、林木等都相继研制出了Bt抗虫品种。除Bt基因外,来源于植物的抗虫基因,如蛋白酶(如丝氨酸蛋白酶、硫醇蛋白酶)抑制基因,α-淀粉酶抑制基因、植物血凝素(如雪莲花血凝素)基因、酶(如几丁质酶、脂氧化酶)基因等的转入表达研究也已取得了实质性的进展;蜘蛛、捕食螨、蝎子等动物的神经毒素基因也已被成功转入植物并得到表达。转基因抗虫植物已开始大面积推广应用。不过,对转基因农作物的安全性国际上争论很激烈,但可以预见,利用生物工程技术培育抗虫良种将会在今后的害虫治理中发挥很大的作用。

(8)翻耕、土壤改良。土壤是农业的基本生产资料。不少农业害虫在其生长发育过程中,常与土壤有或多或少的联系,对土壤条件有一定的要求。翻耕和改良土壤不仅能显著改善作物生长发育的条件,增强作物的抗虫能力,而且有直接防治害虫、压低虫源基数的极大作用。

翻耕、改土可以改变土壤的生态环境，如温、湿度，含水量、热容量、结构和酸碱度等，从而抑制某些害虫的发育和繁殖；翻耕可以将生活在地下的害虫翻至土壤表面，由于光、温、湿度等物理因子的作用和鸟、蛙、蜘蛛等天敌的捕食，而使它们大量死亡；翻耕亦可将适宜于生活在土表层的害虫翻至土壤深处，致其不能羽化或死亡；换茬翻耕把地面植物翻入土中，使害虫失去食料供应，可大大减少害虫的种群数量；翻耕还能破坏土壤中害虫的蛹室，或巢穴，或直接杀死害虫。如棉铃虫的蛹在表层 4 ~ 5 cm 作蛹室越冬，实行冬季深翻可以破坏其蛹室和使蛹损伤而大量死亡。南方稻区秋冬深耕，稻田中三化螟的死亡率显著增高。割稻后适时犁耕将稻茬深埋土中，可以促进稻茬的腐烂，增加越冬幼虫的死亡率，其存活者翌年春季也不能羽化出土。

（9）适宜的种植密度。合理的种植密度能充分利用光能、地力等自然条件，作物生长健壮，抗虫力强，是优质、高产的重要措施。种植过稀除直接影响单位面积产量外，还致使杂草、害虫的滋生、土壤失水板结。而过度密植使植株光照不足、营养不良；田间湿度增高，中、下部郁蔽，不仅利于病、虫的滋生，还给田间管理和害虫防治带来困难，甚至导致作物倒伏。如过度密植的稻田，稻飞虱的为害相当严重，后期往往倒伏，以致颗粒无收。

（10）加强田间管理。田间管理是从种到收综合应用各种增产措施的系统农事操作。它既是保证作物高产丰收的必要措施，也是害虫防治的重要措施。田间管理包括精选种子、适时播种、间苗定苗、中耕除草、及时排灌、整形修枝、田园清洁等。如入春后适时春耕灌水，淹没稻桩，可杀死大量稻蛀螟越冬幼虫和其所化蛹，压低该年的虫源基数，是稻蛀螟防治的重要技术措施之一。据江苏省农垦职工大学调查，在棉铃虫产卵高峰期结合棉花整枝打去顶心和边心，将整下的部分带出田外，可减少卵量 21% ~ 51%，减少幼虫 16% ~ 62%。

7.3　生物防治方法

生物防治是一项很有发展前途的防治措施,是害虫综合治理的重要组成部分。生物防治法主要包括以虫治虫、以菌治虫以及其他有益生物、昆虫激素等的利用几个方面。

7.3.1 天敌昆虫的利用

以其他昆虫作为食料的昆虫称为天敌昆虫,也叫食虫昆虫。天敌昆虫可分为捕食性和寄生性两大类。捕食性天敌分属于18目近200科,其中用于生物防治效果较好且常见的种类有瓢虫、草蛉、食蚜蝇、食虫虻、蚂蚁、食虫蝽、胡蜂、步甲等。捕食性昆虫一生一般要捕食很多昆虫。一般其猎物虫体较小,捕获后即咬食虫体或刺吸其体液;寄生性天敌分属于5目近90科,大多数种类均属膜翅目和双翅目,即寄生蜂和寄生蝇。寄生性天敌昆虫一般一生仅寄生1个对象,其虫体较寄主体小,以幼虫期寄生于寄主体内或体外,最后寄主随天敌幼虫的发育而死亡,成虫则营自由生活。我国目前利用寄生性天敌昆虫最成功的事例是利用赤眼蜂防治多种鳞翅目害虫。

利用天敌昆虫防治害虫的主要途径如下:

(1)自然天敌昆虫的保护利用:自然界天敌昆虫的种类和数量很多,但它们常常受到不良环境条件如气候、生物及人为因素的影响,使其不能充分发挥对害虫的控制作用。因此,必须通过改善或创造有利于自然天敌昆虫发生的环境条件,促其繁殖发展。保护利用天敌的基本措施:一是采取一些安全保护措施,如束草诱集,引进室内蛰伏等,保证天敌安全越冬,则可以增多早春天敌数量;二是必要时补充寄主,使其及时寄生繁殖,这具有保护和增殖两方面的意义;三是注意处理害虫的方法。因为在获得的害虫体内通常有天敌寄生，因此，应该妥善处理，如采用“卵寄生蜂保护器”“蛹寄生昆虫保护笼”或其他形式的保护器来保护天敌昆虫；四是合理用药，避免农药杀伤天敌昆虫。

（2）大量繁殖和饲养释放天敌昆虫：用人工方法在室内大量繁殖饲养天敌昆虫，然后在需要时释放到田间或仓库中去，以补充自然界天敌数量之不足，促使当害虫尚未大量发生为害之前就受到天敌昆虫的抑制。尤其是从国外或外地引进的天敌更需先进行人工繁殖，以扩大数量，再行释放。天敌昆虫的大量繁殖与饲养释放，最重要的是要使天敌昆虫能在当地建立种群，这样才能达到持续控制害虫的效果。天敌昆虫饲养繁殖释放的方法，因种类而异。其基本环节是寄主或饲料的选择及大量准备，天敌昆虫的大量繁殖，必要时冷藏以积累数量，适时释放。国内在这方面已有很多成功事例，如利用饲养释放赤眼蜂防治玉米螟、松毛虫和甘蔗螟虫等；利用红铃虫金小蜂防治越冬红铃虫幼虫；利用平腹小蜂防治荔枝蝽等。目前国际上有130余种天敌昆虫已经商品化生产，其中主要种类为赤眼蜂、丽蚜小蜂、草蛉、瓢虫、小花蝽、捕食螨等。这些天敌在害虫的综合治理中发挥了重要作用。

（3）移植和引进外地天敌昆虫：从国外引进或从外地移植有效天敌昆虫来防治本地害虫，这在生物防治历史中是一种经典的方法。移植和引进外地天敌昆虫防治本地害虫的成功事例虽然不少，但其成功率并不太高，一般在20%左右。因此，要做好这一工作，必须首先做好天敌的调查研究。

7.3.2 病原微生物的利用

利用昆虫病原微生物或其代谢产物来防治害虫称为微生物防治，或称为“以菌治虫”。近代微生物的研究发展很快，微生物产品已普遍采用工厂化生产。以菌治虫的方法简便，效果一般较好，已引起国内外广泛重视并广泛利用。

昆虫病原微生物的种类很多，主要包括细菌、真菌、病毒三大类。此外，还包括少数的原生动物、立克次氏体、线虫等。

（1）细菌。昆虫病原细菌种类很多，生产上应用最多的是芽孢杆菌属的种类。它能产生毒素，经昆虫吞食后通过消化道侵入体腔而发病。被细菌感染的昆虫死后体躯软化，变色，失去原形，内腔液化，带黏滞性，有臭味。最常用的是苏云金杆菌（Bt），其制剂有乳剂和粉剂两种，用于防治棉花、蔬菜、果树等作物上的多种鳞翅目害虫。

现代分子生物学技术的发展，为细菌杀虫剂的应用增添了活力。目前国内已成功地将苏云金杆菌的杀虫基因转入多种植物体内，构建了具有杀虫活性的工程作物，如转基因的抗虫棉、抗虫稻、抗虫玉米等，已在生产上得到了推广应用。

（2）真菌。全世界目前已知虫生真菌达 800 余种，我国已报道 150 种左右。真菌通过昆虫体壁侵入虫体，大量增殖，并以菌丝穿出体壁，产生孢子。死虫虫体僵硬，呈白色、绿色或黄色，在温暖高湿条件下易流行。

我国生产和使用的真菌杀虫剂有蚜霉菌、白僵菌、绿僵菌等。目前应用最多的是白僵菌，加工制剂有油剂、乳剂、颗粒剂、可湿性粉剂和黏胶制剂等。广泛用于防治松毛虫、玉米螟、食心虫、豆荚螟、蛴螬等。

（3）病毒。昆虫病毒有核型多角体病毒、质型多角体病毒和颗粒体病毒等。已发现 1 690 余种昆虫病毒。昆虫通过取食带有病毒的食物，接触病虫体或其排泄物而感染。感染病毒的昆虫表现为食欲减退、行动迟缓、腹足紧抓植株枝梢、身体下垂而死。病虫体色变浅或呈蓝色，皮肤脆弱易破裂，但无臭味。

在中国有 20 多种昆虫病毒杀虫剂已进入大田试验和生产示范，其中应用面积较大的有棉铃虫核多角体病毒、油桐尺蠖核多角体病毒、茶毛虫核多角体病毒、斜纹夜蛾核多角体病毒、菜粉蝶颗粒体病毒和小菜蛾颗粒体病毒等。目前病毒杀虫剂的剂型有可湿性粉剂、乳剂、乳悬剂、水悬剂等。

（4）杀虫素的应用。某些放线菌产生的抗生素对昆虫和螨类有毒杀作用。这类抗生素称为杀虫素或杀虫抗生素。常见的杀虫素有阿维菌素、杀蚜素、浏阳霉素、多杀菌素等。生产上，阿维菌素可用于防治多种害螨和昆虫，多杀菌素则是目前防治抗性小菜蛾、甜菜夜蛾等最有效的替代品种。

其他用于防治害虫的病原微生物，还有利用昆虫微孢子虫防治蝗虫，利用DD-136线虫防治玉米螟和行道树蛀干天牛幼虫等。

7.3.3 其他有益动物的利用

其他有益动物包括鸟类、爬行类、两栖类及蜘蛛和捕食螨等。鸟类是多种农林害虫和害鼠的捕食者，啄木鸟和灰喜鹊等能捕食果树和林木的多种害虫，家养雏鸭是捕食稻田飞虱和叶蝉的能手，鸡可捕食大量棉花晒花时掉落在地面的红铃虫幼虫。保护益鸟要采取人工挂巢招引，禁止捕猎。两栖类中的蛙类和蟾蜍是田间鳞翅目害虫、象甲、蝼蛄、蛴螬等害虫的捕食者，自古以来就受到人们的保护。农田蜘蛛有百余种，田间密度可高达每公顷150万头，分布广泛，对稻田飞虱、叶蝉及棉蚜、棉铃虫的捕食作用很明显。近年来各地都注意到捕食螨的保护利用。以螨治螨是目前果树和棉田害螨防治的重要措施。对于其他有益生物，目前还是以保护利用为主，使其在农业生态系统中充分发挥治虫作用。

7.4 物理机械防治方法

物理机械防治法的特点是其中一些方法具有特殊的作用(红外线、高频电流)，能杀死隐蔽为害的害虫，原子能辐射能消灭一定范围内害虫的种群，多数没有化学防治所产生的副作用。但是，物理机械防治需要花费较多的劳力且费用巨大，有些方法对天敌也有影响。

（1）人工器械捕杀。根据害虫的生活习性，使用一些比较简单的器械捕杀。如用拍板和稻梳捕杀稻弄蝶，用黏虫兜捕杀黏虫，用铁丝钩捕杀树干中的天牛幼虫等。

（2）诱集和诱杀。利用害虫的趋性或其他习性进行诱集，然后加以处理，也可以在诱捕器内加入洗衣粉或杀虫剂及设置其他装置（如高压诱虫灯）直接杀死害虫。

①灯光诱杀。利用害虫的趋光性进行诱杀，广泛应用于害虫诱集或诱杀的光源是20 W黑光灯，波长为365 nm。黑光灯可与性诱剂结合或在灯旁加高压电网，或与20 W日光灯并联，能提高诱杀效果。新近研发成功的新诱虫灯有佳多频振式杀虫灯等，对害虫诱集效果比黑光灯好。

②潜所诱集。利用害虫的潜伏习性，造成各种适合场所引诱害虫来潜伏，然后及时消灭。如树干束草或包扎麻布诱集梨星毛虫、梨小食心虫等越冬幼虫。

③黄板诱杀。利用蚜虫、白粉虱、美洲斑潜蝇等的趋黄习性，可设置黄色黏虫板进行诱杀。

（3）阻隔法。根据害虫的生活习性，设计各种障碍物，防止害虫为害或阻止其蔓延。如对果树的果实进行套袋，可以防止蛀果害虫产卵为害；在树干上涂胶或刷白，可以防治树木害虫；在粮仓内粮囤表面覆盖草木灰、糠壳或惰性粉等，可阻止仓虫侵入为害等；利用网纱覆盖防止蚜虫为害菜苗，既有减轻蚜害的效果，又有预防病毒病发生的作用；在十字花科蔬菜的苗床四周和上方挂银色薄膜带，具有避蚜防病的效果。

（4）利用温、湿度杀虫。利用高温低湿或低温冷冻杀死害虫的方法，多用于防治储粮害虫。如粮食烘干、夏季暴晒，几乎能杀死所有的储粮害虫。用开水浸泡蚕豆种30 s或豌豆种25 s可以直接杀死其中的蚕豆象或豌豆象。用双层草席包围密闭储藏的豆粒，可利用囤内缺氧条件杀死豌豆象。在北方冬季可打开粮仓门窗或将粮食搬置仓外，利用外界低温杀死仓虫。还可利用红外线产生的高热来防治仓库害虫等。

（5）利用高频电流、放射能、激光等防治害虫。利用高频电流在物质内部产生的高温，可以消灭隐蔽为害的害虫。如防治储粮害虫、木材害虫等。应用放射热防治害虫有两个方面：①直接杀死害虫；②应用放射能对昆虫生殖腺的生理效应，造成雄性不育，然后把不育雄虫释放到田间，使其与自然界雌虫交配，造成大量不能孵化的卵，以压低虫口密度。通过若干代连续处理，就能将害虫的虫口密度压到相当低的程度。美国在利用放射不育法对防治羊皮螺旋蝇和棉红铃虫方面，已经在小范围内获得成功。利用激光防治害虫是新近发展起来的。据国外报道，用波长为 450 ~ 500 nm 的激光可杀死螨类和蚊虫。加拿大用一台大光斑激光器或 10 ~ 20 台小光斑激光器排成一排，照射一块大田，可以杀死田间所有害虫。根据害虫表皮色素选择适当的激光波长，可以选择性地杀死害虫和避免对天敌的杀伤，如配合使用鼓风机，使害虫暴露出来，还可提高杀虫效果。

近年来，国外亦有应用红外线烘烤防治竹蠹等钻蛀害虫。远红外线是一种电磁波，应用的波长为 31 μm 至 1 mm，其中数十微米波长范围内的又称热红外线。当远红外线作用处理材料和害虫时，物质内部分子发生强烈电磁共振，释放出热能，当温度达到害虫的致死高温时，虫体即因大量失水、蛋白质和酶受到破坏而死亡。

7.5 化学防治方法

利用化学药剂（农药）防、除害虫，控制其种群数量的方法称作化学防治，也称为药剂防治，是当前国内外最为广泛应用的害虫防治方法。

化学防治突出的优点是简便、快速、高效，急救性强，适用范围广；化学农药品种、剂型多样，效果稳定，便于大规模工业化生产、成本低廉，易于运输和储藏。目前和在今后一个相当长的时期内，化学防治仍然是害虫防治的一个重要手段。目前，全世界每年生产的农药产量为25亿千克，总销售额为250亿美元；我国1993年农药产量为2.62亿千克，总销售额为88.93亿元。

7.5.1 农药的主要类型及施用方法

用于害虫防治的农药有杀虫剂、杀螨剂等。按其来源和主要成分，可分为无机杀虫剂、人工合成有机杀虫剂、植物源杀虫剂、矿物油杀虫剂、微生物杀虫剂等。按农药的作用方式，可分为胃毒剂、触杀剂、内吸剂、熏蒸剂、拒避剂、拒食剂、不育剂、引诱剂、粘捕剂和特异性农药等。有的农药，其作用方式不是单一的，而是兼而有之，如DDVP既有触杀又有熏蒸作用。

（1）农药的剂型。农药的加工剂型很多，主要有固态、液态和气态三种形式。固态的有粉剂、可湿性粉剂、颗粒剂、胶囊剂等，液态的有水剂、乳剂、油剂等，气态的有气雾剂等，此外还有缓释剂等。

（2）农药的施用方法。常用施用方法有：喷雾、喷粉、拌种、浸种、熏蒸、熏烟、毒饵、毒土、浇泼、灌溉、涂抹、包扎、注射等。其中喷雾和喷粉便于田间大面积防治使用，也是应用最多、最广的方法。但是这两种方法较为浪费农药，对天敌伤害最大。施药方法的选用要根据农药的种类、剂型，作物、害虫的特点及环境保护的要求因地制宜。

7.5.2 安全、合理使用农药

安全、合理使用农药是发挥农药应有效能，避免不良后果，减少对环境伤害的重要措施。要做到合理使用农药需考虑以下4个方面：

（1）农药的安全问题。绝大多数农药都是有毒药剂。使用、管理不当会造成严重后果，如人、畜直接中毒，作物受药害；农产品农药残留量超标；直接、间接污染环境等。我国加入 WTO 后，对农产品品质要求的提高无可商量；为了我国人民的健康亦必须考虑减少农药残留量的问题。因此，农药的安全问题是农药使用中的首要问题。

①严格执行、遵守国家及有关法规、条令。从安全和保护环境出发，各地区和有关单位还制定有相关的规定和操作规程，我们应严格执行，自觉遵守。

②选用低残留农药，严格掌握安全间隔期。用药防治时，特别是防治供人、畜食用的植物的害虫时，应选用低残留农药，并严格掌握安全间隔期。目前世界上以"农药允许残留量"作为衡量农产品是否适于人、畜食用的指标。安全间隔期是最后一次施药时至农作物收获时的时间间隔，间隔期的长短是根据农药允许残留量确定的，即最后一次所施的药剂，经过安全间隔期的分解，其残留量不超过允许量。

③防止药害。药害是指农药对植物的损害。为了防止药害的产生，施药前应了解所用农药对作物及作物不同生育期的影响，注意施用浓度、剂量、时间和方法，对不了解的农药，应在使用前作试验。

(2)防止害虫抗性。

①交替用药。不应在某地、某种作物上长期、连续使用同一种农药，应多种农药交替使用，以防害虫产生抗性；当害虫对某种农药已产生抗性时，应换用其他农药。

②农药混用。合理地将 2 种或 2 种以上农药混合使用，可提高防治效果，还有阻止害虫抗性产生的作用。

③合理调配农药。经调查、测定，凡是在某地区害虫已产生抗性的农药品种，应调配到害虫尚未产生抗性或抗性弱的地区使用；抗性地区应调入害虫尚未产生抗性的农药品种，这样可减少用药量，提高防治效果。

(3)注意保护天敌。

①尽可能地选用选择性高的农药或内吸剂，尽量不用广谱性

杀虫剂。

②选择对害虫效果好，而对天敌相对安全的时期施药，特别要安排好天敌释放与用药的时间。

③选择适当的剂型和施药方法，喷粉、喷雾对天敌的杀伤力最大，而拌种、浸种、涂抹、包扎、注射、土壤深层施药和选用颗粒剂、胶囊剂等较安全。

④适当的剂量。选择适当的浓度和单位面积上的用药量；根据虫情，可能时采用挑治、隔行施药等，可为天敌提供未受药的场所。

⑤合理的施药次数。不盲目施药，尽可能地减少施药次数。

（4）经济、高效。

①研究、制定科学的防治指标，作好预测预报，必要时才施用农药防治，不盲目滥施农药。

②对症下药，根据害虫的种类及发生特点，虫态、虫龄以及作物情况，选择高效的药剂种类。

③适时用药，一般 3 龄前的低龄幼虫，抗药力弱。应在预测预报的基础上，于害虫抗药力弱的时期及时施药，可收到事半功倍的效果。

④严格掌握有效浓度和施药量。

⑤选择适宜的剂型和施药方法。如于玉米喇叭口施用颗粒剂防治玉米螟效果很好，而此时采用喷粉、喷雾，既浪费农药，效果亦不佳；另外，选用先进的施药器械，可节约用药、提高工效和防治效果。

7.6　害虫的综合治理

害虫综合治理（integrated pest management，IPM）的概念是在总结单一防治措施局限性的基础上逐渐发展起来的。尽管大家给 IPM 的定义以及对 IPM 具体涵义的理解不完全一致，但以下几点基本思想是公认的：①以生态学原理为基础，把害虫作为其所在生态系统中的一个分量来研究和调控；②提倡多战术的战略，强调各种战术的有机协调，最大限度地利用自然调控因素，尽量少施用化学农药；③提倡与害虫的协调共存，强调对害虫数量进行调控，不盲目根绝害虫，但不反对根治害虫；④防治措施的决策应全盘考虑经济效益、社会效益和生态效益。

害虫综合治理的特点如下：

（1）允许害虫在经济受害允许水平（economic injury level，简称 EIL）下继续存在。IPM 的哲学基础是容忍（philosophy of containment），摒弃了“有虫必治”的观点。允许少数害虫存在于农田生态系统中，有利于维持生态多样性和遗传多样性，它们为天敌提供食料或中间寄主，使害虫天敌得以生存，加强和维持自然控制。只有对经济受害允许水平为零的害虫，才使用“根除”的策略。

（2）以生态系统（ecosystem）为管理单位。害虫在田间并不是孤立存在的，它与生物因素和非生物因素共同构成一个复杂的、具有一定结构和功能的生态系统。改变系统中任何基本成分都可能引起生态系统的扰动。一项控制措施可能对某种害虫产生影响，同时也可能导致新的有害生物出现，哪怕是很细微的措施也可能影响到整个生态系统。在进行害虫防治时，同时考虑杂草、病害等其他有害生物的防治，使不同目的的防治工作得到统一，这样，才能充分利用、控制和调节与害虫种群密度有关的自然因素，制定出最佳防治对策。

（3）充分利用自然控制因素（natural control factor）。在全部昆虫中，植食性昆虫约占 48.2%，捕食性昆虫约占 28%，寄生性昆虫约占 2.4%，腐食性昆虫约占 17.3%，杂食性或其他食性的昆虫约占 4.1%。在约占昆虫总数 48.2% 的植食性种类中，约有 90%左右虽然取食植物，但并不能造成严重为害，这主要是由于大多数害虫由于自身的生物学特性和自然界存在的自然控制因子的抑制作用。

（4）强调防治措施间的相互协调和综合（coordination and

comprehension)。一般来说,生物防治、农业技术防治等一般不与自然控制因素发生矛盾,有时还有利于自然控制。而化学防治往往与自然控制因素发生矛盾,它不但杀死害虫,同时也杀死害虫的天敌。因此,应尽量少用化学防治,除非没有别的替代办法。

(5)强调害虫综合防治体系的动态性(dynamics)。农业生态系统是一个动态系统,害虫种群及其影响因素也是动态的。因此,综合防治计划应随害虫问题的发展而改变,而不能像传统的杀虫剂防治体系那样采用"防治历"方法进行防治。

(6)提倡多学科协作(poly-discipline cooperation)。由于生态系统的复杂性,在系统的研究、信息的收集、综合防治策略的制订和实施过程中,需要多学科进行合作。随着综合防治水平的提高,系统分析、数学模型和计算机程序对制订最佳防治对策很有帮助。一个复杂系统的完成,没有多学科进行协作是难以进行的。

(7)要对经济效益(economic benefit)、社会效益(social benefit)、生态效益(ecological benefit)进行全盘考虑。防治害虫的最终目的是为了获得更大的效益。如果防治费用大于害虫为害的损失,那么,防治就没有必要。IPM同样考虑经济效益,并且还十分强调在害虫为害损失小于经济阈值时不进行防治。同时,IPM还强调害虫防治的生态效益与社会效益,这也正是单独依赖杀虫剂的防治策略未考虑到而造成不良副作用的原因。

自从1967年联合国粮农组织提出害虫综合治理的概念以来,综合治理的基础理论和实践一直在得到长足发展和丰富。害虫综合治理主张不彻底消灭害虫,只是将害虫种群数量维持在允许损害水平下,这样的指导思想已为大多数人所认同和接受,并在综合防治实践中,成效显著,经济效益与社会效益令人满意,展现了害虫综合防治是很有前途的一种防治策略。但在目前条件下,要全面实施综合治理策略仍有许多困难。首先,人们对生态系统的认识,包括对各组成成分的作用、相互关系等方面的认识还不够深入。其次,由于研究者—推广者—农民三者之间的信息沟通存在不少问题,致使符合害虫防治策略的治理技术不能及时有效传播到农民手中，发挥其应有的作用。此外，农民对害虫综合防治还缺乏必要的知识，影响害虫综合治理方案的实施和推广。为了克服目前害虫综合治理存在的不足，在生产实践中全面推广和实施害虫综合治理，可以采取相应对策，如加深对作物—害虫—天敌相互关系的理解，开发切实可行的害虫治理技术，健全害虫治理的推广服务体系，展示综合治理的经济性和可靠性，害虫治理实施者的培训和提高等。

随着人们认识水平的逐步提高和现代科学技术的发展，人们逐渐认识到害虫的综合治理必须从生态学原理出发，结合经济学观点，将作物、害虫及环境作为一个系统进行综合分析与研究，对害虫—作物系统进行科学的管理。在一些害虫的综合治理中已应用“联机害虫管理系统”（on-line pest management system）、信息管理系统（information management system）、决策支持系统（decision support system）、专家系统（expert system）等。目前，国内外害虫综合治理正在由以单一害虫为防治对象向以作物为主体的害虫管理体系发展，并将向着以生态区域为治理单元的层次推进。人们将不再孤立地把害虫看作唯一的目标去防治，而将其视为它所在生态系统中的一个因子，而以建立最优化农业生态系统为最终目标。

（1）重视害虫暴发的生态学机理研究，以此作为害虫管理的基础。害虫管理的实质是一个生态学问题。国内外都非常重视害虫暴发的生态学机理研究，并以此作为害虫管理的基础。目前国内外的研究重点主要在以下几个方面：①以化学生态学为核心，着重研究植物—害虫—天敌 3 个营养级相互作用机理，即研究它们之间的协同进化、行为调节及相互作用关系；②应用分子生物学方法，从分子水平探明昆虫变化、生殖、迁飞、抗性等机制；③应用 GIS（geographical information system）及遥感技术，研究害虫在较大范围内的迁移扩散规律；④研究天敌保护利用的生态学基础；⑤研究害虫种群的调控机理与技术。

（2）强调发挥农田生态系统中自然因素的控制作用。据

Pimental（1992）报道，在自然生态系统中，天敌的控害作用在50%以上，作物抗性和其他生态因素的调控作用占40%，天敌与抗性的综合控害作用超过80%。

（3）发展高新技术和生物合理制剂，尽量减少使用化学农药。

①高新技术的研究利用：一是利用遗传工程技术，将抗虫基因导入作物体内，使作物对害虫产生抗性。如转基因番茄、玉米、烟草、水稻、棉花等。二是利用基因工程技术，修饰微生物（病毒）自身基因以提高其对害虫的感染力，或与异源病毒重组以扩大其宿主范围，或将外源激素、酶和毒素基因导入杆状病毒基因组以增强其致病作用。

②大力发展无公害生物合成制剂，包括微生物制剂如Bt乳剂、棉铃虫NPV制剂等，植物源农药、昆虫生长调节剂、昆虫拒食剂等新一代农药和性信息素。据Whitten W.J.（1993）估计，全世界已合成的性信息素化合物达1 000多种，其中280余种已商品化。

综合上述害虫综合防治发展的趋势，不难看出，未来的害虫综合防治具有以下6个特征：以农田生态系统或区域性生态系统为对象；以大量信息管理为基础；以发展新技术为重点；以生态调控为手段；以整体效益为目标；以可持续发展为方向。

随着人们生活水平的提高，越来越追求较高的生存质量及日益推崇绿色食品，环保意识深入人心，为注重社会和经济效益的害虫综合防治的实施和推广提供了良好的社会基础和坚强后盾；农民知识水平的不断提高，以及社会对农业生产更高的要求，会促使害虫综合防治技术得以推广普及，发挥巨大的作用。现代科学技术的快速发展，尤其是生物技术和信息技术的发展，一定会加速害虫防治技术的发展，并使这些高科技防治技术得到及时推广应用。系统科学的理论和方法应用于农业生态系统，可以提高综合防治水平；采用模拟模型及系统分析的方法，推动害虫综合防治向更高层次深入发展，使害虫综合防治为建立优质、高产的现代农业体系做出更大的贡献。

第 8 章　常见农作物害虫及其防治

防治害虫,要认真贯彻“预防为主,综合防治”的植保方针。为了做到协调、合理、经济、安全、有效控制害虫的危害,必须做好预测预报工作,针对不同害虫的发生特点,在危害的关键时期,科学施用农药,尽量保护利用天敌。

8.1　地下害虫

8.1.1 蛴螬

蛴螬是鞘翅目金龟甲科幼虫的总称,是地下害虫中种类最多、分布最广、为害最大的一类,我国约有 1 300 种,俗称地蚕、白土蚕。蛴螬是多食性害虫,幼虫喜啃食刚播种的种子及幼苗的根、茎或块根、块茎。成虫主要取食植物叶片。作物受幼虫及成虫为害后,造成缺苗断垄或使植株发育不良,严重时造成毁灭性灾害。发生为害较普遍的种类有华北大黑鳃金龟、暗黑鳃金龟、铜绿丽金龟甲等。

8.1.1.1 形态特征

以华北大黑鳃金龟为例,见图 8–1。

(1)成虫。体长 16 ~ 22 mm,黑褐色至黑色,有光泽。头部密生刻点,雄虫前臀节腹板中间具有明显的三角形凹坑,雌虫无凹坑。

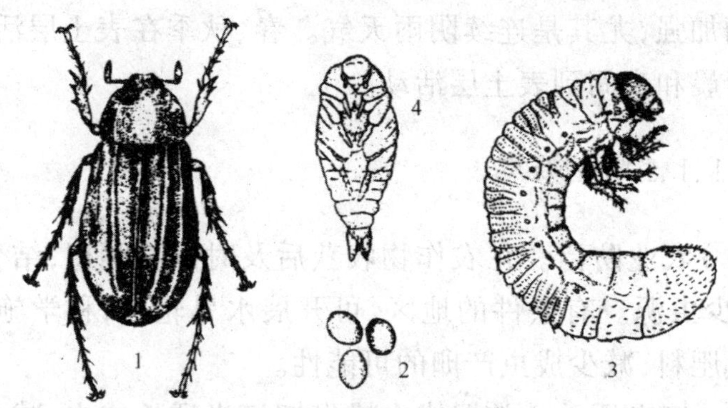

图 8-1　华北大黑鳃金龟形态

1—华北大黑腮金龟成虫；2—卵；3—幼虫；4—蛹

（2）卵。长约 2.7 mm。初产长椭圆形，发育后期呈圆形，洁白，有光泽。

（3）幼虫。成长幼虫体长 35 ~ 45 mm。体形弯曲呈 C 形，多为白色，少数为黄白色。头部前顶毛每侧 3 根，排一纵列。肛腹片后部的钩状刚毛群，紧挨肛门孔裂缝处，两侧具明显的横向小椭圆形的无毛裸区。

（4）蛹。体长 20 mm，椭圆形。初为黄白色，后变橙黄色。腹部末端有叉状尾角 1 对，末节腹面雄蛹有 3 个毗连的瘤状突，雌虫无。

8.1.1.2 发生规律

由于蛴螬种类多，故其生活史不同，一般为 1 年发生 1 代，也有 1 年发生 2 ~ 3 代或 2 年发生 1 代的。多数种类以幼虫在土中越冬，也有成虫在土中越冬的，每年 4 ~ 5 月份成虫开始出土活动取食为害。

蛴螬世代历期常随种类及土壤温湿度、食料、耕作栽培及农田附近的林木、果树等生态条件因素的变化而变化。幼虫在土中的分布常随土壤质地、土壤湿度及土温的变化而升降。当 10 cm 土温达 5 ℃时开始上升土表，13 ~ 18 ℃时活动最盛，23 ℃以上则往深土中移动，秋季土温下降时，再移向土壤上层。土壤潮湿其活动加强，尤其是连续阴雨天气。春、秋季在表土层活动，夏季多在清晨和夜间到表土层活动。

8.1.1.3 防治要点

（1）农业防治。在农作物收获后及时翻耕晒田，结合人工捕杀，减少虫源。有条件的地区，可开展水旱轮作，科学施肥，施充分腐熟肥料，减少成虫产卵的可能性。

（2）灯光诱杀。掌握成虫盛发期灯光诱杀成虫，减少蛴螬的发生数量。

（3）药剂防治：①拌种。用50%辛硫磷乳油0.5 kg，加水20 ~ 25 kg，拌种250 ~ 300 kg，或用40%甲基异硫磷乳油0.5 kg，加水15 ~ 20 kg，拌种200 kg，对蛴螬防治效果良好。②毒土用50%辛硫磷乳油或25%辛硫磷微胶囊缓释剂1.5 kg/hm^2，加水7.5 kg和细土300 kg制成毒土，或30%米乐尔15 ~ 22.5 kg/hm^2加细土300 ~ 375 kg拌匀，撒施种苗穴中防治幼虫。③毒饵用50%对硫磷乳油或50%辛硫磷乳油50 ~ 100 g拌饵料3 ~ 4 kg，撒于种沟中，可收到良好防治效果。④药剂灌根。在幼虫盛发期，用50%辛硫磷乳油3 ~ 3.75 kg/hm^2，加水6 000 ~ 7 500 kg灌根。⑤喷药防治。在成虫盛发期用90%晶体敌百虫或80%敌敌畏1 000倍液，或5%快杀1 500倍液于傍晚喷施。

8.1.2 地老虎

地老虎属鳞翅目夜蛾科，幼虫俗称地蚕、土蚕、切根虫，是我国各类农作物苗期重要的地下害虫，也是世界性大害虫。我国已知的地老虎种类有30余种，食性较杂，寄主达36科60多种植物。为害大的有小地老虎、大地老虎、黄地老虎。一年中主要以春、秋两季发生较重，小地老虎低龄幼虫在植物地上部为害，取食子叶、嫩叶，造成孔洞、缺刻。中老龄幼虫白天躲在浅土穴中，晚上出穴取食植物近地面的嫩茎，造成缺苗断垄，甚至毁种重播。

8.1.2.1 形态特征

以小地老虎为例,见图 8-2。

图 8-2　小地老虎形态

1,2—成虫; 3—卵; 4—幼虫; 5—蛹

(1)成虫。体长 16 ~ 23 mm,暗褐色。雌虫触角丝状,雄虫双栉状。前翅上肾状纹、环状纹、楔形纹十分明显。在肾状纹外侧凹陷处有一尖端向外的楔形黑斑与亚外缘线上两个尖端向内的楔形纹相对。

(2)卵。半球形,直径 0.61 mm。表面有纵横交错的隆起线纹。初产乳白色,后变灰褐色。

(3)幼虫。成长幼虫体长 41 ~ 50 mm。暗褐色。体表极粗糙,布满龟裂状的皱纹和黑色小颗粒。腹背各节有 4 个毛片,前方 2 个较后方 2 个小,腹部末节臀板有 2 条褐色纵带。

(4)蛹。体长 18 ~ 24 mm。暗褐色。腹部第 4 ~ 7 节背面前缘有粗大刻点,腹末具臀刺 1 对。

8.1.2.2 发生规律

小地老虎是一种迁飞性害虫。我国 1 年发生代数,由北至南不等,一般 1 ~ 7 代。主要在春、秋两季发生量大,以春季作物为害最严重,夏季高温发生数量少,冬季一般以幼虫和蛹在土中越冬。在暖冬(1 月份平均气温为 8 ℃)地区,其在冬季能继续生长、繁殖与为害。

小地老虎成虫昼伏夜出,以晚上 19—22 时活动最盛,在春季傍晚温度愈高，活动数量愈多。成虫羽化后需补充营养，喜趋食甜酸味的液体。卵散产或数粒聚集在一起，产卵时多选择叶片表面粗糙多毛的植物。每雌虫平均产卵 800 ~ 1 000 粒。成虫对黑光灯及糖醋酒等趋性较强。幼虫一般 6 龄，有时也有 7 ~ 8 龄的个体。1 ~ 2 龄幼虫昼夜为害，多群集在植物心叶间或叶背上啮食叶肉，留下一层表皮，也可咬食成小孔洞或缺刻，3 龄后扩散，白天潜伏在表土下，夜间出来取食，4 ~ 6 龄为暴食期，可将植物茎基部咬断，造成大量缺苗断垄，3 龄后幼虫有假死性和自相残杀性。幼虫老熟后筑土室化蛹。

小地老虎喜温暖潮湿的条件，最适发育温区为 13 ~ 25 ℃。一般前一年 10 ~ 12 月份温度偏高，降雨较多，翌年越冬代成虫数量大，发蛾量随春季温度的升降而增减，地势低洼，雨水多，土质疏松，保水强的壤土、黏壤土、沙壤土均适其发生。在蜜源植物多的地方，可为成虫提供补充营养，可形成较大的虫源，发生严重。

8.1.2.3 防治要点

（1）农业防治。早春铲除地边及其周围和田埂杂草，春耕耙地。在各种作物收获后，及时进行翻耕晒田，可以杀死大量的土中幼虫和部分越冬蛹。

（2）诱杀及人工捕杀。在成虫盛发期，利用黑光灯或糖酒醋液进行诱杀。在幼虫盛发期，用新鲜泡桐叶、莴苣或烟叶浸泡后于傍晚放入菜地内，次日清晨翻叶进行人工捕杀。

（3）药剂防治。在 1 ~ 2 龄幼虫盛发期选用 10% 氯氰菊酯乳油 1 500 倍液，或 10% 高效氯氰菊酯乳油 3 000 ~ 4 000 倍液，或 5% 锐劲特悬浮剂 1 500 ~ 2 000 倍液，或 20% 杀灭菊酯乳油 2 000 ~ 4 000 倍液喷雾，施药以上午为宜，集中喷洒植株心叶。在高龄幼虫盛发期选用 90% 晶体敌百虫 1 000 倍液或 50% 辛硫磷乳油 1 000 倍液，拌鲜碎草或麦麸制成毒饵，于傍晚撒在苗根附近诱杀幼虫。在虫口密度高时选用 80% 敌百虫可溶性粉剂 1 000 倍液，或 50% 辛硫磷乳油 1 000 ~ 1 500 倍液，或 50% 农乳油 1 000 倍液灌根。

8.1.3 金针虫

金针虫属鞘翅目叩头甲科，是叩头虫的幼虫。金针虫为杂食性，主要为害禾谷类、薯类、豆类、甜菜、棉花及各种蔬菜和林木等。以幼虫长期生活于土壤中，为害作物地下部分，咬食刚播下的种子、嫩苗、须根、嫩茎。受害部分不完全咬断，常咬成小洞，苗被害后仍直立，但逐渐枯死，拔起后断处呈刷状，不整齐，造成缺苗缺穴，还能蛀入块茎和块根，使品质变劣。常见的金针虫有细胸金针虫、褐纹金针虫、沟金针虫等。

8.1.3.1 形态特征

以细胸金针虫为例，见图 8–3。

（1）成虫。体长 8 ~ 9 mm，体细长，黑褐色有光泽，密布褐色细毛。前胸背板长大于宽，后缘角伸向后方。鞘翅长约为头部和胸部的 2 倍，具有 9 条纵列的点刻。触角褐色，第 2 节球状。足呈红褐色。

（2）幼虫。成长幼虫体长 23 mm。体细长，圆筒形，淡黄褐色，有光泽。尾节圆锥形，近基部两侧各有一褐色圆斑，并有四条褐色纵纹。

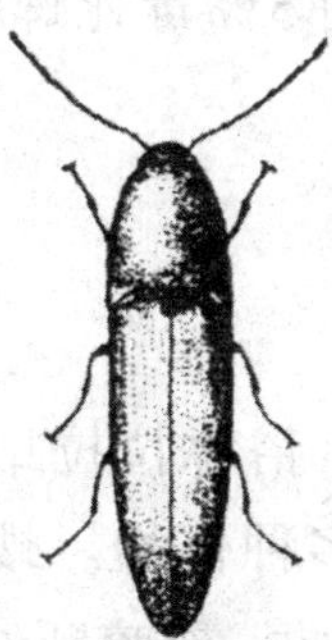

图 8–3　细胸金针虫成虫形态

(3)卵。长0.5 ~ 1 mm,圆形,乳白色。

(4)蛹。体长8 ~ 9 mm。初为乳白色,后变黄色。羽化前复眼黑色,口器淡褐色,翅芽黑色。

8.1.3.2 发生规律

细胸金针虫多2年完成1代,也有1年或3 ~ 4年完成1代的。以成虫和幼虫在土中20 ~ 40 cm处越冬,翌年3月上中旬开始出土,4月中下旬或5月上旬盛发。为害返青麦苗和早播作物。

细胸金针虫适生于偏碱和潮湿黏重的土壤中,土壤温湿度对其影响较大。幼虫耐低温而不耐高温,地温超过17 ℃时,幼虫则向深层移动。细胸金针虫不耐干燥,要求较高的土壤湿度,适于偏碱性潮湿土壤,在春雨多的年份发生重。

8.1.3.3 防治要点

(1)农业防治。合理施肥,增施腐熟肥,在成虫尚未大量产卵前,在田埂上堆放杂草,第二天捕捉堆下成虫。

(2)药剂拌种。选用50%辛硫磷乳油,或48%毒死蜱乳油,或48%地蛆灵乳油1 kg,加水30 ~ 40 kg,拌种400 ~ 500 kg。

(3)毒土。选用48%地蛆灵乳油、50%辛硫磷乳油3 ~ 4 kg/hm^2,加水10倍,喷于35 ~ 450 kg细土上,拌匀即成毒土,或用5%毒死蜱颗粒剂30 ~ 45 kg/hm^2,拌细土35 ~ 450 kg即成毒土,顺垄条施,随即浅锄。或用5%毒死蜱颗粒剂、5%辛硫磷颗粒剂35 ~ 45 kg/hm^{2}处理土壤。

8.1.4 蝼蛄

蝼蛄属直翅目蝼蛄科,俗称拉拉蛄、土狗,主要为害禾谷类、豆类、花生、蔬菜、甘薯等多种作物。蝼蛄以成虫、幼虫在土中取食刚播下的种子、种芽和幼根,或咬断幼苗根茎,也蛀食薯类的块根和块茎。幼苗根茎被害后呈麻丝状。目前全世界已知约50种。

在我国发生普遍为害严重的有东方蝼蛄、台湾蝼蛄、华北蝼蛄。

8.1.4.1 形态特征

以东方蝼蛄为例，见图 8–4。

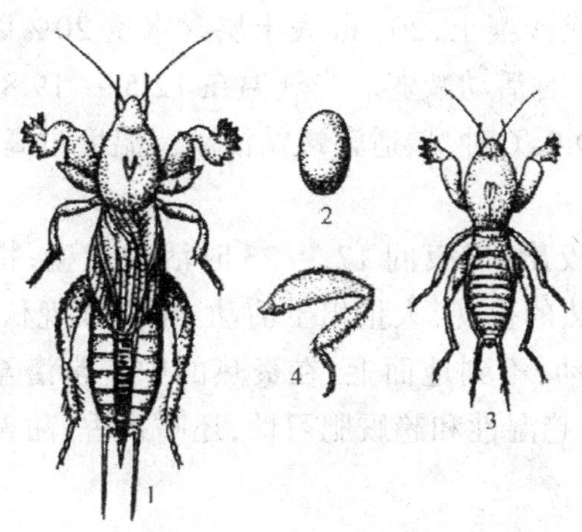

图 8–4　东方蝼蛄形态

1—成虫；2—卵；3—若虫；4—后足

（1）成虫。体长 30 ~ 35 mm，灰褐色，腹部色较浅，全身密布细毛。头圆锥形，触角丝状。前胸背板卵圆形，中间具一明显的暗红色长心形凹陷斑。前翅灰褐色，较短，仅达腹部中部。后翅扇形，较长，超过腹部末端。尾须 1 对。前足为开掘足，后足胫节背侧内缘有棘 3 ~ 4 个。

（2）卵。初产长 2.8 mm，孵化前 4 mm。椭圆形。初产乳白色，后变黄褐色，孵化前暗紫色。

（3）若虫。末龄若虫体长 25 mm。共 8 ~ 9 龄，体似成虫。

8.1.4.2 发生规律

在北方地区 2 年发生 1 代，在南方 1 年 1 代，以成虫或老龄若虫在地下越冬。翌年 3 月后移至土表活动取食。在洞口可顶起一小虚土堆。5 月上旬至 6 月中旬是蝼蛄最活跃的时期，也是第一次为害高峰期，6 月下旬至 8 月下旬，天气炎热，转入地下活动,6 ~ 7 月份为产卵盛期。产卵前先在腐殖质较多或未腐熟的厩肥土下筑土室产卵,每室产卵 25 ~ 40 粒。1 头雌虫可产卵 60 ~ 80 粒。9 月份气温下降,再次上升到地表,形成第二次为害高峰,10 月中旬以后,陆续钻入深层土中越冬。成、若虫均喜松软潮湿的壤土或沙壤土,20 cm 表土层含水量 20%以上最适宜其活动,小于 15%时活动减弱。当气温在 12.5 ~ 19.8 ℃,20 cm 土温为 15.2 ~ 19.9 ℃时,最适宜蝼蛄活动。温度过高或过低,则潜入深层土中。

蝼蛄昼伏夜出,以夜间 17 ~ 23 时活动最盛,特别是在气温高、湿度大、闷热的夜晚,大量出土活动。早春或晚秋因气候凉爽,仅在表土层活动,不到地面上,在炎热的中午常潜至深土层。蝼蛄具强趋光性、趋湿性和趋厩肥习性,还嗜食香、甜食物。

8.1.4.3 防治要点

(1)农业防治。有条件的地区,可实行水旱轮作。结合农田基本建设,适时翻耕,增施腐熟肥,减少蝼蛄产卵。

(2)药剂拌种。用 40%甲基异硫磷乳油 50 mL 或 50%辛硫磷乳油 100 mL,兑水 2 ~ 3 kg,拌麦种 50 kg,拌后堆闷 2 ~ 3 h,对蝼蛄、蛴螬、金针虫都有较好的防治效果。

(3)灯光诱杀。在成虫盛发期,利用 20 W 黑光灯诱杀成虫,可起到良好的防治效果。

(4)毒饵诱杀。将豆饼或麦麸 5 kg 炒香,或秕谷 5 kg 煮熟晾至半干,再用 90%晶体敌百虫 150 g 兑水将毒饵拌潮,将毒饵按 25 ~ 35 kg/hm^2 撒在地里或苗床上。

(5)药剂防治。在蝼蛄受害严重的田块,选用 50%辛硫磷乳油 800 倍液灌洞杀虫,或 3%米乐尔 15 ~ 22.5 kg/hm^2,或二嗪农颗粒剂 30 ~ 45 kg/hm^2,或 5%辛硫磷颗粒剂 15 ~ 22.5 kg/hm^2,与 450 ~ 750 kg 细土混匀后撒施于苗床上或栽前沟施。

8.2 水稻害虫

8.2.1 稻纵卷叶螟

稻纵卷叶螟(*Cnaphalocrocis medinals* Guenée)(英文名 rice leaf folder),俗名刮青虫、白叶虫、小苞虫,属鳞翅目,螟蛾科。国外分布于亚洲、大洋洲、太平洋岛屿及非洲等地。在我国分布广泛,尤以长江以南稻区为害严重。随着耕作制度的改革、品种的变更和水肥条件改善,在全国范围内为害程度明显上升,已成为水稻生产上重要的迁飞性害虫。

稻纵卷叶螟的寄主植物以水稻为主,也为害小麦、大麦、粟、甘蔗等作物和稗、雀稗、游草、马唐、芦苇、狗尾草等禾本科杂草。幼虫吐丝纵卷叶尖藏匿其中,取食上表皮和绿色叶肉组织,留下表皮,形成白色条斑。大发生时,田间虫苞累累,白叶连片,影响株高和抽穗,使千粒重降低,空秕率增高,导致严重减产。

8.2.1.1 形态特征

(1)成虫。体长 7 ~ 9 mm,翅展 12 ~ 18 mm。体和翅正面均黄褐色,腹面黄白色。前翅前缘暗黑色,外缘有 1 条暗黑色宽带,内、外横线暗褐色,两横线间近前缘有暗褐色短横纹；后翅外横线和外缘宽带同前翅,内横线短,不达后缘,内外横线间无短横纹。雄蛾前翅中、内横线间有 1 由黑色毛组成的眼状斑,微凹略带闪光；前足胫节末端略膨大；雌蛾前足胫节正常(图 8-5)。

(2)卵。扁平,椭圆形,长约 1 mm,宽约 0.5 mm。表面有微细网纹。淡黄至赭红色。

(3)幼虫。体长圆筒形,成长幼虫体长 14 ~ 19 mm。体黄绿至绿色,老熟时呈橘红色。中、后胸背部各有 8 个毛片,前排 6 个,后排 2 个位于两侧方,3 龄后毛片周围有黑褐色纹。腹部 1 ~ 8

腹节背面各有6个毛片，前排4个，后排2个，毛片周围无黑褐纹。腹足趾钩为双序缺环，趾钩34 ~ 42个。幼虫一般5龄。

（4）蛹。体长7 ~ 10 mm。长圆筒形，末端尖细。褐色至红棕色。翅芽、触角及足的末端均达第4腹节后缘。5 ~ 7腹节近前缘处各有1条黑褐色横隆线，臀棘8根。雄蛹腹端较尖细；雌蛹腹末钝圆。蛹外常被白色薄茧。

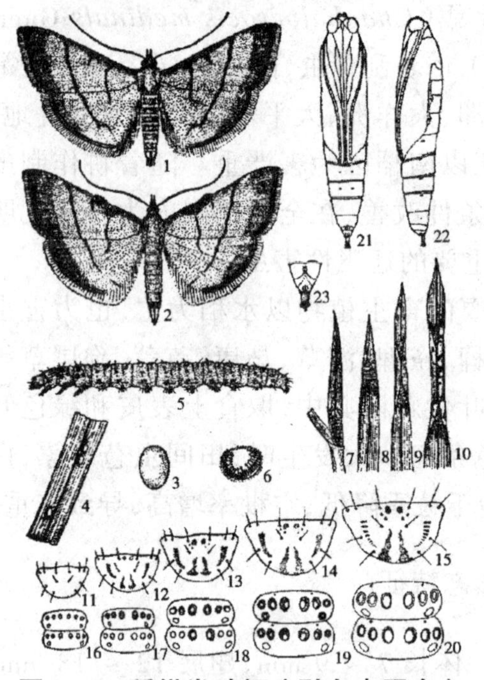

图8-5　稻纵卷叶螟（引自李照会）

1—雌成虫；2—雄成虫；3—卵；4—叶上的卵；5—幼虫；6—幼虫腹足趾钩；7 ~ 10—为害状；11 ~ 15—1 ~ 5龄幼虫前胸盾片；16 ~ 20—1 ~ 5龄幼虫中、后胸背面观；21 ~ 22—蛹腹面和侧面观；23—蛹腹末端

8.2.1.2 发生规律

稻纵卷叶螟具远距离迁飞的特性。

在我国东半部的越冬北界为1月份平均4 ℃等温线，相当于30° N一线。在此线以北地区，任何虫态都不能越冬，每年初发世

代的虫源均由南方迁飞而来。在我国的发生世代数由北向南依次为1～11代。华北、东北各地每年发生1～3代,如黄河以北的河北、辽宁等地1年发生2～3代；山东、河南、陕西等地1年发生3～4代；江淮地区每年则发生4～5代；台湾、福建等地1年发生6～8代；而海南岛、雷州半岛等地1年则发生9～11代。北方各地发生为害的情况：在5月下旬至6月中旬,豫南和陕南发生第1代,虫量少；6月下旬至7月中、下旬发生第2代,此代虫量大,为害重；7月中旬至8月中旬,鲁中南、豫南和陕南发生第3代,一般发生为害较重,而此时广大华北、东北地区,所发生的第2代或第1代虫量大,又遇水稻生长旺盛期,所以此时北方各稻区都有不同程度的为害。自8月下旬以后,各地成虫都陆续向南回迁。

8.2.1.3 防治要点

(1)选择抗(耐)虫品种。凡稻叶色淡、质硬、窄、薄及叶片的叶脉间和表皮硅沉积多,且硅链排列较紧密的品种抗虫性能强；叶片中含较多的谷氨酸,缺少酪氨酸的品种较抗虫,如TMK-6、黄金城、郑粳7308、西海89等。

(2)加强水肥管理。合理施肥,适时排灌,防止水稻前期猛发过嫩,后期贪青迟熟；促使水稻生长健壮,成熟整齐,可减轻为害。

(3)释放赤眼蜂。从成虫产卵始盛期开始放蜂,至产卵高峰后结束,每隔2～3天放1次蜂,每次每667 m^2放蜂1万～3万头,视卵量多少而定。蜂种应选择当地自然的主要优势种。放蜂点数多少,视蜂种活动能力强弱而定。一般拟澳洲赤眼蜂每667 m^2设1点即可,稻螟赤眼蜂需设3～5个点,松毛虫赤眼蜂(*Trichogramma dendrolimi* Matsumura)需设5～10点。

(4)施用生物农药。每667 m^2施用每克菌粉含活孢子100亿以上的青虫菌、杀螟杆菌等0.1～0.15 kg,对水60～75 kg喷雾。若加入0.1%的洗衣粉或茶子饼粉作湿润剂,可提高防治效果,或与少量化学农药(一般为常规用量的1/5)混用,有增效作用。在桑园或蚕场附近稻田不宜使用,因为诸菌感染家蚕。

(5)保护自然天敌。在稻田生态系中,具有丰富的天敌种类,它们在抑制稻纵卷叶螟种群中起着重要的作用,因此,要选择对天敌伤害小的农药,同时考虑农药的使用时期、使用剂量、使用方式等。

(6)物理防治。根据成虫趋光性强的特点,在田间设置黑光灯或金属卤素灯进行诱杀。

(7)施药。适期一般掌握在孵化高峰至1、2龄高峰期。

(8)药剂种类及使用方法。每667 m^2用50%杀螟松乳油或50%辛硫磷乳油25 ~ 30 g喷雾,或用50 g加水泼浇。用25%甲基杀虫脒水剂35 ~ 50 g弥雾,50 ~ 75 g喷雾,100 g泼浇。弥雾每667 m^2用药量加水2 ~ 3 kg;喷雾每667 m^2用药量加水50 ~ 75 kg,泼浇每667 m^2用药量加水300 kg。新药剂40%丙溴磷乳油667 m^2用80 ~ 100 g喷雾,对稻纵卷叶螟低龄幼虫防效可达90%以上,对稻飞虱的防效在95%以上。同时,可兼治二化螟等其他水稻害虫,总体防治效果普遍优于当前生产中常用药剂品种,且对作物安全,有望替代高环境风险的传统药剂品种。

8.2.2 稻飞虱

稻飞虱(rice planthopper)俗称蠓虫、响虫等,属于同翅目,飞虱科。在我国为害水稻的飞虱种类主要有褐飞虱[*Nilaparvata lugens*(Stål)](英文名brown planthopper)、白背飞虱[*Sogatella furcifera*(Horvath)](英文名white backed planthopper)、灰飞虱[*Laodelphax striatellus*(Fallen)](英文名small brown planthopper)3种。此外,在北方稻区尚可见稗飞虱(*Sogatella panicicola* Ishihara)(英文名panicum planthopper)、白脊飞虱[*Unkanodes sap-porana*(Matsumura)]和长绿飞虱[*Saccharosydne procerus*(Matsumura)](英文名green slender planthopper)等。褐飞虱主要分布于亚洲、

大洋洲和太平洋岛屿的产稻国；白背飞虱主要分布于东亚、东南亚、南亚、埃及、大洋洲及太平洋诸岛；灰飞虱主要分布于东亚、东南亚、欧洲、北非等地。3 种飞虱在我国各省、自治区均有发生。褐飞虱为偏南方种类，在长江流域及其以南地区为害严重；白背飞虱为广跨偏南方的种类，为害性仅次于褐飞虱；灰飞虱为广跨偏北种类。

8.2.2.1 形态特征

1）褐飞虱

（1）成虫。有长翅和短翅两型。全体褐色，有光泽。长翅型体长（连翅）4 ~ 5 mm；短翅型雌虫 3.5 ~ 4 mm，雄虫 2.2 ~ 2.5 mm，翅长不达腹末。前胸背板和小盾片都有 3 条明显的凸起线。后足第一跗节外方有小刺。深色型腹部黑褐色，浅色型腹部褐色。雄虫抱器端部不分叉，呈尖角状向内前方突出；雌虫产卵器第一载瓣片内缘呈半圆形突起（图 8-6）。

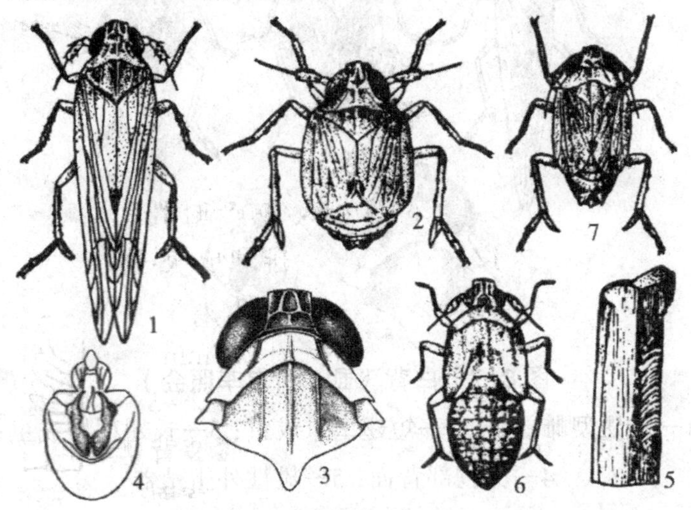

图 8-6 褐飞虱（引自李照会）

1—长翅型成虫；2—短翅型雌成虫；3—头胸部背面；
4—雄性外生殖器；5—卵块；6—长翅型若虫；7—短翅型雄成虫
（1、2、5 ~ 7 仿西北农业大学，3、4 仿李成章等）

（2）卵。香蕉形，乳白至淡黄色，卵粒在植物组织内成行排列，卵帽与产卵痕表面等平。

（3）若虫。共5龄。初孵时淡黄白色，后变褐色，近椭圆形。5龄若虫第3、4节腹背各有1个明显的山字形浅斑。若虫落入水面后足伸展成一直线。

2）白背飞虱

（1）成虫有长翅和短翅两型。长翅型体长（连翅）3.8 ~ 4.6 mm，短翅型体长2.5 ~ 3.5 mm。雄虫淡黄色，具黑褐斑，雌虫大多黄白色。雄虫头顶、前胸和中胸背板中央黄白色，仅头顶端部脊间黑褐色，前胸背板侧脊外方复眼后方有1暗褐色新月形斑，中胸背板侧区黑褐色，前翅半透明，有黑褐色翅斑；额、颊区、胸、腹部腹面均为黑褐色。雌虫额、颊区及胸腹部腹面则为黄褐色。雄虫抱握器于端部分叉（图8-7）。

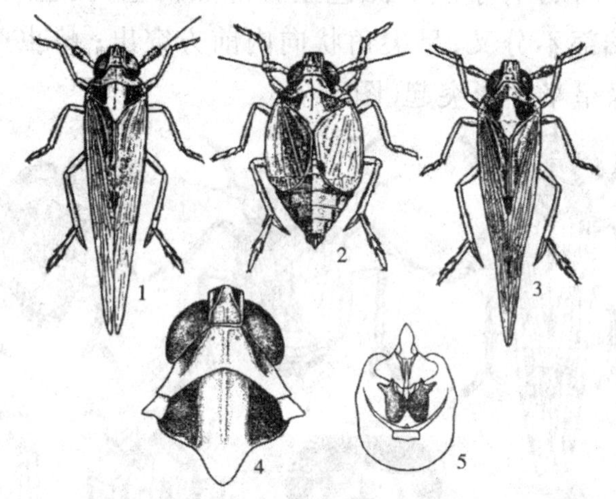

图8-7　白背飞虱（引自李照会）

1—长翅型雌成虫；2—短翅型雌成虫；3—长翅型雄成虫；
4—头胸部背面；5—雄性外生殖器
（1、2、3仿南京农业大学，4、5仿李成章等）

（2）卵。长0.8 ~ 1 mm，长椭圆形，稍弯曲，一端稍大。卵块中卵粒成单行排列，卵帽不外露，外表仅见褐色条状产卵痕。

（3）若虫。体淡灰褐色，背有淡灰色云状斑，共5龄。1龄体长1 mm左右，末龄体长约2.9 mm，3龄见翅芽。从3龄腹部第3、

4 节背面各有 1 对乳白色近三角形斑纹。若虫落水其后足伸展成一直线。

3）灰飞虱

（1）成虫。有长翅和短翅两型。长翅型雌虫体长(连翅) 4 ~ 4.2 mm，雄虫体长 3.5 ~ 3.8 mm 短翅型雌虫 2.4 ~ 2.8 mm，雄虫 2.1 ~ 2.3 mm。雌虫黄褐色，雄虫黑色。头顶略突出，在头顶上由脊形成凹陷，排成三角形；颜面额区雌雄均为黑色。雌虫中胸背板中部淡黄色，两侧暗褐色，雄虫中胸背板全部黑色，翅半透明，带灰色；前翅后缘中部有一翅斑。雄性抱握器端部不分叉，如小鸟形。

（2）卵。香蕉形，长约 1 mm，初产时乳白半透明，后期淡黄。卵双行排列成块，卵盖微露于产卵痕外。

（3）若虫。共 5 龄，末龄体长约 2.7 mm，深灰褐色，前翅芽明显超过后翅芽。3 ~ 5 龄若虫腹背斑纹较清晰，第 3、4 腹节背面各有 1 淡色八字纹，第 6 ~ 8 腹节背面的淡色纹呈一字形。在水稻生长季节，若虫多呈乳黄或淡褐色，秋末、冬春多呈灰褐色。胸、腹部背面两侧色较深。若虫落水其后足伸展成八字形(图 8-8)。

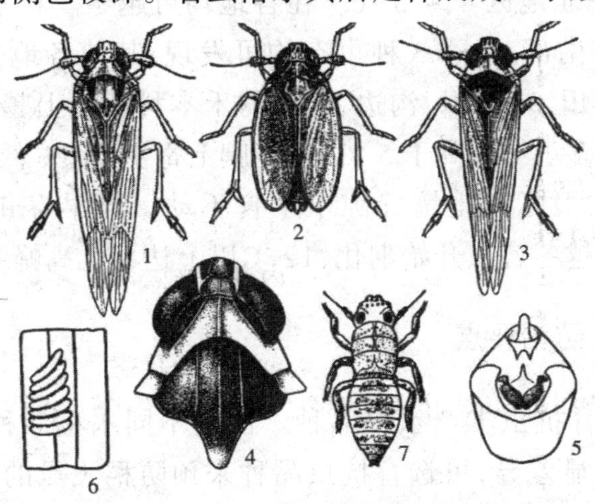

图 8-8　灰飞虱（引自李照会）

1—长翅型雌成虫；2—短翅型雌成虫；3—长翅型雄成虫；

4—头胸部背面；5—雄性外生殖器；6—卵；7—若虫

（1、2、3 仿南京农业大学，4、5 仿李成章等，6、7 仿 Silvestri）

8.2.2.2 发生规律

（1）褐飞虱。褐飞虱为远距离迁飞性害虫。在我国各地发生的代数,随纬度和年总积温、迁入时期、水稻栽培期而不同。海南省南部每年发生12代；广东、广西中南部、福建南部,每年发生8～9代；江淮之间年发生3～4代；35° N以北的其他稻区,常年发生1～2代。越冬北界大体在1月份12 ℃的等温线（23° N～26° N,北回归线附近）。低温和食料缺乏是限制其越冬的两个关键因子。因此,水稻（包括野生稻）在冬季能否存活作为褐飞虱能否在当地越冬的生物指标。

（2）白背飞虱。白背飞虱为迁飞性害虫。在我国由南到北发生代数因地而异。海南省南部年发生11代,长江以南4～7代,淮河以南3～4代,东北地区2～3代,新疆、宁夏两自治区1～2代。在26° N左右地区以卵在自生稻苗、晚稻残株、游草上越冬,在此以北广大地区虫源由越冬地迁飞而来。

（3）灰飞虱。灰飞虱又名灰稻虱。在我国由北向南年发生4～8代,华北地区4～5代。在各地均可越冬。在福建、广东、广西和云南南部,冬季3种虫态均可发现,其他各地主要以3、4龄若虫在麦田、绿肥田、沟边、河边的禾本科杂草上越冬,尤以背风向阳处为多。气温高于5 ℃时,能爬上寄主取食；低于5 ℃时,潜伏在寄主根际和土壤缝隙中不食不动。当早春旬平均温度10 ℃左右,越冬若虫开始羽化,12 ℃以上达羽化高峰。

8.2.2.3 防治要点

（1）选育抗虫丰产水稻品种。由于不同水稻品种对稻飞虱的抗性有明显差异,可选育抗虫品种来预防稻飞虱的发生为害,这是最经济有效的防治措施。我国已选育了一批抗飞虱、兼抗多种病害的品种,其中有汕优10、汕优64、汕优桂33、汕优桂8号、威优35、汕优56、新优6号、汕优1770等。

（2）制订栽培和管理措施，创造有利于水稻生长发育而不利于稻飞虱发生的环境条件。首先对水稻种植要合理布局，实行连片种植，以防止稻飞虱来回转移，辗转为害。同时，有利于统一时间集中防治。在水稻生育期，要实行科学管理肥水：施肥要做到控氮、增钾、补磷；灌水要浅水勤篷，适时烤田，使田间通风透光，降低田间湿度，防止水稻贪青徒长。可结合冬季积肥，清除杂草，消灭越冬虫源。

（3）保护利用自然天敌。稻飞虱的天敌种类很多，对控制稻飞虱的发生为害起到重要作用。在保护天敌上，主要是选用选择性农药（如扑虱灵），调整用药时间，改进施药方法，减少施药次数，用药量要合理，以减少对天敌的伤害，达到保护天敌的目的。其次，可采用草把助迁蜘蛛等措施，对防治飞虱有较好效果。

（4）放鸭啄食稻田。放鸭啄食稻飞虱有较好的效果。据福建、广西、湖南的经验，每只鸭可管 5.3 hm^2 的稻飞虱，以放 0.24 ～ 0.4 kg 重的小鸭吃虫不伤苗，放鸭时田中要有水。

（5）分蘖期的稻田，每 667 m^2 用轻柴油或废机油 0.5 ～ 1 kg，拌潮沙 30 ～ 40 kg，均匀撒入田中，待油扩散后，用小棍或扫帚等振动稻株，将稻飞虱震落于水面，触油而死；乳熟期后，采用油水泼浇，即待油扩散后，用木勺舀田中油水，反复泼浇稻株基部，杀死飞虱。油类防治应注意在滴油前要保持田水 3 ～ 5 cm 深，隔日后换清水。

（6）药剂防治。应用药剂防治要采取“突出重点、压前控后”的防治策略。在做好预测和调查的基础上，根据稻飞虱田间发生为害特点，天敌数量情况，狠抓早发田和发生中心的防治。防治适期是 2 龄若虫盛发期。防治参考指标：在分蘖期到圆秆拔节期（主为害前 1 代），平均每丛稻有虫 1 头；孕穗、抽穗期（主害代），每丛有虫 10 头左右；灌浆乳熟期，每丛有虫 10 ～ 15 头，蜡熟期，每丛有虫 15 ～ 20 头。常用的药剂：每 667 m^2 用 25%扑虱灵（噻嗪酮）30 ～ 50 g，在低龄若虫盛期喷雾，药效长达 1 个月，且对天敌安全，是防治稻飞虱的特效药。每 667 m^2 用 10%异丙威（叶蝉散)200 ~ 250 g或25%速灭威75 ~ 100 g、50%混灭威200 g、80%敌敌畏100 g、25%扑虱蚜可湿性粉剂20g、10%吡虫啉可湿粉10 ~ 20 g、80%敌敌畏乳油100 g等。以上药剂加水75 L喷雾或大水量(300 ~ 400 L)泼浇。水稻生长后期,植株高大,要采用分行泼浇的办法,提高药效。施药时,田间要保持浅水层,以提高防治效果。

8.2.3 稻叶蝉

稻叶蝉(rice leafhopper)又名稻浮尘子,俗称蠓虫、小蹦子等,属同翅目叶蝉科。我国为害水稻的叶蝉种类有20余种。其中主要有5种:黑尾叶蝉[*Nephotettix cincticeps*(Uhler)](英文名rice leafhopper)、二点黑尾叶蝉[*N.virescens*(Distant)](英文名two-spot-ted rice leafhopper)、二条黑尾叶蝉(*N.nigropictus* Stal)(英文名two-striped rice leafhopper)、白翅叶蝉(*Thaia oryzivora* Ghauri)(英文名rice white-winged leafhopper)和电光叶蝉[*Recilia dorsalis*(Motschulsky)](英文名zigzag leafhopper)。其中以黑尾叶蝉发生广,为害重。

黑尾叶蝉全国各稻区均有发生,而以华东和华中稻区受害最重。

黑尾叶蝉寄主植物有水稻、小麦、大麦、茭白、看麦娘、李氏禾、稗草等。成虫和若虫刺吸稻株汁液,被害株外表呈现棕褐色条斑,苗期和分蘖期可致全株发黄,以至成片枯死,状似火烧;穗、乳熟期可致茎秆基部变黑,烂秆倒伏。其成虫和若虫能传播水稻矮缩病、黄矮病和黄萎病等病毒病,并可诱发菌核病。随着耕作制度的改变和黑尾叶蝉为害加重,水稻几种病毒病的发生面积亦有所扩大,给水稻生产带来严重威胁。

8.2.3.1 形态特征

（1）成虫。体长 4.5 ~ 6 mm。头部黄绿色，头顶前缘弧形，有一黑色亚缘横带，有些个体的黑带中间变细，甚至间断。前胸背板黄绿色；前翅黄绿色。雄虫前翅基部 2/3 为绿色，端部 1/3 黑色，腹部黑色。雌虫前翅端部淡褐色（图 8-9）。

（2）卵。长 1 ~ 1.2 mm，长椭圆形，中间稍弯曲，一端略小；初产时乳白色，后变黄色，孵化时前端出现红色眼点。

（3）若虫。共 5 龄。末龄体长 3.5 ~ 4.0 mm，黄绿色。头顶后缘及中、后胸背面中央各有 1 个倒八字形黑纹，头顶还有数个褐色斑点。第 3 腹节后各节背面均有 6 个小黑点。

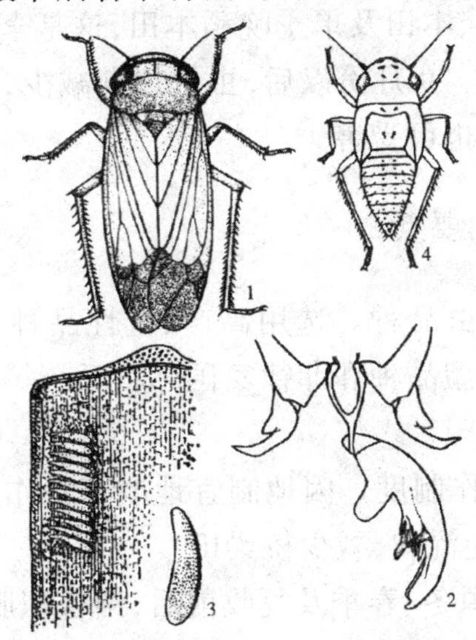

图 8-9 黑尾叶蝉（引自李照会）

1—成虫；2—雄性外生殖器；3—叶鞘中的卵块与卵；4—若虫

（1—仿黄其林，2—仿李成章等，3、4—仿张景欧）

8.2.3.2 发生规律

黑尾叶蝉的年发生代数因地而异。淮河以北年发生 4 ~ 5 代；长江流域各稻区年发生 5 ~ 7 代；福建、广东、广西一带可发生 7 ~ 8 代。同一地区,由于年度间气温等条件不同,发生代数常有 1 ~ 2 代的差别。除 1 ~ 2 代发生较整齐外,其余各世代重叠,界限不明显。以 3 ~ 4 龄若虫和少量成虫在绿肥田、冬作物地、休闲田、田边、沟边、塘边等杂草上越冬,其中以看麦娘、生长旺盛的绿肥田越冬虫口密度最大。

南方稻区,无明显越冬休眠现象。越冬若虫在 3 月中、下旬当旬平均气温达 11 ℃以上或连续 4 ~ 5 天气温达 13 ℃以上时,开始羽化。越冬成虫在日平均气温 15 ℃以上时开始转移。4 ~ 5 月份越冬成虫集中在秧田为害、产卵和繁殖,并随秧苗进入本田。6 月中、下旬至 7 月上旬第 2 代集中在早稻、早熟稻本田及晚稻秧苗中为害。7 月中、下旬至 8 月下旬发生第 3、4 代,主要集中在双季晚稻秧田、本田及单季晚稻本田,这是全年虫口密度最大、为害最重的时期。9 月份以后,虫量逐渐减少,但遇秋季高温、干旱年份迟熟晚稻也可受害。

8.2.3.3 防治要点

(1)种植抗虫品种。选用高产、抗性品种,是防治虫害的有效措施。日本粘型品种和菲律宾国际稻系统等品种较能抗虫,因地制宜地选用。

(2)改革耕作制度。因地制宜地改革耕作制度,合理调整水稻布局,尽量避免混栽,减少桥梁田。

(3)压低虫源冬、春季及夏收前后,结合积肥,铲除田边杂草,压低虫源基数。

(4)水肥管理。避免过量施用氮肥,防止水稻徒长过嫩,后期防止贪青晚熟,促使水稻生长整齐、健壮,减轻为害。

(5)灯火诱杀。在成虫发生期,利用黑尾叶蝉具有很强的趋光性,进行堆柴烧火或利用黑光灯诱杀,且扑灯的多是怀卵的雌成虫。

(6)滴油防治,具体方法见稻飞虱一节。

(7)常用的药剂及方法。每 667 m^2 用 5%锐劲特 40 mL+25%

扑虱灵60 mL或75%的灭扑威(叶蝉散)25 ~ 30 g、10%一遍净(吡虫啉)可湿性粉剂10 ~ 20 g等,对水50 ~ 75 kg喷雾,重点往稻株中、下部喷雾。田埂边杂草也是防治的重点。药剂应交替使用,间隔10 ~ 15天,防治1 ~ 2次。

8.2.4 稻弄蝶

稻弄蝶(rice skipper)又称稻苞虫,属鳞翅目,弄蝶科。我国常见的稻弄蝶有直纹稻弄蝶(*Parnara guttata* Bremer et Grey)(英文名rice skipper)、曲纹稻弄蝶(*P.gange* Evans)(英文名larger brown skipper)、么纹稻弄蝶东亚亚种(*P.nnso dada* Moore)、隐纹谷弄蝶(*Pelopidas mathias* Fab.)(英文名small branded swift)和南亚谷弄蝶(*Pelopidas agna* Moore)5种。其中,直纹稻弄蝶又称一字纹稻弄蝶、一字稻苞虫、直纹稻苞虫等,是稻弄蝶类害虫中分布最广、发生最多、为害最重的种类。直纹稻弄蝶国外分布于印度、斯里兰卡、日本、朝鲜、马来西亚、俄罗斯的西伯利亚等水产区。国内除新疆和宁夏无报道外,各地均有分布。主要为害水稻,亦能为害玉米、谷子、高粱、麦类、茭白、竹子等,还取食游草、狗尾草、李氏禾、蟋蟀草、稗草、双穗雀稗、芦苇及白茅等杂草。

8.2.4.1 形态特征

(1)成虫。体长16 ~ 20 mm,翅展35 ~ 42 mm。体及翅均黑褐色,有金黄色光泽。触角球杆状,末端有钩。前翅有7 ~ 8个近四方形半透明白斑,排成半环形。后翅有4个白斑,一字形排列,故名“直纹”。翅反面色比正面浅,被黄粉,各斑纹与正面相同(图8-10)。

(2)卵。卵径0.9 mm,半圆球形,顶端略凹陷。初产时淡绿色,后转褐色,将孵化时紫红色。

(3)幼虫。老熟幼虫体长35 mm,两端较小,中间粗大,似纺锤形,前胸收窄如颈状。头正面中央沿蜕裂线及两侧有W形褐纹,左右两臂下伸甚短，末端尖瘦。胸腹部灰绿色，表面密被小颗粒；中胸及以后各节的后半部都有横皱 4 ～ 5 条，背面中央有深绿色背线。气门红褐色，大而内洼，气门线白色。

（4）蛹。长 22 mm 左右，两侧近平行，头平尾尖，复眼突出。胸气门纺锤形，中部膨大，上、下端尖削；第 5、6 腹节腹面中央各有 1 倒八字形褐纹。臀棘细长，末端有一簇细钩。体表被白粉，外裹白色薄茧。

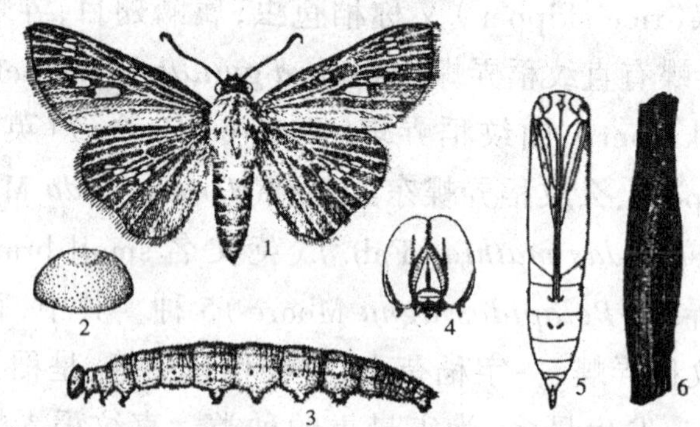

图 8-10　直纹稻弄蝶（引自西化北农学院）

1—成虫；2—卵；3—幼虫；4—幼虫头部正面观；5—蛹；6—叶苞

（1 仿中国农科院，2 ～ 6 仿浙江农业大学）

8.2.4.2 发生规律

年发生代数因地而异。在 40° N 以北的东北地区年发生 2 代；在 35° N ～ 40° N 度之间的长城以南黄河以北的河北、山东发生 3 代；在 33° N ～ 35° N 之间的黄河以南至长江以北发生 4 ～ 5 代，如河南发生 3 ～ 4 代，陕西发生 4 代；在 25° N ～ 30° N 的长江以南至南岭以北发生 5 ～ 6 代；25° N 以南的广西、广东南部和海南岛等地可发生 6 ～ 8 代。以幼虫在背风向阳的田边、沟渠边的芦苇、白茅、李氏禾等杂草上结苞越冬。在黄河以北地区，蛹尚可以在杂草丛或稻桩间越冬。

直纹稻弄蝶的猖獗世代一般是第 2 代或第 2 ～ 3 代，时间多在 7 ～ 9 月。北方稻区第 1 代发生于芦苇等杂草上；第 2 代开始转入稻田，为害水稻。如河南和陕西的大部分地区 7 月中、下旬的第2代和8月中、下旬至9月上旬的第3代幼虫，为害中、晚稻最为严重；山东和河北均以7月下旬至8月中旬发生的第2代幼虫为害严重。

8.2.4.3 防治要点

（1）压低越冬基数。结合冬季积肥，及时铲除田边、沟边、塘边杂草及茭白残株，消灭越冬幼虫。

（2）蜜源诱杀。在蜜源植物集中处捕杀。

（3）人工杀虫。虫量不大的稻田，可结合耘田等田间管理工作，捏死幼虫。

（4）释放赤眼蜂。从成虫产卵始盛期起，每100丛水稻有稻苞虫卵5 ~ 10粒以上的稻田，每隔3 ~ 4天释放1次拟澳洲赤眼蜂，每次1万 ~ 2万头，连续放3 ~ 4次，且可兼治稻纵卷叶螟等其他害虫。

（5）放鸭啄食。养鸭地区，可以放鸭啄食。

（6）化学防治。一般防治水稻螟虫、稻纵卷叶螟的农药，对此虫也都有效，故常可兼治。

8.2.5 稻蝗

为害水稻的蝗虫（rice grasshopper）种类很多，我国已知近40种。在我国北方地区常见稻蝗有5种：中华稻蝗[*Oxya chinesis*（Thunberg）]（英文名Chinese rice grasshopper）、日本稻蝗[*O.japonica*（Thunberg）]（英文名Japanese rice grasshopper）、小稻蝗[*O.hylaintricate*（Stål）]、长翅稻蝗[*O.velox*（Fabricius）]（英文名rice grasshoppers）、无齿稻蝗（*O.adentata* Willemse），均属直翅目，斑腿蝗科。其中中华稻蝗为优势种，占稻蝗总数的85%以上。

中华稻蝗在国外分布于朝鲜、日本、夏威夷、马来西亚、斯里兰卡等地；国内稻区几乎均有发生，而以长江流域及华南稻区为害较重。但自1984年以来,我国北方稻区由于生态条件的变化,发生逐年加重,某些地区为害成灾。

寄主植物有水稻、玉米、高粱、麦类、甘蔗、甘薯、棉花、豆类、茭白及芦苇、蒿草等。以成虫、若虫咬食叶片,轻则成缺刻,重则叶片被吃光。在水稻抽穗及乳熟期,喜咬食稻茎,咬断、咬伤穗茎,形成白穗;在乳熟期还喜咬坏乳熟的谷粒。

8.2.5.1 形态特征

(1)成虫。雌虫体长36 ~ 44 mm,雄虫体长30 ~ 33 mm。黄绿色或黄褐色,有光泽。头顶两侧在复眼后方各有深褐色纵纹1条。前胸背板中央长度超过头部1倍以上,两侧也各有深褐色纵纹1条,和头部相连;前胸腹板具锥形瘤状突起。前翅长超过后足腿节末端,雄虫尤为显著;翅前缘绿色,其余贴于腹部两侧的部分为褐色,与头部和前胸的深褐色纵纹相连成一明显带状纵纹(图8-11)。

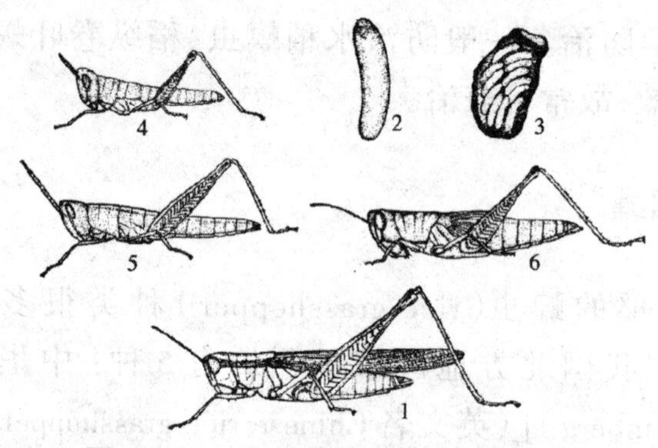

图8-11 中华稻蝗(仿丁锦华)

1—成虫;2—卵;3—卵囊剖面;4 ~ 6—1、3、5龄若虫

(2)卵与卵囊。卵长圆筒形,长约3.6 mm,宽约1 mm,中央弯曲,一端稍大,深黄色。卵块呈短茄形,前端平截,后端钝圆,每卵块平均有卵33粒,向卵块前端排成上下两行,不很整齐,卵粒间有坚韧的胶质物相隔。

(3)蝗蝻。共6龄。体色同成虫。蝗蝻颜面倾斜度较大,头呈三角形，复眼长椭圆形。绛赤色。前胸背板略呈覆瓦状，在中部有 3 条横沟。

8.2.5.2 发生规律

中华稻蝗在我国北方地区每年发生 1 代，南方 2 代，大致以 29° N 为界。均以卵块在 1.5 ~ 5 cm 的表土层越冬。山东南部地区越冬卵多在 5 月中、下旬进入孵化盛期，6 月上旬为末期；7 月中旬成虫开始羽化，8 月中旬为成虫羽化盛期，9 月上旬为羽化末期。交配前期 15 ~ 20 天，9 月中旬至 10 月上旬为产卵盛期。成虫寿命 59 ~ 107 天，10 月下旬至 1 月上旬陆续死亡。

成虫羽化以早晨为多，羽化后经 15 ~ 41 天才能交尾，一生可多次交尾，交尾后 10 ~ 41 天，一般 27 天后开始产卵。产卵多选择潮湿、有草、向阳和土质松软的荒地、田埂、堤岸等处。每头雌虫能产卵块 1 ~ 3 块，每块平均 33 粒。雌虫寿命一般为 3 个月左右，雄虫寿命较短。成虫多以每天 8 ~ 10 时和 16 ~ 19 时活动最盛，阴天活动减少，雨天和夜间基本停止活动。具趋光性。取食具趋嫩绿性，以上部叶片受害最重。低龄若虫多取食禾本科杂草，3 龄后迁入稻田边缘，4 ~ 5 龄可扩至全田为害。

8.2.5.3 防治要点

（1）人工灭蝗。一是自秋末至翌年清明，结合积肥，培修田埂，将荒草地、田埂上的草皮连表土层铲起 3 cm 深，以消灭蝗卵；二是进行人工捕杀。

（2）生物防治。稻蝗的天敌种类较多，要注意对天敌的保护，也可在稻田放鸭灭蝗。

（3）药剂防治。稻蝗防治适期为孵化至 3 龄盛期。在若虫集中在田边或杂草上时，是防治最佳时机。在稻田中防治时，防治指标可定为若虫 3 头 /m^2，成虫 3.6 头 /m^2（河南）。用 50% 乙酰甲胺磷乳油或 75% 杀虫双水剂、75% 马拉硫磷乳油、50%

敌敌畏乳油等药剂,稀释 1 000 ~ 1 500 倍液;25%杀虫脒水剂 200 ~ 300 倍液,于稻田喷雾。秧田灭蝗可用浓度小些,本田可用浓度大些。若大面积防治,可用飞机喷药防治。

8.3 小麦害虫

8.3.1 小麦害螨

为害小麦的害螨主要有麦圆叶爪螨(麦圆红蜘蛛)[*Penthaleus major*(Duges)]和麦岩螨(麦长腿红蜘蛛)[*Petrobia latens*(Müller)],属蛛形纲,蜱螨目。前者为叶爪螨科,后者为叶螨科。

麦岩螨主要发生在长城以南至黄河以北的平原旱地和丘陵旱地;麦圆叶爪螨主要发生在江淮流域的灌溉麦区和地势低洼麦田。该虫一般在麦苗生长茂密、阳光照射不足的平原水浇地和低湿地发生最重,旱地发生较轻。小麦害螨以取食小麦为主。麦圆叶爪螨还取食大麦、豌豆、蚕豆、油菜等作物以及小蓟、看麦娘等杂草;麦岩螨也取食大麦、棉花、大豆等作物和桃、柳、桑、槐等树木,还取食红茅草、马拌草等杂草。均以成、若螨刺吸小麦叶片、叶鞘的汁液,被害处产生黄白色小斑点,当虫口密度大时,叶尖焦枯,或全叶枯黄,重者整片植株枯死。

8.3.1.1 形态特征

1)麦圆叶爪螨

(1)雌成螨。体长 0.6 ~ 0.8 mm,椭圆形,腹背隆起,深红色或黑褐色。4 对足长度相似,其上密生短刚毛(图 8-12),但是,足端无黏毛。尚未发现雄螨。

(2)幼螨。圆形,草绿色,3 对足,足呈红色。若螨足为 4 对,体色、体形与成螨相似。

(3)卵。椭圆形,0.2 mm × 0.14 mm,淡红色。

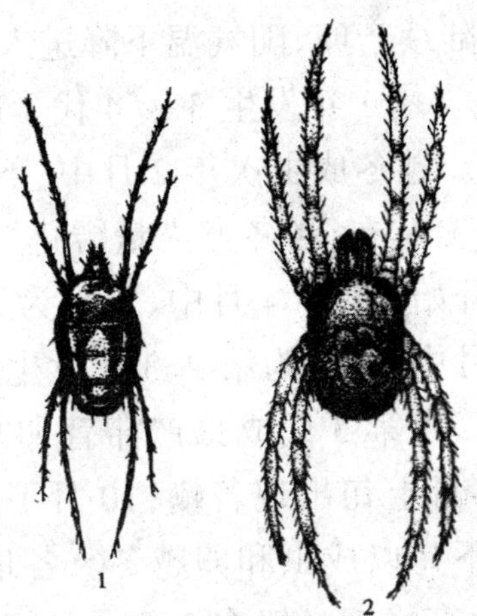

图 8-12 小麦害螨（仿中国农作物病虫图谱绘组）

1—麦岩螨；2—麦圆叶爪螨

2）麦岩螨

（1）成螨。雌螨体长 0.6 ~ 0.85 mm，卵圆形，两端较尖瘦，体多为暗红褐色，背面中央有 1 红斑，自胸部直达腹部。4 对足，橘红色，第 1 对显著较长，各足端有 4 根黏毛。雄螨体长 0.46 mm，梨形。

（2）幼螨。圆形，暗褐色，体长和体宽均为 0.15 mm，3 对足。

（3）若螨。体色、体形与成螨相似，4 对足。

（4）卵。越夏卵圆柱形，白色，顶端向外扩张很大，其上有星状辐射条纹，形似倒放草帽；非越夏卵球形，长约 0.2 mm，红色，表面有数十条纵裂隆起条纹。

8.3.1.2 发生规律

（1）麦圆叶爪螨。麦圆叶爪螨 1 年发生 2 ~ 3 代。以雌性成螨和卵在小麦植株或田间杂草上越冬。在淮河流域较温暖地区，冬季也可见到少数若螨。越冬后的出蛰期较麦岩螨早。次年 2 月下旬雌性成螨开始活动，并产卵繁殖，越冬卵也陆续孵化。3 月下旬至 4 月中旬小麦拔节期是为害盛期。小麦孕穗后期产卵越夏。10 月上旬起夏卵孵化，为害冬小麦幼苗或田边杂草。11

月上旬出现成螨,并陆续产卵,随气温下降进入越冬阶段。

（2）麦岩螨。麦岩螨 1 年发生 3 ~ 4 代。以成螨和卵在寄主根际、土缝等处越冬。越冬成虫次年 2 月中、下旬开始活动；3 月上、中旬平均气温 5 ℃左右,越冬卵大量孵化,3 月下旬平均气温 9.3 ℃时,越冬成虫开始产卵。4 月中、下旬为第 1 代麦岩螨发生盛期,5 月上旬及 5 月中、下旬为第 2、3 代发生为害期。6 月初小麦黄熟时,气温较高,以第 3 代成虫产滞育卵越夏。越夏卵于 9 月下旬开始孵化,10 月上旬出现若螨,10 月下旬出现成虫,并为害秋麦苗,11 月中、下旬以成虫和卵越冬。各地田间均未发现雄螨。麦岩螨田间发生高峰期一般在 3 ~ 4 月间,发生盛期与小麦拔节孕穗期基本一致。

8.3.1.3 防治要点

（1）农业防治。结合当地栽培制度,采用合理的轮作方式,避免小麦连作,既有利于作物生长,又能减轻小麦害螨为害。麦收后早深耕,冬春季合理灌溉,增施速效肥,促进小麦生长发育,可减轻受害。

（2）药剂防治。在小麦黄矮病流行区结合防蚜避病,进行种子处理或在播种时撒施呋喃丹颗粒剂,也可在小麦害螨为害初盛期喷雾或喷粉进行防治。喷粉可选用 1.5％乐果粉剂 22.3 ~ 30 kg/hm^2 或 1.8％阿维菌素乳油 3 000 ~ 5 000 倍液、40％乐果乳油 2 000 倍液。也可选用 15％扫螨净乳油或 20％哒螨灵可湿性粉剂 2 000 倍液、20％螨克乳油 1 500 倍液、73％克螨特乳油 2 000 ~ 3 000 倍液等喷雾。

8.3.2 小麦吸浆虫

为害小麦的吸浆虫主要有两种,即麦红吸浆虫（*Sitodiplosis mosellana* Gehin）和麦黄吸浆虫（*Contarinia tritici* Kirby）,两者均属双翅目,瘿蚊科。其中以麦红吸浆虫发生普遍,为害严重。

在麦田中与小麦吸浆虫混合发生的瘿蚊昆虫还有以下12种：皮瘿蚊(*Peromyia* sp.)、精安瘿蚊(*Anaretella spiraeina*(Felt))、毛腿斜瘿蚊(*Clinodiplosis*(Kiffer))、食锈瘿蚊(*Mycodiplosis* sp.)、叉瘿蚊(*Dicrodiplosis* sp.)、盗瘿蚊(*Lestodiplosis* sp.)、食蚜瘿蚊(*Aphidoletes aphidimyza*(Rondani))、钩瘿蚊(*Claspettomyia* sp.)、齿板瘿蚊(*Odontodiplosis karelini*(Marikovakij))、舌板瘿蚊(*Coquillettomyia* sp.)、林瘿蚊(*Silvestriana* sp.)、直瘿蚊(*Parallelodiplosis* sp.)。

小麦吸浆虫为世界性害虫，广泛分布于亚洲、欧洲、北美洲的主要小麦栽培国家。小麦吸浆虫可为害小麦、大麦、青稞、燕麦、黑麦和雀麦等，均以幼虫吸食麦粒浆液，出现瘪粒，严重时造成绝收，是一种毁灭性的害虫。

8.3.2.1 形态特征

1)麦红吸浆虫

(1)成虫。全体橘红色并密披细毛，体长2 ~ 2.5 mm，翅展5 mm左右。前翅透明，有4条发达翅脉，后翅退化为平衡棍。触角细长，雌虫触角14节，念珠状，各节呈长圆形膨大，上面环生2圈刚毛；腹部9节，略呈纺锤形，细长，全部伸展时约为腹长之半，形成伪产卵管。雄虫触角14节，柄节、梗节中部不缢缩，鞭节12节，每节具2个球形膨大部分，其上除有很多细毛和两圈刚毛外，还生有一圈环状毛，腹部较雌虫小，末端略向上弯，交尾器的抱握器基部内缘和端节末端均有齿，阳茎较长(图8–13)。

(2)卵。长椭圆形，长约0.3 mm，淡红色，表面光滑。

(3)幼虫。老熟幼虫2.5 ~ 3 mm，长椭圆形，体较扁，无足，蛆状，体表有鱼鳞状皱起。体橙色或金黄色。前胸腹面有一Y形剑骨片，其前端分叉刻入较深。腹部末端有两对尖形突起。1龄幼虫后气门式，仅第9腹节有1对大而突出的气门；2、3龄幼虫侧气门式，气门9对，前胸1对，腹部8对，最后1对最大。

蛹长2 mm，裸蛹，橙褐色。头后部有1对短的白色感觉毛。

胸部有1对长管状褐色呼吸器,向前方伸出超过头部的1对感觉毛。

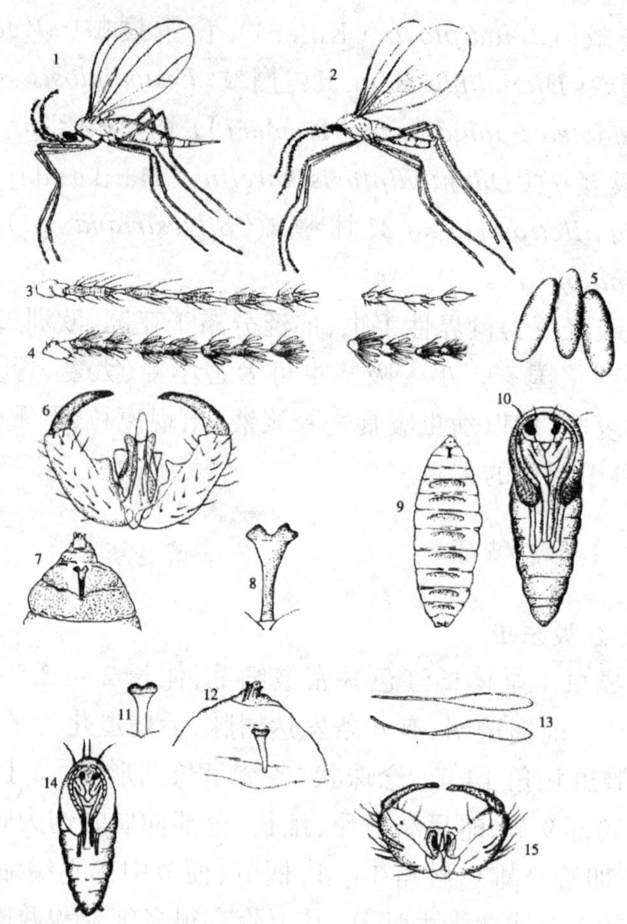

图 8-13　小麦吸浆虫

麦红吸浆虫：1—雌成虫；2—雄成虫；3—雌成虫触角基部及端部数节；4—雄成虫触角基部及端部数节；5—卵；6—雄性外生殖器；7—幼虫前端；8—幼虫的剑骨片；9—幼虫；10—蛹麦黄吸浆虫：11—幼虫的剑骨片；12—幼虫的前端；13—卵；14—蛹；15—雄性外生殖器

2）麦黄吸浆虫

形态与麦红吸浆虫基本相似,其主要区别见表8-1和图8-13。

表 8-1　麦红吸浆虫与麦黄吸浆虫的主要区别

虫态	主要特征	麦红吸浆虫	麦黄吸浆虫
成虫	体色	橘红色	姜黄色
	雌虫产卵管	较短，伸出时约为腹长的 1/2，末端呈圆瓣状	极长，伸出时约与腹部等长，末端呈针状
	雄虫抱握器	基部内缘和端节末端均有齿，腹瓣末端稍凹入，阳茎长	光滑无齿，腹瓣凹入分裂为两瓣，阳茎短
卵		长卵形，长约为宽的 4 倍，末端无附属物	香蕉形，前端略弯，末端有细长的卵柄
幼虫	体色	橘黄色，体表有鳞状突起	姜黄色，体表光滑
	前胸剑骨片	Y 形	T 形，顶部稍凹陷
	腹部末端	有 4 个稍微硬化的小突起	有两个硬化的大突起，其外方又有两个非硬化的小突起
蛹		橘红色，头部前 1 对毛比呼吸管短	淡黄色，头部前 1 对毛比呼吸管长

8.3.2.2 发生规律

小麦吸浆虫 1 年或多年发生 1 代。以 3 龄老熟幼虫在土中结圆茧越夏、越冬。

小麦吸浆虫各虫态的发生期与当地小麦的生育期一般是相吻合的，其年生活史的变化大致归纳为以下几个阶段：

(1)幼虫破茧活动期。当春季气候开始转暖，10 cm 土温稳定在 10 ℃左右，又具有充足的土壤含水量(20%左右)条件下，处在圆茧内的越冬幼虫破茧而出，变为活动幼虫，并向土壤表层移动。此时冬小麦的生育期正处于拔节期。

(2)化蛹期。当 5 cm 土温或气温达到 12 ℃以上，小麦开始孕穗，上升到土壤表层的幼虫在适宜的水湿条件下开始化蛹。化蛹有两种状态：一部分以活动幼虫直接化蛹，呈裸蛹；另一部分活动幼虫先结成长茧，在茧内化蛹。以黄河中下游为例，小麦吸浆虫的化蛹盛期在 4 月中、下旬，此时为撒施毒土或毒沙防治吸浆虫的有利时机。

(3)羽化产卵期。当土温或气温达15 ℃以上,小麦开始抽穗,土壤表层的蛹即开始羽化。羽化当天的成虫即开始交尾,并在穗上产卵。产卵历期仅2 ~ 3 d。但成虫羽化期拖延较长。在黄河中游,一般4月下旬到5月初即达羽化盛期,这个阶段所产的卵多属有效卵,是造成小麦受害减产的主要虫源。这个阶段成虫数量达防治指标,必须及时喷药防治。在小麦扬花后,虽然还有成虫陆续羽化,一般不能在已扬花的麦穗上产卵,故大多属无效卵,不必再进行防治。

(4)入侵为害期。小麦吸浆虫的卵经3 ~ 7天孵化为幼虫。此时小麦正处于扬花盛期和灌浆初期,幼虫即从小穗内外颖间侵入子房为害。幼虫的口器刺破种皮,吸食正在灌浆的麦粒,造成瘪粒减产。幼虫在小麦颖壳内生活15 ~ 20天即老熟,等待雨露准备脱壳入土。

(5)脱壳入土,越夏、越冬。小麦蜡熟期,躲在颖壳内的老熟幼虫,遇下雨或较大的露水时,爬出颖壳或麦芒上,随雨滴、露水或自动弹落在土表,然后通过土缝潜入土中,经2 ~ 3天即开始结圆茧滞育,以圆茧在土中越夏、越冬。

8.3.2.3 防治要点

小麦吸浆虫的防治,以抗虫品种和耕作栽培措施为基本防治对策,辅之以药剂防治,以达到长期控制的目的。

(1)选用与培育抗虫品种。种植抗虫品种是防治麦红吸浆虫最经济有效的措施,不需施药即可控制麦红吸浆虫为害,且不残留和不污染环境,有利于保护麦田天敌。河北省植物保护研究所鉴定结果显示,高抗麦红吸浆虫且高产、农艺性状较好的品种有石7221(石麦12)、良星99、中麦9、衡7123、F1457(核丰4号)和河农972;高抗麦红吸浆虫且综合农艺性状较好的新品系有石新828、中任1号、保5089、永4896、科农1095和农大189等。

(2)实行棉麦轮作或改种油菜、大蒜、西瓜、蔬菜等作物,待2 ~ 3年后再种小麦。麦茬耕翻曝晒。

（3）蛹期药剂防治。小麦孕穗期，幼虫到表土层化蛹，此时小麦已经封垄，以撒毒土为主，在露水干后撒施，然后用竹竿或绳子将麦叶上的毒土抖落到地面。用 40% 甲基异柳磷乳剂 2 250 ~ 3 750 mL/hm^2、40% 辛硫磷乳剂 2 250 ~ 3 750 mL/hm^2 或 48% 乐斯本乳油 2 250 mL/hm^2，加水 75 kg，喷洒到 225 ~ 300 kg 细干土上拌匀，均匀撒于地面。撒药后及时浇水，提高防治效果。

（4）成虫期药剂防治。一般在田间 70% 的麦穗露脸时，用 80% 敌敌畏乳剂 2 250 mL/hm^2 对水 60 kg，均匀喷洒到 375 kg 麦糠上拌匀，隔行每 1 m 撒一小堆；或用 40% 乐果乳剂 1 000 倍液、40% 杀螟松可湿性粉剂 1 500 倍液、5% 高效氯氰菊酯乳剂 1 000 倍液喷雾。虫害严重地块隔 2 ~ 3 天再放治 1 次。

8.3.3 麦蚜

在我国发生的麦蚜（wheat aphid）主要包括麦长管蚜 [*Macrosiphum avenae*（Fabridus）]（英文名 English grain aphid）、麦二叉蚜 [*Schizaphis graminum*（Rondani）]（英文名 greenbug）、禾谷缢管蚜 [*Rhopalosiphum padi*（Linnaeus）]（英文名 oat bird-cherry aphid）和麦无网蚜 [*Acyrthosiphon dirhodum*（Walker）]（英文名 rose-grain aphid）4 种，均属同翅目，蚜科。麦蚜分布极广，遍及世界各产麦区。在国内除麦无网蚜分布范围较窄外，其余 3 种麦蚜在各麦区均普遍发生，几种蚜虫经常混生。

8.3.3.1 形态特征

蚜虫为多型性昆虫。个体发育过程中经历卵、干母、干雌、有翅胎生雌蚜、无翅胎生雌蚜、性蚜等，但以无翅胎生雌蚜和有翅胎生雌蚜发生数量最多，出现历期最长，为主要为害蚜型。4 种蚜虫的形态特征比较见表 8-2。麦长管蚜形态见图 8-14。

表 8-2　4 种麦蚜形态特征的区别

形态特征	麦二叉蚜	麦长管蚜	麦无网蚜	禾谷缢管蚜
体形体色	卵圆形，淡绿色，有深绿色背中线	长卵形，草绿或橘红色	长卵形，淡绿色	卵圆形，暗绿色，后端有黑色斑
额瘤	额瘤不明显	额瘤明显，外倾	额瘤明显	额瘤略显著
触角 / 体长	0.54	0.88		0.70
触角末节 / 基部	3	5 ~ 6		4
腹管	短圆筒形，顶端黑色，为尾片的 1.8 倍	长圆筒形，黑色，端部有网纹，为尾片的 2 倍	长圆筒形，绿色，端部无网纹	短圆筒形，端部缢缩呈瓶口，为尾片的 1.7 倍
翅中脉	分 2 叉	分 3 叉，分叉小	分 3 叉，分叉大	分 3 叉，分叉小
尾片毛	4 根	7 ~ 8 根	8 根	7 ~ 8 根

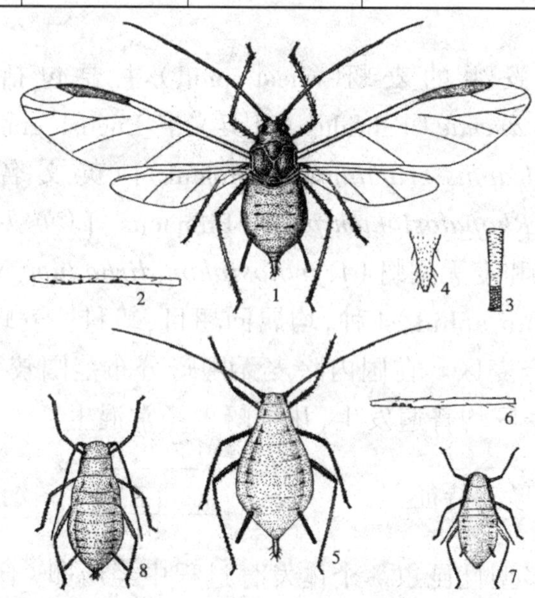

图 8-14　麦长管蚜（仿浙江农业大学）

有翅胎生雌蚜：1—成虫；2—触角第三节；3—腹管；4—尾片

无翅胎生雌蚜：5—成虫；6—触角第三节；7—初孵若虫；8—若虫

8.3.3.2 发生规律

几种麦蚜的年发生世代数因地而异。一般1年发生10～30代或更多。越冬虫态也以各地气候而不同。除禾缢管蚜在北方常以卵在蔷薇科木本植物上越冬外,其他3种麦蚜一般多以无翅胎生雌成蚜或者高龄若蚜在麦株根茎部表土下或麦丛间土缝中隐蔽越冬,在北纬36°以北的地区,卵还可以在麦叶上越冬。翌年春天越冬成、若蚜在小麦上继续为害。越冬卵孵化后以孤雌生殖的方式继续繁殖为害。小麦抽穗前期,麦蚜主要在麦株下部叶片为害,后随小麦的生长而上移至上部叶片为害;小麦抽穗后,90%以上的蚜量集中在穗部的小穗间为害。此时小麦受害最重。麦二叉蚜早春在小麦上出现最早,在小麦拔节致孕穗期达到高峰。麦长管蚜在小麦抽穗期蚜量急剧上升,灌浆至乳熟期种群数量达到高峰。小麦蜡熟期,麦株老化,蚜量迅速下降。此时产生大量有翅蚜飞离麦田,迁向其他禾本科植物上繁殖为害,或在自生苗上越夏。秋季冬小麦出苗后,麦蚜又回迁到冬麦田为害,其种群数量在冬前形成一个小高峰。在春麦区,一年仅在小麦穗期有一个蚜量高峰。

8.3.3.3 防治要点

防治麦蚜要以农业防治为基础,关键时期采用药剂防治。小麦播期愈早,蚜量愈大,因此,在小麦黄矮病流行区的秋苗期,对于秋分前、后播种的麦田,应采取药剂拌种或早期喷药治蚜防病,对于非小麦黄矮病流行区以及寒露以后播种的麦田一般不治。小麦抽穗后,以防治麦长管蚜为主,防治适期应在蚜虫发生始盛期。

(1)农业防治清除麦田内外杂草,早春适时镇压和灌水,对减轻早期为害有一定的作用。注意选用抗蚜耐蚜的丰产品种,适时集中播种。冬麦区适当迟播,春麦区适当早播。增施基肥和追施速效肥,促进麦株生长健壮,增加抗蚜能力。

（2）生物防治麦田蚜虫的天敌资源非常丰富，例如瓢虫、草蛉、食蚜蝇、蚜茧蜂及蜘蛛等数量较大，对蚜虫的控制作用显著。合理选用农药，尽可能避免杀伤天敌，促进天敌的繁殖，充分发挥天敌对麦蚜的控制作用。有条件的地方还可人工繁殖或助迁天敌。

（3）药剂防治：①种子处理：在小麦黄矮病流行区种子处理是治蚜防病的有效措施。可选用70%吡虫啉拌种剂60 ~ 180 g，加水10 kg，与100 kg小麦种子搅拌均匀，再摊开晾干后播种。②使用颗粒剂：结合播种，选用3%呋喃丹颗粒剂22.5 ~ 30 kg/hm^2，播种后撒颗粒剂，再覆土，可维持药效40 ~ 50天。③小麦生长期施药：10%吡虫啉可湿性粉剂2 500倍液或3%啶虫脒微乳剂2 000倍液、50%抗蚜威可湿性粉剂3 000倍液、35%硫丹乳油2 000倍液、48%乐斯本乳油1 500倍液对麦蚜防效高，药后7天的防效均在99%以上，且对捕食性天敌安全。

8.4 杂粮害虫

杂粮作物主要指禾谷类的玉米、高粱、粟（谷子）和甘薯。主要分布于淮河以北的旱作区。由于杂粮富含多种营养，也成为人们喜食的助餐副食品。随着产业结构的调整和畜牧业的发展，杂粮种植面积近年迅速增大。

杂粮作物害虫的种类很多。禾谷类苗期地下害虫有地老虎、蝼蛄、金针虫、蛴螬等；生长期食叶性害虫有东亚飞蝗、土蝗类、棉铃虫、斜纹夜蛾、黏虫等；刺吸类害虫有蚜虫、高粱长蝽、朱砂叶螨等；蛀食性害虫有玉米螟、条螟、桃蛀螟、大螟、粟灰螟、粟穗螟、高粱穗螟等。甘薯害虫中，甘薯天蛾在安徽淮北和湖北襄阳地区，常间歇性突发为害；甘薯麦蛾的发生甚为普遍，蛴螬等蛀食块根的现象也很严重。

禾谷类害虫以玉米螟和东亚飞蝗最为重要。玉米螟为玉米、高粱上的蛀食性害虫，发生普遍，为害严重。在玉米与棉花夹种地区，亦能转害棉花，甚至成为影响棉花生产的重要害虫之一。

8.4.1 玉米螟

玉米螟（corn borer）俗称玉米钻心虫、箭杆虫，属鳞翅目，螟蛾科。我国发生的玉米螟有两种：亚洲玉米螟［*Ostrinia furnacalis*（Guenée）］（英文名 Asian corn borer）和欧洲玉米螟［*0.nubilalis*（Hübner）］（英文名 European corn borer）。其中以亚洲玉米螟分布最广、为害最重。亚洲玉米螟为世界性害虫，主要分布于亚洲的温带和热带、澳大利亚、大洋洲、欧洲、北美洲等；我国除青藏高原外各地均有分布。在华北、东北、华东及西北严重为害玉米等旱粮作物。欧洲玉米螟主要分布于欧洲、非洲西北部、北美洲和亚洲西部，我国的新疆和宁夏是其主要发生区，在内蒙古呼和浩特、宁夏永宁和河北张家口一带与亚洲玉米螟混生，但仍然以亚洲玉米螟为主。

亚洲玉米螟为多食性害虫。主要寄主有玉米、高粱、谷子、黍、棉花、大麻、甘蔗、向日葵、甜菜、甘薯等作物。野生寄主有艾蒿、野苋、苍耳、野蓼等。幼虫蛀茎为害，破坏茎秆组织，影响养分输送，使植株受损，严重时茎秆遇风折断。

亚洲玉米螟对玉米的为害最大。常年春玉米的被害株率为30%左右，减产10%；夏玉米的被害株率可达90%，一般减产20%～30%。初孵幼虫先取食嫩叶的叶肉，保留下表皮，3～4龄后咬食其他坚硬组织，心叶期则集中在心叶内取食，被害叶长出喇叭口后，呈现出不规则的半透明薄膜窗孔、孔洞或排孔，统称花叶；被害严重的叶片支离破碎不能展开，雄穗不能正常抽出。在孕穗时，心叶中的幼虫都集中到上部，为害幼嫩穗苞内未抽出的玉米雄穗。当玉米雄穗抽出后，大部分幼虫开始蛀入雄穗柄和雌穗以上的茎秆，造成雄穗及上部茎秆折断。到雌穗逐渐膨大或开始抽丝时，初孵幼虫喜集中在花丝内为害，其中部分大龄幼虫则向下转移蛀入雌穗着生节及其附近茎节,破坏营养物质的运输,严重影响雌穗的发育和籽粒的灌浆,这是蛀茎盛期,也是影响玉米产量最严重的时期。

8.4.1.1 形态特征

(1)卵。扁椭圆形,长约 1 mm,宽约 0.8 mm。一般 20 ~ 60 粒黏在一起,排列成鱼鳞状卵块,边缘不整齐。初产时乳白色,后变为黄白色,半透明。临近孵化前颜色灰黄,卵粒中央呈现黑点,称为"黑点卵块",表示即将孵化,而被赤眼蜂寄生的卵粒则整个漆黑色(图 8–15)。

(2)幼虫。老熟幼虫体长 20 ~ 30 mm,淡褐色。头壳及前胸背板深褐色,有光泽,体背灰黄或微褐色,背线明显,暗褐色。中、后胸毛片每节 4 个,腹部 1 ~ 8 节每节 6 个,前排 4 个较大,后排 2 个较小。腹足趾钩 3 序缺环。

(3)蛹。体长 15 ~ 18 mm,纺锤形,红褐色或黄褐色。腹部背面 1 ~ 7 节有横皱纹,3 ~ 7 节具褐色小齿,横列,5 ~ 6 节腹面各有腹足遗迹 1 对。尾端臀棘黑褐色,尖端有 5 ~ 8 根钩刺,缠连于丝上,黏附于虫道蛹室内壁。

(4)成虫。雄蛾体长 10 ~ 14 mm,翅展 20 ~ 26 mm,黄褐色。前翅内横线为暗褐色波状纹,外横线为暗褐色锯齿状纹,两线之间有 2 个褐色斑,外缘线与外横线间有 1 条宽大的褐色带。后翅淡褐色,亦有褐色横线,当翅展开时,与前翅内外横线正好相接。雌蛾体长 13 ~ 15 mm,翅展 25 ~ 34 mm,前翅淡黄色,不及雄蛾鲜艳。内、外横线及斑纹不明显,后翅黄白色,腹部较肥大。

8.4.1.2 发生规律

亚洲玉米螟在我国的年发生代数随纬度的变化而变化。1 年可发生 1 ~ 7 代。在 45° N 以北的黑龙江和吉林的长白山区年发生 1 代;在 40° N ~ 45° N 间的吉林、辽宁及内蒙古大部分地区和河北部年发生 2 代；在 45° N ~ 30° N 间的长江以北广大地区年发生 2 ~ 3 代；而在 25° N ~ 20° N 间的广西、广东和台湾等地年发生 5 ~ 6 代；在同一省、自治区，海拔高则代数相应减少。但各地均以末代老熟幼虫在寄主秸秆、穗轴或根茬中越冬。

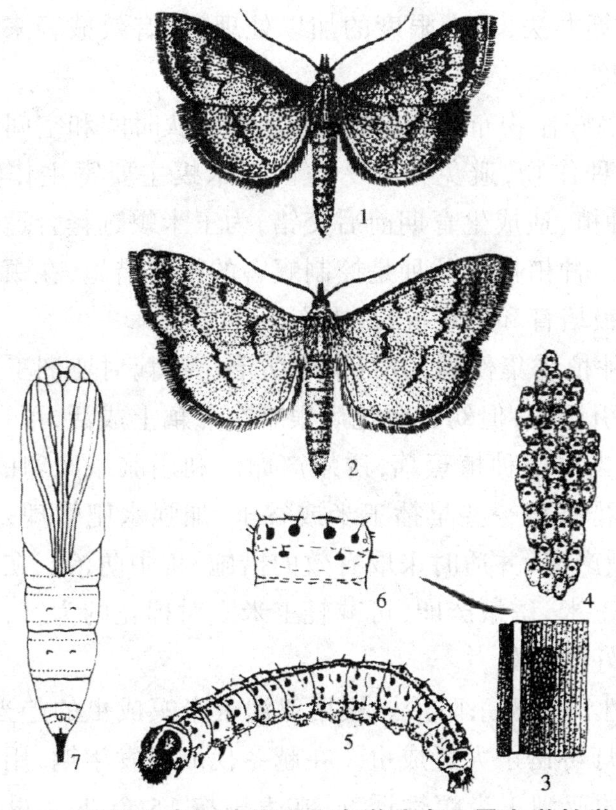

图 8–15　亚洲玉米螟（仿西北农学院农业昆虫学教学组）

1—雄成虫；2—雌成虫；3—卵块；4—卵块放大；
5—幼虫；6—幼虫第 2 腹节；7—蛹

各个世代以及每个虫态的发生期因地而异。在同一发生区也因年度间的气温变化而略有差别。通常情况下，第 1 代亚洲玉米螟卵的盛发期 1 ~ 3 代区大致在春玉米心叶期，幼虫蛀茎盛期在玉米雌穗抽丝始期；第 2 代卵和幼虫的发生盛期 2 ~ 3 代区大体在春玉米穗期和夏玉米心叶期；第 3 带卵和幼虫的发生期 3 代区在夏玉米穗期。

8.4.1.3 防治方法

（1）处理越冬寄主，压低虫口基数。秋收后至翌年玉米螟幼虫化蛹前，对主要寄主秸秆、根茬、穗轴、苞叶等采取烧、沤、铡、封、剥、铲等办法，最大限度的加以处理，能有效减轻来年第 1 代的发生程度。

（2）搞好作物布局，选种抗螟品种。从时间和空间两方面科学布局各种作物，避免在一个地区玉米螟主要寄主作物播期各异，插花种植，造成生育期前后交错，为玉米螟选择合适寄主提供便利条件。种植抗虫品种是控制螟害的根本措施，在螟害严重的地区应积极培育和引进抗螟、丰产品种。

（3）种植诱集作物，进行集中防治。蕉藕对亚洲玉米螟产卵有较强的引诱力，但幼虫孵化后很难在蕉藕上成活，可在玉米、棉田附近适当搭配种植蕉藕，诱蛾产卵。利用雌蛾产卵的选择性，有计划安排种植一些早播玉米或谷子，加强水肥管理，使其生长茂密，诱蛾产卵，并适时采取有效的措施，集中防治。在棉田内或四周种植玉米，诱蛾产卵，可减轻玉米螟对棉花的为害，且对棉铃虫也有较好的诱集力。

（4）性诱剂诱杀防治。根据亚洲玉米螟成虫的趋光性，田间设置黑光灯可诱杀大量成虫。在越冬代成虫发生期，用诱芯剂量为 201 g 的亚洲玉米螟性诱剂，在麦田按 15 个 /hm^2 设置水盆诱捕器，可诱杀大量雄虫，显著减轻第 1 代的防治压力。

（5）以蜂治螟。玉米螟赤眼蜂（*Trichogramma ostriniae*）和松毛虫赤眼蜂（*T.ivelae*）已在生产上应用，在螟卵初盛期开始放蜂。每 667 m^2 设放蜂点 5 ~ 10 个，放蜂 1 万 ~ 3 万头，蜂卡经变温锻炼后，夹在玉米植株下部第 5 或第 6 叶的叶腋处。如果气候适宜，卵的寄生率达 70% ~ 90%或更高。

（6）以菌治螟。防治亚洲玉米螟的微生物农药有白僵菌、苏云金杆菌、青虫菌、7216 等。常用的是白僵菌和苏云金杆菌（Bt）。

在玉米心叶中期,可用孢子含量 50 亿 ~ 100 亿 /g 的白僵菌粉,按 1∶10 的比例对经过滤的煤渣,制成颗粒剂施于心叶内,每株 2 g,效果与化学农药相当,且持效期长。也可在早春越冬幼虫复苏后化蛹前用白僵菌封垛,用白僵菌粉 100 g/m^3 秸秆。心叶期也可用 Bt 菌粉 750 g/hm^2 稀释 2 000 倍液灌心,或 1.5 ~ 3.0 kg/hm^2 与 75 kg 细沙制成颗粒剂;穗期防治可在雌穗花丝上滴灌 Bt 200 ~ 300 倍液。

(7)心叶期防治。一般年份当预测玉米心叶末期花叶株率达 10%时,应集中防治 1 次,重发生年可在心叶中期加治 1 次。目前,在心叶末期的喇叭口内投施药剂,仍是我国北方控制春玉米第 1 代和夏玉米第 2 代玉米螟最好的药剂防治方法,剂型有颗粒剂和药液 2 种。可购买成品颗粒剂,也可自制颗粒剂,如筛选 20 ~ 60 筛目之间的煤渣、砖渣颗粒作为载体。药液灌心一般每株 10 ~ 15 mL,应选择对作物安全的药剂,且严格控制用药量,以免引起药害。

(8)穗期防治。当预测穗期虫穗率达 10%或百穗花丝有虫 50 头时,在抽丝盛期应防治 1 次,若虫穗率超过 30%,6 ~ 8 天后需再防治 1 次。在抽丝盛期可将颗粒剂撒在玉米的“4 叶 1 顶”,即雌穗着生节的叶腋及其上 2 叶和下 1 叶的叶腋、雌穗顶的花丝上。也可将配制好的药液滴在穗顶上。

8.4.2 黏虫

黏虫 [*Mythimna separata*(Walker)](英文名 armyworm),又称东方黏虫、五色虫、夜盗虫、剃枝虫等,属鳞翅目,夜蛾科。国外分布于日本、朝鲜、俄罗斯、菲律宾、越南、老挝、泰国、缅甸、印度、孟加拉国、斯里兰卡、马来西亚、印度尼西亚、巴布亚新几内亚、澳大利亚、新西兰及欧洲各国;国内除西北局部地区外,各省、自治区均有发生。我国记载的黏虫近缘种有 60 多种。其中白脉黏虫 [*Mythimna venalba*(Moore)]、劳氏黏虫(*Mythimna loreyi* Duponchel）在南方各地常与黏虫混合发生，但多以黏虫为主，在北方可见到其他黏虫，但数量较少；新疆谷黏虫（*Leucania zeae* Dup.）主要发生在新疆一带。

黏虫是一种多食性害虫，可取食16个科100多种植物。但喜食麦类、水稻、玉米、高粱、谷子、糜子、甘蔗等禾本科作物，大发生时也取食豆类、花生、麻类、烟草、白菜、辣椒、草莓、桃、梨、苹果、柑橘、柳、榆、万寿菊、苜蓿等作物和林果、花卉，但这些植物对幼虫发育有不良影响。

8.4.2.1 形态特征

（1）卵。馒头形，直径约0.5 mm，表面具六角形有规则的网状脊纹。初产时白色，孵化前呈黄褐色至黑褐色。卵粒单层排列成行，常产于叶鞘缝内，或枯卷叶内。在谷子和水稻叶片尖端声卵时，则常卷成卵棒（图8–16）。

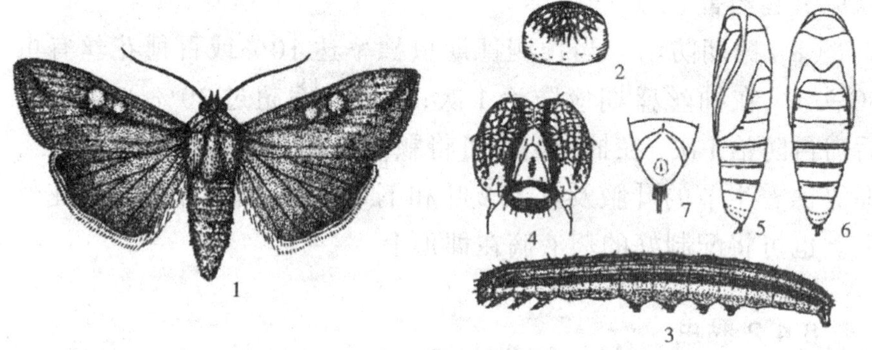

图8–16　黏虫（仿浙江农业大学）

1—成虫；2—卵；3—幼虫；4—幼虫头部正面观；

5—蛹侧面观；6—蛹背面观；7—蛹末端腹面观

（2）幼虫。老熟幼虫体长38～40 mm，头黄褐色至淡红褐色，体色多变，背面底色有黄褐色、淡绿色、黑褐色、黑色等。头部正面有近八字形黑褐色纵纹。体背有5条纵线，背中线白色，边缘有细黑线，两侧各有2条极明显的浅色宽纵带，上方1条红褐色，下方1条黄白色、黄褐色或近红褐色，两纵带边缘饰灰白色细线。

腹面污黄色，腹足外侧有黑褐色斑。腹足趾钩呈半环形排列。

（3）蛹。体长 17 ~ 23 mm，红褐色。腹部第 5 ~ 7 节背面近前缘处有横列的马蹄形刻点，中央刻点大而密，两侧渐稀。尾端有尾刺 3 对，中间 1 对粗大，两侧各有短而弯曲的细刺 1 对。雄蛹生殖孔在腹部第 9 节，雌蛹生殖孔位于腹部第 8 节的腹面。

（4）成虫。体长 17 ~ 20 mm，翅展 35 ~ 45 mm，淡黄色或淡灰褐色。前翅中央近前缘有 2 个淡黄色圆斑，外侧圆斑较大，其下方有 1 小白点，白点两侧各有 1 小黑点。由翅尖斜向后缘有 1 暗色条纹。雄蛾体稍小，体色较深。

8.4.2.2 发生规律

黏虫是一种无滞育现象昆虫，条件适合时可终年繁殖。黏虫耐寒能力较差，在我国东半部地区的越冬北界位于 32° N ~ 34° N，大致相当于 1 月份 0 ℃等温线附近。在此界线以北的华北、东北及华东、中南的部分地区，冬季日平均温度等于或低于 0 ℃的天数在 30 天以上，黏虫不能越冬，虫源来自南方。在我国各地的发生代数因纬度而异。纬度愈高的地区，世代愈少。通常将我国东半部黏虫的发生区分为 5 类（表 8–3）。

表 8–3 我国东半部地区黏虫发生区的划分

发生区	地理范围	主害世代	为害盛期	为害作物	越冬情况
2 ~ 3 代区	39° N 以北。包括东北、内蒙古东南部、河北东北部、山东东部、山西中北部及北京等地	第 2 代，有时第 3 代	中旬 /6 ~ 上旬 /7; 7 ~ 8 月	小麦、谷子、玉米、高粱、水稻	尚未发现越冬虫态
3 ~ 4 代区	36° N ~ 39° N 之间。包括山东西北部、河北中西南部、山西东部、河南东北部、天津等地	第 3 代	7 ~ 8 月	谷子、玉米、水稻、高粱	尚未发现越冬虫态

续表

发生区	地理范围	主害世代	为害盛期	为害作物	越冬情况
4～5代区	33° N～36° N之间。包括江苏、上海、安徽、河南中南部、山东南部、湖北北部等地	第1代，个别年份第3代	4～5月 7～8月	小麦、谷子、水稻、玉米、高粱	在河南漯河、湖北荆州有个别越冬蛹，一般查不到冬虫态
5～6代区	27° N～33° N之间。包括湖北中南部、湖南、江西、浙江、福建北部、江苏和安徽南部等地	第5代，其次为第1代	9～10月 3～4月	晚稻、早稻、小麦	1月份3～8℃等温线间无冬眠；0～3℃间以幼虫、蛹在稻草堆下、根茬、田埂草地越冬
6～8代区	27° N以南，广东和广西南部、福建东部和南部、海南、台湾等地	越冬代、第1代、第5代或第6代	1、2月～3、4月9～10月	小麦、玉米、晚稻	终年发生，无越冬现象

8.4.2.3 防治方法

考虑到黏虫具有远距离迁飞的习性，各发生区之间存在互为虫源的关系，在控制本地区黏虫为害时，还应注意尽量压低其种群数量，以减少下代虫源基数。具体来说，就是南方重点加强冬季为害世代和越冬代的防治，江淮流域重点加强第1代黏虫的防治。在控制麦田第1代黏虫为害时，考虑到小麦抽穗期是大量有益昆虫的发生高峰期，为了减少药剂对天敌的伤害，应尽量使用生物药剂，在使用化学药剂时要注意施药时期、施药次数和施药方法，尽量减少与生物防治的矛盾，以取得理想的经济和生态效益。此外，要综合考虑小麦、玉米、谷子、水稻等作物上其他病虫害的为害情况，协调好各种病虫害的综合防治。

（1）农业防治。在黏虫越冬区，结合种植业结构调整，合理调整作物布局，尽可能压缩麦田面积；通过冬季铲除杂草、清除水稻根茬和春季早灌水沤田等，可有效减少黏虫越冬虫源，降低第 1 代发生区的发生程度。在 1 ～ 3 代黏虫发生为害区，通过合理密植，加强田间水肥管理等，控制田间小气候，可降低黏虫卵的孵化率和幼虫存活率；在草场，于卵或初孵幼虫高峰期大面积刈割，可降低虫口密度，减轻黏虫的发生程度。

（2）诱杀防治。在成虫发生期，田间插放杨树枝把或谷草把、放置糖醋盆诱杀成虫，大发生年份可显著压低田间卵量和幼虫发生密度，减少用药次数 1 ～ 2 次，但一般发生年份对幼虫发生的抑制作用不明显。成虫产卵期在作物田插放谷草把诱集成虫产卵，定期集中烧毁处理，或采用传统的人工采卵，可明显降低田间虫口密度，但由于费时、费工，各地已很少采用。

（3）生物防治。生物防治包括保护利用自然天敌和使用生物农药 2 个方面。研究表明，天敌是抑制黏虫种群数量消长的主要因素。如河南第 1 代黏虫幼虫发生期，1 ～ 3 龄幼虫大量被天敌捕食，4 ～ 6 龄幼虫和蛹常被中华卵索线虫寄生和步甲捕食，因此，在进行化学药剂防治时，要注意天敌的发生动态，选择合适的药剂、施药时机和施药方法，提倡使用最低有效剂量，尽可能减少对天敌的杀伤，以充分发挥其自然控制作用。目前研究应用的生物杀虫剂有苏云金杆菌、中华卵索线虫、黏虫核型多角体病毒等，对黏虫有较好的防治效果。

（4）药剂防治。药剂防治黏虫必须把幼虫控制在 3 龄以前，如果超过 4 龄则进入暴食期，防治效果降低。防治指标因为害世代、作物种类、作物生育期、生育状况而异。防治参考指标为第 1 代：1 类麦田 25 ～ 30 头 /m^2，2 类麦田 15 头 /m^2，草坪 5 ～ 10 头 /m^2；第 2 代：麦套玉米 4 叶 1 心期 40 头 / 百株，7 叶 1 心期 80 头 / 百株；第 3 代：套种玉米田 150 头 / 百株，夏直播玉米田 20 头 / 百株，谷子田 20 头 /m^2。防治黏虫的化学药剂较多，应注意选择高效、低毒、低残留或与环境相容性好的药剂。

8.4.3 东亚飞蝗

飞蝗 [*Locusta migratoria*（L.）] 是洲际性农业重大害虫，俗称蝗虫或蚂蚱，属直翅目，斑翅蝗科。已知 10 亚种，国内发生有 3 亚种，即东亚飞蝗（*Locusta migratoria manilensis* Meyen）、亚洲飞蝗（*Locusta migratoria migratoria* Linnaeus）和西藏飞蝗（*Locusta migratoria tibetensis* Chen）。东亚飞蝗国外分布于菲律宾、印尼、越南、泰国、缅甸、新加坡、柬埔寨、朝鲜（南部）、日本（南部）等。国内分布南自海南，北达 42° N，西起甘肃兰州，东至海滨常发、重害区在黄淮海平原及毗邻地区，包括河北、河南、山东、安徽、江苏及天津等省、直辖市。近年来，海南省已形成了东亚飞蝗的新蝗区，成为重害地区。

8.4.3.1 形态特征

（1）成虫。体长雄 33.5 ~ 41.5 mm，雌 39.5 ~ 51.2 mm。通常黄褐或绿色。头顶宽短，与颜面交接呈圆形，颜面垂直。复眼长卵形。触角丝状，刚好超过前胸背板后缘。前胸背板马鞍形，隆线发达。前翅超过后足胫节的中部，褐色，具许多暗色斑；后翅无色透明。后足股节内侧基半黑色，近端部具黑环；后足胫节红色（图 8-17）。

（2）卵。卵块褐色，圆柱形，稍弯曲，上部略细，长 53 ~ 67 mm，卵块上端为海绵状胶质物，约占卵块长度的 1/5，下部含卵粒。卵粒间由胶质黏结，卵粒斜排成 4 行，呈有规则排列。卵长约 6.5 mm，淡黄色，圆柱形，一端稍尖，一端微圆，略弯曲。

（3）若虫（蝗蝻）。体似成虫。共 5 龄。

群居型和散居型蝗蝻的主要区别表现在体色上。群居型蝗蝻体黑色或红褐色，体色稳定；散居型蝗蝻体绿色或黄褐色，体色常随环境而异。此外，散居型蝗蝻前胸背板较群居型的大，且隆起较高。

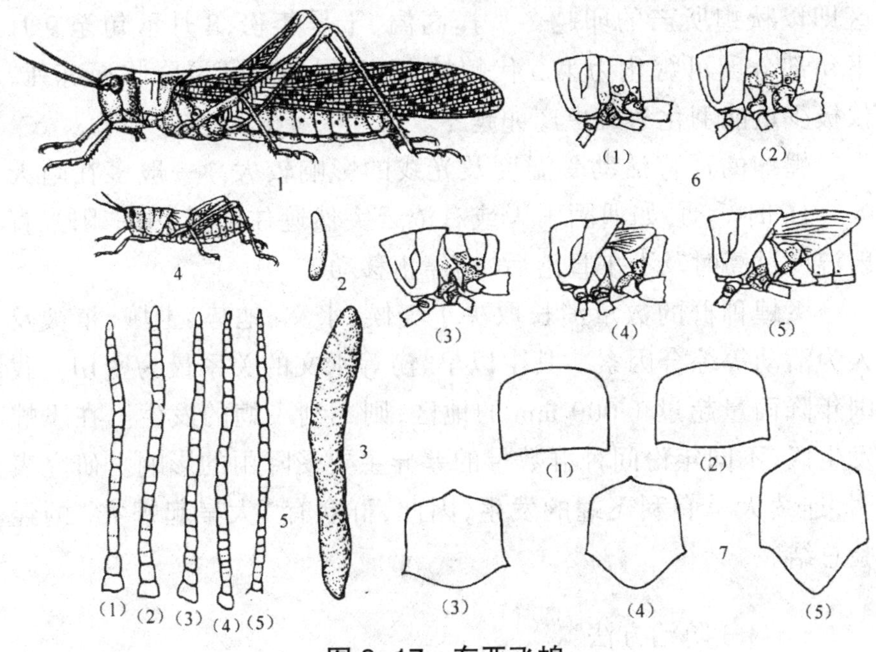

图 8-17 东亚飞蝗

1—成虫；2—卵；3—卵块；4—若虫；

5—各龄若虫的触角(括弧内数字示龄期,下同)；

6—各龄若虫翅芽的发育情况；7—各龄若虫的前胸背板

8.4.3.2 发生规律

东亚飞蝗无滞育现象,1 年发生代数和发生时间因南北地区而异。北京以北 1 年发生 1 代；渤海湾、黄河下游、江淮流域 1 年 2 代,少数年份可发生 3 代；广东、广西和台湾 3 代；海南可发生 4 代。各地均以卵在土内越冬。山东、安徽、江苏等 2 代区,第 1 代称为夏蝗,第 2 代称为秋蝗。越冬卵于 4 月底至 5 月上、中旬孵化为夏蝻,经 35 ~ 40 天羽化为成蝗,羽化盛期在 6 月中、下旬至 7 月上旬。夏蝗寿命 55 ~ 60 天。羽化后约经 10 天交尾,再过 7 天后产卵,盛期为 7 月上、中旬,卵经 15 ~ 20 d 孵化为秋蝻,盛期在 7 月中、下旬。秋蝻历期 25 ~ 30 天,于 8 月上旬至 9 月上、中旬羽化为秋蝗,羽化盛期为 8 月中、下旬。成虫寿命约 40 天。秋蝗羽化后 15 ~ 20 天开始交尾、产卵,9 月份为产卵盛期。2 代区即以秋蝗所产的卵越冬。逢高温、干旱年份,8 月下旬至 9 月下旬部分卵可孵化为第 3 代蝗蝻,但多因冬季低温降临而冻死,仅极少量能羽化为成虫产卵越冬。

蝗蝻的迁移活动受温度及光线的影响较大。一般多在晴天 9 ~ 16 时活动,如遇阴雨天或有浓云突然遮住阳光,中午阳光直射温度过高时及下午日落后,均停止移动。

飞蝗种群的数量消长取决于气候、水文、地势、土壤、植被及人为活动等综合因素。其中以旱、涝等水文的关系最为密切。我国年降雨量超过 1 000 mm 的地区,则不利飞蝗的发生。在飞蝗发生区,不同年份间种群数量的差异主要受降雨的影响。研究表明,连续大旱有利飞蝗的发生,因此,群众有"大旱起蝗灾"的经验总结。

8.4.3.3 防治方法

(1)兴修水利。从治本入手,要求疏浚河道,稳定水位,搞好排灌配套系统,达到旱、涝无灾,变水患为水利,为综合开发蝗区经济打下基础,以便从根本上切断水涝、旱灾和蝗害的联系。

(2)植树造林。开展路旁、堤坝、沟埂、高岗地的绿化,可以减少飞蝗产卵的适生场所,并可调节小气候,有利农业的发展。

(3)垦荒种植。水利条件好的地区,积极推广旱改水,扩大水稻种植面积,其他地区可种植棉花、大豆等经济作物。不宜种植作物的地区,提倡发展芦苇、牧草或开挖鱼塘,创造不利飞蝗发生的环境,彻底改变蝗区的面貌。

(4)扩建盐田。沿海蝗区,在大面积的盐碱荒滩上兴建盐田或发展对虾等水产养殖业。

(5)药剂治蝗。防治指标为 0.5 头 $/m^2$。防治适期掌握在蝗蝻 3 龄盛期。药剂可选用每公顷 50% 马拉硫磷乳油或 50% 稻丰散乳油 900 ~ 1 200 mL、5% 锐劲特悬浮剂 150 mL。以上药剂对水弥雾或超低容量喷雾。在发生面积大,地面无法控制的情况下,采用飞机防治。飞机防治一般每公顷用 75% 马拉硫磷油剂

825 ~ 900 mL 或 40%敌马乳油 1.5 ~ 2 L，超低容量喷雾。

（6）生物防治。使用生物农药，如东亚飞蝗微粒子虫，制成每千克含 1×10^{12} 个孢子的麦麸毒饵，按每公顷 30 kg，于 2 龄蝗蝻期施用，14 天内效果可达 87.8%。也可放鸭啄食或放鹅啄食草根，翻土破坏蝗卵。近年人们开发试验了绿僵菌油剂和特异性苏芸金杆菌（H-13）等防治飞蝗，亦取得了较为理想的结果，有望在生产中推广应用。

8.4.4 玉米蚜

玉米蚜【*Rhopalosiphum maidis*（Fitch）】，蚜科缢管蚜属的一种昆虫。有害生物，可为害玉米、水稻及多种禾本科杂草。苗期以成蚜、若蚜群集在心叶中为害，抽穗后为害穗部，吸收汁液，妨碍生长，还能传播多种禾本科谷类病毒。天敌有异色瓢虫、七星瓢虫、龟纹瓢虫、食蚜蝇、草蛉和寄生蜂等。玉米蚜在玉米苗期群集在心叶内，刺吸为害。随着植株生长集中在新生的叶片为害。孕穗期多密集在剑叶内和叶鞘上为害。边吸取玉米汁液，边排泄大量蜜露，覆盖叶面上的蜜露影响光合作用，易引起霉菌寄生，被害植株长势衰弱，发育不良，产量下降。

8.4.4.1 形态特征

无翅孤雌蚜，长卵形，长 1.8 mm 至 2.2 mm，活虫深绿色，披薄白粉，附肢黑色，复眼红褐色。腹部第 7 节毛片黑色，第 8 节具背中横带，体表有网纹。触角、喙、足、腹管、尾片黑色。触角 6 节，长短于体长 1/3。喙粗短，不达中足基节，端节为基宽 1.7 倍。腹管长圆筒形，端部收缩，腹管具覆瓦状纹。尾片圆锥状，具毛 4 至 5 根。

有翅孤雌蚜，长卵形，体长 1.6 mm 至 1.8 mm，头、胸黑色发亮，腹部黄红色至深绿色，腹管前各节有暗色侧斑。触角 6 节，比身体短，长度为体长的 1/3，触角、喙、足、腹节间、腹管及尾片黑色。腹部2至4节各具1对大型缘斑,第6、7节上有背中横带,8节中带贯通全节。其他特征与无翅型相似。卵椭圆形。

8.4.4.2 发生规律

中国从北到南一年发生10至20余代,在河南省以无翅胎生雌蚜在小麦苗及禾本科杂草的心叶里越冬。4月底5月初向春玉米、高粱迁移。玉米抽雄前,一直群集于心叶里繁殖为害,抽雄后扩散至雄穗、雌穗上繁殖为害,扬花期是玉米蚜繁殖为害的最有利时期,故防治适期应在玉米抽雄前。适温高湿,即旬平均气温23 ℃左右,相对湿度85%以上,玉米正值抽雄扬花期时,最适于玉米蚜的增殖为害,而暴风雨对玉米蚜有较大控制作用。杂草较重发生的田块,玉米蚜也偏重发生。

玉米蚜在长江流域年生20多代,冬季以成、若蚜在大麦心叶或以孤雌成、若蚜在禾本科植物上越冬。翌年3—4月开始活动为害,4—5月麦子黄熟期产生大量有翅迁移蚜,迁往春玉米、高粱、水稻田繁殖为害。该蚜虫终生营孤雌生殖,虫口数量增加很快。华北5—8月为害严重。高温干旱年份发生多。江苏玉米蚜苗期开始为害,6月中下旬玉米出苗后,有翅胎生雌蚜在玉米叶片背面为害,繁殖,虫口密度升高以后,逐渐向玉米上部蔓延,同时产生有翅胎生雌蚜向附近株上扩散,到玉米大喇叭口末期蚜量迅速增加,扬花期蚜量猛增,在玉米上部叶片和雄花上群集为害,条件适宜为害持续到9月中下旬玉米成熟前。植株衰老后,气温下降,蚜量减少,后产生有翅蚜飞至越冬寄主上准备越冬。一般8—9月份玉米生长中后期,均温低于28 ℃,适其繁殖,此间如遇干旱、旬降雨量低于20 mm,易造成猖獗为害。

8.4.4.3 防治方法

(1)采用麦棵套种玉米栽培法比麦后播种的玉米提早10 ~ 15天,能避开蚜虫繁殖的盛期,可减轻为害。

（2）在预测预报基础上，根据蚜量，查天敌单位占蚜量的百分比及气候条件及该蚜发生情况，确定用药种类和时期。

（3）用玉米种子重量 0.1% 的 10% 吡虫啉可湿粉剂浸拌种，播后 25 天防治苗期蚜虫、蓟马、飞虱效果优异。

（4）玉米进入拔节期，发现中心蚜株可喷撒 0.5% 乐果粉剂或 40% 乐果乳油 1 500 倍液。当有蚜株率达 30% 至 40%，出现"起油株"（指蜜露）时应进行全田普治，一是撒施乐果毒砂，每 667 m^2 用 40% 乐果乳油 50 g 对水 500 L 稀释后喷在 20 kg 细砂土上，边喷边拌，然后把拌匀的毒砂均匀地撒在植株上。也可喷洒 25% 爱卡士或 50% 辛硫磷乳油 1 000 倍液，每 667 m^2 用药量 50 g 或喷撒 1.5%1605 粉剂，每 667 m^2 2 ~ 3 kg。

（5）用呋喃丹灌心。在玉米大喇叭口末期，每 667 m^2 用 3% 呋喃丹颗粒剂 1.5 kg，均匀的灌入玉米心内，若怕灌不均匀，可在呋喃丹中掺入 2 ~ 3 kg 细砂混匀后进行。此外还可在喇叭口内撒施 1605 颗粒剂每 667 m^2 5 kg，颗粒剂制法为用 50%1605 乳剂 500 g，拌入颗料 50 kg，可兼治蓟马、玉米螟、黏虫等。此外还可选用 40.64% 加保扶水悬剂 800 倍液或 10% 吡虫啉可湿性粉剂 2 000 倍液、10% 赛波凯乳油 2 500 倍液、2.5% 保得乳油 2 000 ~ 3 000 倍液、20% 康福多浓可溶剂 3 000 至 4 000 倍液。

8.4.5 高粱蚜

高粱蚜 [*Melanaphis sacchari*（Zehntner）]，属同翅目，蚜科。又名甘蔗蚜。全国性分布，是北方高粱产区的重要害虫。在东北及内蒙古、河北、山东常大量为害成灾。淮河以南间歇性发生，局部地区为害较重。在南方主要为害甘蔗。第 1 寄主为荻草，第 2 寄主为高粱、甘蔗。成、若蚜群集于高粱叶背刺吸为害，由下部底叶逐渐向上部叶片蔓延，严重时蚜虫盖满叶背，受害叶片发黄或变红，甚至使茎秆弯曲，不能抽穗；分泌的蜜露污染叶片，发光似涂油，俗称"起油"，严重影响光合作用。

8.4.5.1 形态特征

（1）有翅胎生雌蚜。体长 2.0 mm，长卵形。头、胸部黑色，腹部淡黄色。触角 6 节，长为体长的 2/3，第 3 节有感觉圈 8 ~ 13 个，单行排列，不整齐。翅脉粗黑。腹管圆筒形，黑色。尾片圆锥形，黑色，具毛 5 ~ 10 根（图 8–18）。

（2）无翅胎生雌蚜。体长 1.8 mm，长卵圆形。体黄色或淡紫红色。触角 6 节，长为体长的 3/5。第 8 腹节背板具中横带，有时后胸或第 7 腹节亦有横带。腹管圆筒形，黑色。尾片圆锥形，黑色，有曲毛 8 ~ 18 根。

（3）无翅有性雌蚜。体长 2.16 mm，卵圆形。体紫褐色。触角 6 节，较体短。腹部肥大，腹管短小。尾片圆锥形，具毛 4 ~ 5 对。

（4）有翅有性雄蚜。体长 1 mm，长椭圆形。体灰黑色。触角 6 节，黑色。腹管短小，末端逐渐膨大呈喇叭状。尾片圆锥形，具毛 3 ~ 4 对。

（5）卵。长卵形。初产时黄色，不久变为绿色，后为黑色，有光泽。

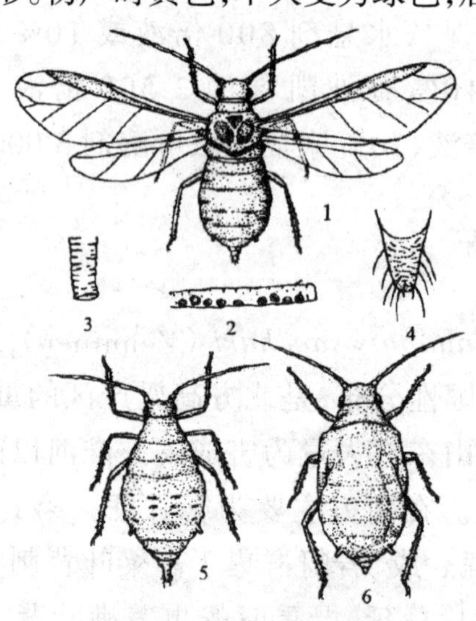

图 8–18　高粱蚜

1—有翅胎生雌蚜；2—触角第 3 节；3—腹管；
4—尾片；5—无翅胎生雌蚜；6—有翅若蚜

8.4.5.2 发生规律

高粱蚜在东北地区 1 年发生 10 多代。以卵产在荻草的叶鞘或叶背上越冬。其他地区的越冬情况尚不明确。翌年 4 月中、下旬,当地面温度达 10 ℃左右时,越冬卵相继孵化为干母,沿根际土缝爬入地下为害荻草的嫩芽,繁殖 1、2 代后,5 月下旬至 6 月上旬高粱出苗后,便产生有翅胎生雌蚜迁移到高粱上为害。开始呈点片发生,后经几次迁飞扩散蔓延至全田。在高粱上,早期多集中在下部叶片背面为害,后逐步扩展到中、上部或穗上,7 月中、下旬后为害最重,9 月上旬以后,随着高粱植株衰老,气温下降,便以有翅蚜迁回到越冬寄主上,产生无翅产卵雌蚜。同时,在夏寄主上产生有翅雄蚜,飞到越冬寄主上与无翅产卵雌蚜交尾后产卵越冬。在高粱茬上产的卵,次年孵化后往往因食料缺乏而死亡。

高粱蚜繁殖率甚强,1 头无翅胎生雌蚜可繁殖 70 ~ 80 头若蚜,多的达 180 头,在夏季适宜气候条件下,3 ~ 5 天即可繁殖 1 代,所以易在短期内猖獗成灾。

8.4.5.3 防治方法

(1)栽培防蚜。采用 6 : 2 高粱与大豆间种,可显著减轻蚜害。因间作田可降低田间温度,高粱蚜发育速度相对缓慢。同时,大豆上蚜虫发生较早,天敌发生亦早,起到以害繁益,以益控害的作用。间作田由于改善了田间小气候,亦有利高粱生长健壮,增强抗蚜能力。另外,有些地区推行冬小麦套种高粱,利用麦田蚜虫繁殖起来的天敌,控制高粱蚜。

(2)喷雾。每公顷可选用 50% 抗蚜威可湿性粉剂 150 g 或 10% 吡虫啉可湿性粉 150 ~ 300 g、45% 马拉硫磷乳油、50% 杀螟松乳油 750 mL、2.5% 溴氰菊酯乳油 300 mL,对水 900 L,喷雾。由于高粱品种的抗药性不同,大面积施用药剂喷雾前,应先做药害试验。

（3）撒施毒土。每公顷用 40% 乐果乳油 750 mL，加适量水稀释，喷拌细土 150 kg，或用 1.5% 乐果粉对细土稀释后，均匀撒在植株上，每走 1 行撒左右各 3 行，每人每天可撒 2 hm^2。此外，喷粉可用 1.5% 乐果粉，每公顷用 22.5 ~ 30 kg；在挑治有蚜中心株时，可考虑用氧化乐果涂茎。

8.4.6 草地螟

草地螟（*Loxostege sticticatis* Linnaeus）又名甜菜网螟、黄绿条螟等，属鳞翅目，螟蛾科。主要分布在北纬 34° ~ 54° 之间的森林和草原地区。在欧洲、亚洲和北美洲均有分布。我国主要分布于东北、华北及西北等地。属一种间歇性发生、为害严重的暴发性害虫。

8.4.6.1 形态特征

（1）成虫。体色灰褐，体长 8 ~ 10 mm，翅展 18 ~ 22 mm。前翅灰褐色，边缘有 1 条黄白色的波状条纹，翅中央近前缘处有 1 个黄白色的斑纹，在前缘近顶角处有 1 个黄白色的短剑状纹。后翅灰褐色，外缘亦有 1 条黄白色波状纹，且近外缘处还有 2 条黑色波状纹。挤压雌虫腹部时，腹末呈一圆形的开口，其内伸出产卵器；雄虫在挤压腹末时，腹末端向左右分开两片状结构，为抱握器，并可见钩状的阳具（图 8–19）。

（2）卵。乳白色，有珍珠光泽。椭圆形，长 0.8 ~ 1.0 mm，宽 0.4 ~ 0.5 mm。

（3）幼虫。初孵幼虫体长仅 1.2 mm，淡黄色，后渐呈浅绿色；老熟幼虫体长 16 mm 以上，体褐绿色，头黑色，有明显的白斑。前胸背板黑色，有 3 条黄色纵纹。体黄绿色或灰绿色，有明显的暗色纵带，间有黄绿色波状细线。体上疏生刚毛，毛瘤较显著，刚毛基部黑色，外围着生 2 同心的黄白色环。

（4）蛹。长 8 ~ 15 mm。黄色至黄褐色。腹部末端由 8 根刚毛构成锹形。蛹为口袋形的茧所包住,茧长 20 ~ 40 mm,直立于土表下,上端开口以丝状物封盖。

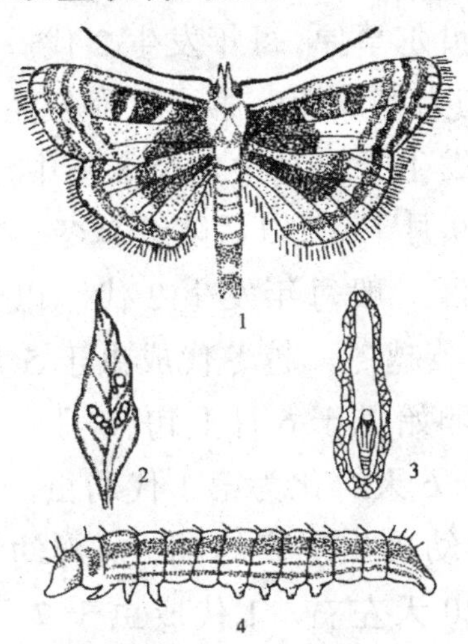

图 8-19　草地螟

1—成虫; 2—卵; 3—茧内蛹; 4—幼虫

8.4.6.2 发生规律

草地螟在年等温线 0 ℃以北地区,主要包括黑龙江北部和内蒙古北部地区为 1 代区。在年等温线 0 ~ 8 ℃的地区,即东北大部、华北大部和西北北部为 2 ~ 3 代区,也是我国草地螟的主要发生和为害的地区。另外,内蒙古大部、山西大部和河北北部等地区,还发生不完全 3 代。具有周期性暴发成灾的特点,大发生周期为 10 ~ 13 年,平均 11 年。

草地螟在我国北方 1 年发生 2 ~ 3 代,因地区不同而不同,但以第1代为害严重。以老熟幼虫在滞育状态下于土中结茧越冬。越冬基地大致位于北纬 36° ~ 52° 的地区。在春晚、夏热、秋短的年份,草地螟常以 2 代幼虫在高寒山区越冬。越冬场所为农田、草原、林地和荒地等,尤其是以草原、林地、荒地越冬虫量多。

草地螟发生时期随地区而异。内蒙古赤峰北部地区越冬代成虫 5 月中、下旬出现,6 月盛发。1 代幼虫发生在 6 月中旬至 7 月末,6 月下旬至 7 月上旬为严重为害期。1 代成虫发生于 7 月中旬至8月。2代幼虫于8月上旬开始发生,一般为害不大,陆续入土越冬。少数可在8月化蛹,羽化为2代成虫,但不再产卵而死。

在内蒙古呼伦贝尔草原,每年发生2代。越冬代成虫始见于5月中、下旬,6月初为盛发期。第1代卵发生于6月上旬至7月下旬。第1代幼虫发生于6月中旬至8月中、下旬。第2代幼虫发生在8月上旬至9月下旬,以后陆续越冬。

在甘肃河西地区一般每年发生2代。以老熟幼虫在地表下5 cm左右深处做土茧越冬。越冬代成虫于5月下旬始见,6月中旬为成虫高峰期。卵始见于6月上旬,6月中旬为越冬代成虫产卵高峰期:卵经5 ~ 6天孵化为第1代幼虫。于6月中旬初始见幼虫,6月中旬末为幼虫出现高峰期;初孵幼虫经20 ~ 25天即入土化蛹,蛹期约20天左右。1代成虫于7月中旬始见,8月中旬达到高峰,经10 ~ 15天即可产卵。2代幼虫取食活动55天左右,以老龄幼虫9月上、中旬入土做茧越冬。

8.4.6.3 防治方法

(1)中耕除草:根据草地螟成虫喜将卵产在杂草上,及早或适时开展农作物中耕除草,破坏产卵场所,可起到避卵和灭卵的作用。相邻两块地同一种作物,杂草密度大与杂草少相比,卵量平均减退率为96.4%。

(2)早秋深耕、灭虫、灭蛹:1、2代幼虫主要发生为害和越冬在农田。无论是1代滞育幼虫,还是2代越冬幼虫,农田成了草地螟的主要越冬场所。开展大面积深耕,使翻入深土层虫茧内的幼虫窒息而死。分布在浅土层虫茧内的幼虫即使来年能化蛹、羽化也不能出土而死。分布在地表的虫茧被鸟类、田鼠等取食或失水干瘪而死。

(3)利用黑光灯诱杀成虫。草地螟成虫对黑光灯有很强的趋光性,通过诱杀成虫,可起到“杀母抑子”的作用。据测算,一盏黑光灯可以使虫口减退率达85% ~ 90%。

(4)草地螟的天敌种类很多,在控制草地螟发生程度和种群数量中发挥着不可替代的作用。因此,应严格筛选化学药剂的种类、控制使用时间和次数,对保护田间的天敌种群十分重要。据田间和室内观察,1 头步甲 1 天可取食 10 余头大龄幼虫。寄生性天敌寄生率高达 9.5% ~ 22.3%。

(5)化学药剂防治草地螟仍是有效地控制暴发性害虫的重要措施。为了提高草地螟的防治效果,应把幼虫消灭于 3 龄前,一般掌握在成虫高峰期后 7 ~ 10 天。防治上应采取"围圈"施药,集中歼灭,要尽量统一时间,统一用药,以防止大龄幼虫转移为害。但草地螟幼虫大面积严重发生年份应在卵孵高峰期开始用药。防治中应实行交替用药,合理轮用,科学混用,以达到科学用药,提高防效,延缓抗性的产生。

使用药剂有 90% 晶体敌百虫 1 000 倍液或 4.5% 高效氯氰乳油 1 500 ~ 2 000 倍液,喷雾,每 667 m^2 用药液 40 ~ 45 kg 或 21% 灭杀毙乳油 3 000 倍液、2.5% 敌杀死、5% 来福灵、2.5% 功夫 3 000 倍液,喷雾,用量 35 kg/666.7 m^2,40% 辛硫磷乳油 1 000 ~ 2 000 倍液、80% 敌敌畏乳油 1 000 ~ 1 500 倍液,喷雾,用量 35 kg/666.7 m^2,均有较好的防治效果。使用 Bt 可湿性粉剂 16 000 IU/mg,用药量为 35 ~ 40 g/666.7 m^2,对水 30 kg,喷雾。喷雾时间应选择在傍晚或阴天效果比较好。

8.4.7 绿豆象

绿豆象 [*Callosobruchus chinensis* (Linnaeus)],属鞘翅目豆象科,为世界性害虫,原产于欧洲,国内除青海省外各地均有发生。除为害绿豆外,也为害赤豆、豇豆、扁豆、菜豆、蚕豆、豌豆、相思豆、槟榔、莲子等,其中以绿豆、赤豆、豇豆被害最重。幼虫蛀荚,食害豆粒,往往一粒豆内有数头,豆粒被蛀食一空仅剩空壳。

8.4.7.1 形态特征

(1)成虫。体长 2 ~ 3.5 mm,宽 1.3 ~ 2 mm,卵圆形,深褐

色；头密布刻点，额部具一条纵脊，雄虫触角栉齿状，雌虫触角锯齿状；前胸背板后端宽，两侧向前部倾斜，前端窄，着生刻点和黄褐、灰白色毛，后缘中叶有 1 对被白色毛的瘤状突起，中部两侧各有一个灰白色毛斑。小盾片被有灰白色毛。鞘翅基部宽于前胸背板，小刻点密，灰白色毛与黄褐色毛组成斑纹，中部前后有向外倾斜的 2 条纹。臀板被灰白色毛，近中部与端部两侧有 4 个褐色斑。后足腿节端部内缘有一长而直的齿，外端有一端齿，后足胫节腹面端部有尖的内、外齿各一个（图 8-20）。

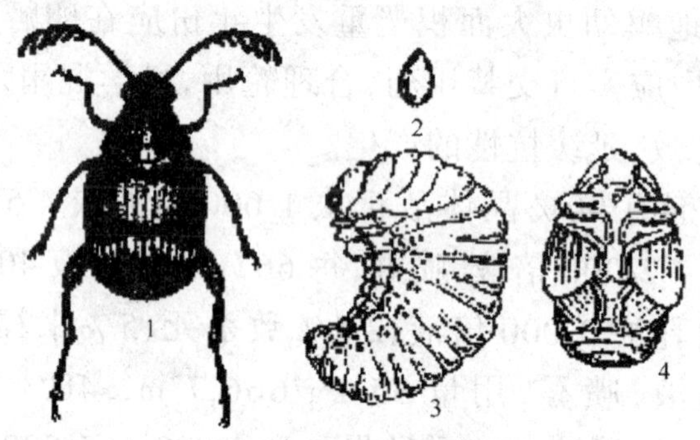

图 8-20　绿豆象

1—成虫；2—卵；3—幼虫；4—蛹

（2）卵。长约 0.6 mm，椭圆形，淡黄色，半透明，略有光泽。

（3）幼虫。长约 3.6 mm，肥大弯曲，乳白色，多横皱纹。

（4）蛹。3.4 ~ 3.6 mm，椭圆形，黄色，头部向下弯曲，足和翅痕明显。

8.4.7.2 发生规律

每年发生 4 ~ 5 代，南方可发生 9 ~ 11 代，成虫与幼虫均可越冬。成虫可在仓内豆粒上或田间豆荚上产卵，每雌可产 70 ~ 80 粒。成虫善飞翔，并有假死习性。幼虫孵化后即蛀入豆荚豆粒。

8.4.7.3 防治方法

（1）物理机械防治。将有虫绿豆装入篮子中，置入开水中浸 25 ~ 28 s 后，迅速移入冷水中冷却。

（2）药剂防治。把 200 kg 绿豆置入密闭的容器内，用磷化铝 1 片熏 3 天后，晾 4 天。

8.5　马铃薯害虫

8.5.1 马铃薯瓢虫

为害马铃薯的瓢虫主要有马铃薯瓢虫（*Henosepilachna vigintioctomaculata* Motschulsky）和酸浆瓢虫 [*H.sparsa*（Herbst）]2 种。前者英文名 potato lady beetle 或 28-spotted lady beetle，又名马铃薯二十八星瓢虫、大二十八星瓢虫；后者又名茄二十八星瓢虫、小二十八星瓢虫，属鞘翅目，瓢甲科。马铃薯瓢虫是古北区的常见种，在我国主要分布在北方；酸浆瓢虫属印度—马来西亚区的常见种，在我国长江以南各省普遍发生。

两种瓢虫均为多食性害虫。主要为害茄科植物，是马铃薯和茄子的重要害虫。此外，还为害豆科、葫芦科、菊科、十字花科、藜科及禾本科等 20 多种作物和杂草。成虫和幼虫取食同一植物，均以咀嚼式口器剥食叶片背面叶肉或茄果表皮。取食叶肉时残留下表皮，形成透明密集的条痕，状如萝底，受害叶片常干枯皱缩，严重时植株停止生长或枯萎。茄果表皮受害处常破裂，组织变硬，且粗糙，失去食用价值。

8.5.1.1 形态特征

1）马铃薯瓢虫

（1）卵。长约 1.3 mm，纺锤形。初产时为鲜黄色，后变为黄褐色，常 20 ~ 30 粒堆在一起成卵块，但不太密集，个别卵粒松散而且倾斜。

（2）幼虫。老熟幼虫体长约 7.5 mm，纺锤形，鲜黄色。头部淡黄色，口器及单眼黑色。体上生有黑色粗大的枝刺，前胸和第 8、9 腹节背面各有 4 个，其他腹节背面各有 6 个（图 8-21）。

（3）蛹。体长约 7 mm，椭圆形，黄白色，被棕色细毛。背面隆起，上有黑色斑纹。

（4）成虫。雌成虫体长 7 ~ 8 mm，宽约 5.3 mm，雄虫较小。体半球形，赤褐色，体表密被黄褐细毛。触角球杆状，11 节，末 3 节膨大。前胸背板前缘凹入而前缘角突出，中央有 1 纵行剑状大黑斑，两侧各有 2 个小黑斑。每个鞘翅上有 14 个大黑斑，两个鞘翅共 28 个黑斑，故名二十八星瓢虫，两鞘翅会合处有 1 ~ 2 对黑斑互相接触。

2）酸浆瓢虫

（1）卵。长约 1.2 mm，卵块中的卵粒排列整齐、紧密。

（2）幼虫。老熟幼虫体长约 7 mm，白色。枝刺为白色。基部环纹黑褐色。

（3）蛹。长约 5.5 mm，淡黄色，背面有黑色斑纹。

（4）成虫。体长 5.2 ~ 7.4 mm，体较小，黄褐色。前胸背板中央有 1 条横行双菱形黑斑。该斑后方有 1 个黑斑，两侧各有 2 个较大黑斑，每个鞘翅上也有 14 个大黑斑，但鞘翅基部第 2 列的 4 个黑斑基本在一条直线上，两鞘翅会合处的黑斑不相接触。

8.5.1.2 发生规律

马铃薯瓢虫在华北地区 1 年发生 2 代，少数发生 1 代；酸浆瓢虫在南方 1 年发生 4 ~ 6 代。均以成虫在背风、向阳的石缝、山洞、杂草、灌木、树洞、树根、屋檐等缝隙中群集越冬，特别是在山区群集越冬习性较明显。在华北地区，马铃薯瓢虫越冬成虫于 5 月中、下旬出蛰活动，先在附近的枸杞、龙葵等野生茄科植物上栖息和取食，当马铃薯苗高 17 cm 左右时，大部分成虫转移到马铃薯上为害。6 月上、中旬为第 1 代卵发生盛期,6 月下旬至 7 月上旬为第 1 代幼虫为害盛期,7 月下旬至 8 月上旬为第 1 代成虫发生期。8 月中旬为第 2 代幼虫为害盛期,9 月中旬第 2 代成虫出现并开始迁移越冬,10 月上旬进入越冬状态。

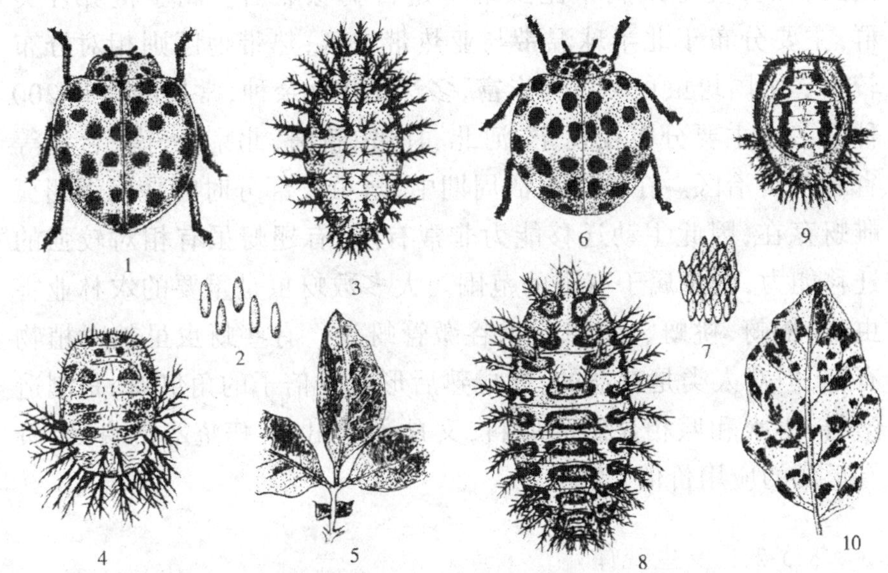

图 8-21 马铃薯瓢虫和酸浆瓢虫(仿华南农业大学)

马铃薯瓢虫:1—成虫;2—卵;3—幼虫;4—蛹;5—为害状

酸浆瓢虫:6—成虫;7—卵;8—幼虫;9—蛹;10—为害状

8.5.1.3 防治方法

马铃薯瓢虫的防治目前多采用农业防治与药剂防治相结合的方法。

(1)农业防治。冬季清理越冬场所,早熟马铃薯收获后及时处理残株,可压低发生基数和避免成虫转移到其他蔬菜上为害。结合田间管理,在成虫产卵盛期摘除卵块、捕杀成虫和幼虫。

(2)药剂防治。成虫发生期、第 1 代卵孵化期为药剂防治适期,应将幼虫控制在分散为害之前。

8.5.2 马铃薯蚜虫

马铃薯蚜虫(Aphids)也叫腻虫,是一类体型很小的刺吸式昆虫,在分类上隶属于昆虫纲半翅目胸喙亚目。属于世界性类群,主要分布于北半球温带与亚热带地区,热带地区则相对分布较少。中国蚜虫种类极为丰富,多达1 000余种,常见的就有200种之多。主要分布在辽宁、河北、甘肃、新疆、北京、云南、台湾等省、市、自治区。在整个生活周期中,蚜虫大部分时间是以无翅孤雌蚜存在,因此主动迁移能力非常有限,有翅蚜虽有相对较强的迁移能力,但也属于有限的范围。大多数蚜虫是重要的农林业害虫,如棉蚜、桃蚜、大豆蚜、禾谷缴管蚜等。有些蚜虫虽然对植物有害,但对人类是有益的,如成熟后形成五倍子的角倍蚜,是制造塑料、墨水和照相显影的原料,又是治疗出血、痔疮等的良药,具有重要的应用价值。

8.5.2.1 发生规律

蚜虫寄主范围非常广,包括被子植物、裸子植物松柏纲的绝大部分植物,以及部分苔藓和蕨类植物等,是许多经济植物的重要害虫,也是地球上最具破坏性的害虫之一。其不仅喜食寄主植物的嫩叶及生长点,而且具有极强的传播病毒能力,是植物病毒最主要的传毒介体,目前已经发现的植物传毒昆虫中43%为蚜虫类。据不完全统计,全世界有近200种蚜虫可以传播160多种病毒,而且存在多种蚜虫传播一种病毒以及一种蚜虫传播多种病毒的情况。例如研究发现有25种蚜虫可以传播马铃薯Y病毒。由于蚜虫种类多、繁殖力强、抗药性发生快、易暴发、防治困难,导致蚜传病毒的病害流行成为制约农业高产、稳产的重要因素,已成为世界性难题。

8.5.2.2 防治方法

(1)农业措施防治。及时清除田间杂草;利用灌溉,及时清理越冬场所。

(2)生物防治。利用蚜虫的天敌是有效的生物防治手段。瓢虫科的甲虫和黄蜂以蚜虫为食,也可利用蚜霉菌防治蚜虫。

(3)药剂防治。一是穴施内吸颗粒杀虫剂,用 70% 灭蚜松可湿性粉剂,在播种时穴施于种薯周围,每 667 m^2(1 亩)用 90 g,控蚜残效期可到 60 天;或用 3% 乙拌磷颗粒剂,每 667 m^2(1 亩)用 2 ~ 2.7 kg,控蚜残效期可达 70 天,并可结合防治晚疫病;二是喷雾杀蚜,采用 0.1% 灭蚜松、0.05% ~ 0.1% 乐果、0.2% 敌百虫或 10% 吡虫啉(蚜虱净)可湿性粉剂每 667 m^2(1 亩)用 1 ~ 1.5 kg 对水喷雾,或用杀灭菊酯 3 000 ~ 4 000 倍液喷雾。一般在出齐苗后进行第一次喷药,以后每隔 10 ~ 20 天,根据蚜虫数量喷药一次。

8.5.3 马铃薯块茎蛾

马铃薯块茎蛾 [*Phthorimaea operculella* (Zeller)],又名烟草潜叶蛾,属鳞翅目,麦蛾科。马铃薯块茎蛾原产于中美洲和南美洲的北部地区,世界上最早的记载是 1854 年在澳大利亚为害马铃薯,此后不断扩展蔓延,目前已传播到亚洲、欧洲、北美洲、非洲、大洋洲、中美及南美洲的 90 多个国家。现在已经发展成为一种世界性害虫。

8.5.3.1 形态特征

(1)成虫。小型蛾,灰褐色,微具银灰色光泽。体长 5 ~ 6.2 mm,翅展 14 ~ 16 mm。下唇须很长,向上弯曲超过复眼;共 3 节,第一节短,第二节略长于第三节。前翅狭长,呈尖叶状,黄褐或黑褐色,缘毛长。雌蛾前翅左右合并时,在臀区有 1 明显的黑色大斑纹。腹末光细,有马蹄形短毛丛成环。后翅翅缰3根,前缘基部无毛束。雄蛾前翅后缘有不明显黑褐色斑纹4个,腹末有向内弯曲的长毛1丛。后翅翅缰1根,前缘基部有1束长毛(图8-22)。

(2)卵。椭圆形,长约0.51 mm,宽0.38 mm。乳白色,略透明,孵化前为黑褐色,有紫色光泽。

(3)幼虫。成熟个体长10 ~ 13 mm。白色或淡黄色,取食叶肉的幼虫为绿色。头棕褐色,前胸盾板及胸足黑褐色,臀板淡黄色。末龄幼虫腹部第五节可见肾形睾丸1对。

(4)蛹。长6 ~ 7 mm,圆锥形,棕色。外被灰白色茧,茧外常附有泥土。额唇基缝明显,中央向下突出呈钝圆角形。腹部共10节,第八至十节分节不明显。第十节背面中央有一向上弯曲的角状突。尾端中部向上凹入,臀棘短,臀节背面有8根横列刚毛。

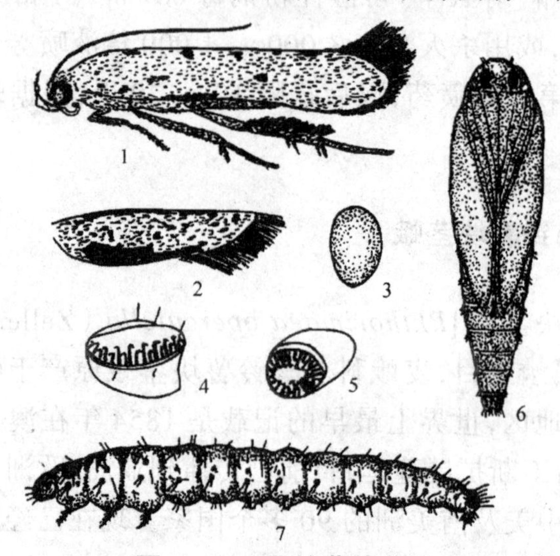

图8-22　马铃薯块茎蛾

1—成虫; 2—雌成虫前翅; 3—卵; 4—幼虫尾足趾钩;

5—幼虫腹足趾钩; 6—雄蛹; 7—幼虫

8.5.3.2 发生规律

马铃薯块茎蛾的发生期及1年的发生代数因地区、海拔高度及气候条件不同而有明显的差异。一般高温、潮湿条件对其发生不利，在干旱、少雨、多风的地方往往发生较重。在我国的四川省1年发生6～9代，贵州福泉地区5代，河南、山西1年发生4～5代。在云南昆明地区，越冬代成虫于1月中旬至5月中旬出现。各代成虫的出现依次为：5月中旬至6月下旬，8月上旬至8月下旬，9月中旬至11月中旬。若第4代幼虫化蛹较早，11、12月间温度又在12 ℃以上，则仍可羽化为第4代成虫，产卵于烟草植株上，第5代幼虫即在新嫩叶上取食并越冬。马铃薯块茎蛾繁殖能力很强，在田间及薯块的储藏期都能繁殖，具有分布广、食性杂、世代多、为害重的特点。

8.5.3.3 防治方法

（1）加强检疫。此虫主要靠交通工具通过种薯调运进行传播。因此，必须进行仓库与交通工具等的检疫以及产地检疫。不从疫区调运种薯和未经烤制的烟叶，如需调运必须熏蒸处理。在室温10～15 ℃时，用溴甲烷35 g/m^3 熏蒸3 h；室温为28 ℃时以上30 g/m^3 熏蒸6 h。也可用二硫化碳7.5 g/m^3，在15～20 ℃下熏蒸75 min。

（2）对马铃薯种植要进行合理布局。合理轮作、套种、间作能有效地控制马铃薯块茎蛾。在薯田附近不要种植烟草等茄科植物，以减少马铃薯块茎蛾迁飞辗转为害。

（3）加强田间管理。合理水肥调节和中耕培土冬灌中耕能有效地破坏虫害的生存环境，抑制或破坏害虫的正常生长发育，达到控制害虫发生为害的目的。

（4）栽培管理。在种植马铃薯时，要尽量深埋块茎，在马铃薯生长期，要进行中耕培土和以免薯块外露，灌溉时多以喷洒灌溉为佳，并且要加强灌溉次数，以防止土壤板结，能有效地减少马铃薯块茎蛾的危害。

（5）收获。马铃薯收获时力求做到不留遗薯在田间，以减少越冬虫态的食物来源。

（6）选种。马铃薯块茎蛾喜欢在芽眼及粗糙的表皮上产卵，因此应尽量选种块茎芽眼较少、表皮光滑的品种。

（7）生物防治。马铃薯块茎蛾的捕食性天敌昆虫主要有加州草蛉和廉螯螨属的一种螨。寄生性天敌主要来自小茧蜂科和姬蜂科，一般是寄生块茎蛾的卵，其中又以对初产的卵寄生效果尤为显著。此外，利用球孢白僵菌、颗粒体病毒和线虫也能对马铃薯块茎蛾有一定的防治效果。释放不育雄虫和在块茎的储藏期用性信息素诱集马铃薯块茎蛾，也能有效控制马铃薯块茎蛾的暴发。

（8）入库种薯。用80%敌百虫可湿性粉剂或25%西维因可湿性粉剂各200 ~ 300倍液，喷洒，晾干后运入库内平堆2 ~ 3层储藏。

（9）成虫盛发期喷药。可选用50%辛硫磷乳油或50%杀螟松乳油、40%乙酰甲胺磷乳油、80%敌百虫可溶性粉剂各1 000倍液，或2.5%溴氰菊酯乳油、20%氰戊菊酯乳油、2.5%功夫菊酯乳油、5%顺式氰戊菊酯（来福灵）乳油、10%氯氰菊酯乳油等各2 000倍液，喷雾，还可用50%巴丹可溶性粉剂100 ~ 150 g/666.7 m^2加水，喷洒。

8.6 棉花害虫

棉花是重要的工业原料作物，长期以来有多种害虫适应在棉株上取食生活。世界棉花害虫已记载1 300余种，我国有300多种，常见害虫约30种。在棉花的生育期内，棉株的根、茎、叶、花、蕾、铃和种子各部分都能遭受不同种棉虫的为害，每年造成的损失通常在15%以上。

棉花害虫的防治应贯彻“预防为主、综合防治”的植保工作方针，从改善农业生态体系的全局出发，以棉花的高产、优质、低成本为目标，充分认识害虫与棉花、天敌和环境的生态关系，以农业防治为基础，协调运用各种有效措施，妥善处理化学防治和生物防治的矛盾，充分发挥自然天敌的作用，安全、有效、经济地把棉虫控制在最低限度，确保棉花生产。

8.6.1 棉蚜

我国为害棉花的蚜虫主要有棉蚜（*Aphis gossypii* Glover）、棉黑蚜（*Aphis atrata* Zhang）、棉长管蚜（*Acyrthosiphon gossypii* Mordviko）及豆蚜（又名苜蓿蚜）（*Aphis craccivora* Koch）等，均属同翅目，蚜科。其中棉长管蚜仅分布于新疆，棉黑蚜主要发生于西北内陆棉区，豆蚜已知分布于黄河、长江流域。

8.6.1.1 形态特征

（1）干母。体长 1.6 mm，茶褐色，触角 5 节，约为体长之半，无翅（图 8–23）。

（2）无翅胎生雌蚜。体长 1.5 ~ 1.9 mm，卵圆形。体黄绿、深绿、蓝黑或棕色，表皮有明显的网纹。前胸、腹部第 1 ~ 7 节有缘瘤。触角 6 节，稍超过体长之半，第 3 节无感觉圈。腹部第 5 节两侧各有 1 黑色长圆筒形的腹管，上有瓦砌纹。尾片乳头状，一般有曲毛 5 根。

（3）有翅胎生雌蚜。体长 1.2 ~ 1.9 mm。前胸背板黑色。触角第 3 节有感觉圈，一般 6 ~ 7 个。翅两对，前翅中脉分支。腹背斑纹明显，第 6 ~ 8 节有狭短黑横带，两侧有 3 ~ 4 对黑斑。余同无翅胎生雌蚜。

（4）无翅有性雌蚜。体长 1.0 ~ 1.5 mm。有草绿、灰褐、墨绿、暗红或赤褐等色。触角 5 节。后足胫节膨大为中足胫节的 1.5 倍，并有排列不规则的分泌性外激素的小圆点几十个。尾片常有毛 6 根。

（5）有翅雄蚜。体长 1.3 ~ 1.9 mm，狭长卵形。体色有绿、灰黄或赤褐色。腹背各节中央各有 1 黑横带。触角 6 节，第 3 ~ 5 节各有感觉圈 23 个、25 个、14 个。尾片常有毛 5 根。

(6)卵长约 0.5 mm,椭圆形。初产时橙黄色,后变漆黑色,有光泽。

(7)若蚜,共 4 龄。体长 0.5 ~ 1.4 mm,形如成蚜,复眼红色,无生殖板,体被蜡粉。有翅若蚜 2 龄出现翅芽,3 ~ 4 龄在 1、6 腹节的中侧和 2 ~ 5 腹节的两侧各有 1 个白蜡圆斑。

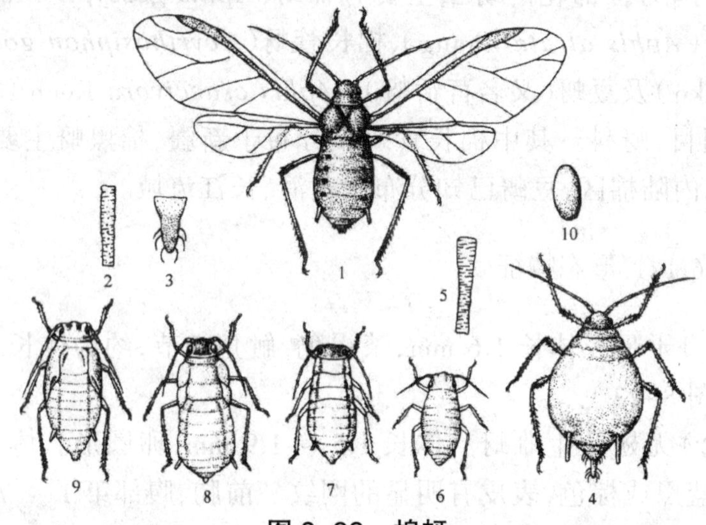

图 8-23 棉蚜

有翅胎生雌成蚜: 1—成虫; 2—腹管; 3—尾片

无翅胎生雌成蚜: 4—成虫; 5—腹管

有翅胎生雌若蚜: 6 ~ 9—第 1 龄至第 4 龄若虫; 10—卵

8.6.1.2 发生规律

我国大部分地区棉蚜的生活史属于异寄主全周期型,即在 1 年中蚜虫有两性世代和孤雌世代交替出现,并且两种生殖方式的世代发生在两类不同寄主上。一类是产受精卵的越冬寄主,另一类是夏季的侨居寄主。在华南和云南宾川、潞江等部分地区为不全周期型,终年营孤雌生殖,以成、若蚜在越冬寄主上过冬。

发生世代因地而异。辽河流域棉区 1 年发生 10 ~ 20 代,黄河流域、长江流域和华南棉区可发生 20 ~ 30 代。

棉蚜在棉株上的垂直分布,出苗阶段多集中在子叶背面,苗期多集中于上部嫩叶和嫩茎上，铃期多集中于中、下部老叶上，伏蚜发生重时，上部叶片的蚜量亦多，有翅若蚜多分布于下部老叶上。有翅蚜对黄色和橙色的趋性最强，其次是绿色，故可用黄皿诱蚜或用黄色黏胶板诱杀。无覆盖的露地对棉蚜有一定的引诱力，有翅蚜常沿土表飞行，因此，一般在缺苗断垄处、边行和背风处棉蚜发生为害较重。有翅蚜对银灰色有负趋性，生产上可用银灰色薄膜覆盖法减少蚜虫的为害。

8.6.1.3 防治方法

防治棉蚜宜采取以农业防治为基础，充分保护和利用自然天敌的控制作用，优先应用与生物防治相协调、与化学防治相配套的综合防治措施。

（1）加强棉花保健栽培措施，增强抗蚜能力；在一年两熟棉区，尽可能采用麦棉、油菜棉、蚕豆棉等间作套种，或在分散棉区实行条带间插种植，改善棉区生态条件，有利天敌向棉田转移；直播棉田结合间苗、定苗，拔除有蚜苗，带出田外集中深埋或沤肥。

（2）药剂拌种。播种前用 3% 呋喃丹颗粒剂或 5% 涕灭威颗粒剂拌种，药剂与棉种的用量比为 1：（3 ~ 4）。先将棉种在 50 ~ 60 ℃的温水内浸泡 0.5 h，后用凉水浸泡 6 ~ 12 h（以吸饱水为度），捞出均匀拌入药剂，再堆闷 4 ~ 5 h 即可播种。此外，还可用 70% 吡虫啉拌种剂 3 ~ 4.5 kg 与棉籽 90 kg 拌种。

（3）颗粒剂盖种。每公顷用 3% 呋喃丹颗粒剂或 5% 涕灭威颗粒剂 22.5 ~ 37.5 kg，均匀拌入适量细土，棉花播种时先开沟溜种，然后溜旋颗粒剂，再覆土。

药剂处理棉种是防治棉花苗期蚜虫的重要措施，有利保护天敌，并能兼治其他地下害虫，持效期可达 1 个月以上。

（4）苗期防治：①根施。棉苗移栽时，每公顷用 3% 克百威颗粒剂 30 kg，均匀拌入适量细土，开沟穴施于棉苗根侧，或在移栽时撒于营养钵下面。②滴心。每公顷用 40% 氧化乐果乳油

150 mL,兑水 15 ~ 22.5 L,每株滴药液 3 ~ 5 滴。将手动喷雾器喷头用纱布裹紧,轻压手柄,即可滴出。③内吸剂涂茎。用 40%氧化乐果乳油或 50%久效磷乳油 1 份、缓释剂(聚乙烯醇)0.1 份、水 5 ~ 7 份,配制成涂茎剂。④喷雾。当棉蚜数量达防治指标、天敌数量又不足以控制为害时,采用喷雾防治。常用的药剂有10%吡虫啉可湿性粉剂、1.8%阿维菌素乳油、50%抗蚜威可湿性粉剂 3 000 ~ 4 000 倍液,48%乐斯本乳油、50%敌敌畏乳油1 500 ~ 2 000 倍液,40%氧化乐果乳油、50%水胺硫磷乳油1 000 ~ 1 500 倍液,20%灭多威乳油、35%硫丹乳油 1 500 倍液,2.5%溴氰菊酯或 2.5%三氟氯氰乳油 2 000 ~ 3 000 倍液等。

(5)蕾铃期防治:用于苗期喷雾防治棉蚜的药剂和浓度同样适应于蕾铃期防治伏蚜。此外,可用敌敌畏毒土熏蒸的方法进行防治。每公顷用 80%敌敌畏乳油 1.5 L 加水稀释,喷拌112.5 ~ 150 kg 过筛的细土或麦糠,随配随用,在气温高的晴天撒施效果更好。

(6)生物防治。在蚜虫天敌盛发期尽可能少施、不施化学农药,或采用滴心、涂茎等方法,避免杀伤天敌,充分发挥天敌的自然控制作用。

8.6.2 棉铃虫

棉铃虫 [*Helicoverpa armigera*(Hiabner)],属鳞翅目,夜蛾科。广泛分布于世界各地。棉铃虫幼虫主要为害棉花的繁殖器官,造成蕾、花、铃的大量脱落和烂铃。1 头幼虫一生能为害 10 多个蕾铃,发生严重的田块,如防治失时,蕾铃脱落率可达 50%以上。

8.6.2.1 形态特征

(1)成虫。体长 14 ~ 18 mm,翅展 30 ~ 38 mm。头、胸部淡灰褐色。前翅长度约等于体长,青灰或淡灰褐色,中横线由肾纹内侧斜至后缘,末端达环纹的正下方,外横线很斜,末端达肾纹中部后下方，亚端线的锯齿纹较均匀，距外缘的宽度大致相等。后翅灰白色，翅脉褐色，沿外缘有黑褐色宽带，宽带中部 2 个灰白色斑，不靠外缘，有些个体无灰白色斑。腹部灰褐色，背面和腹面杂黑色鳞片，个体间绝无例外。雄性外生殖器抱器瓣宽，基部至近端部宽度大致相等。阳茎内角状器粗，排列较整齐，阳茎端膜腹面有腹向的锥形突起（图 8–24）。

（2）卵。半球形，卵高 0.51 ~ 0.55 mm，宽 0.44 ~ 0.48 mm。卵孔不明显，花冠只 1 层，为菊花瓣形，12 ~ 15 瓣，外围光滑。纵棱达底部，每 2 根纵棱间有 1 根纵棱为 2 岔或 3 岔式。卵的中部周围有纵棱 26 ~ 29 根，纵棱间有横道 26 ~ 29 根。初产时乳白色，2 天后顶部有紫黑色圈。

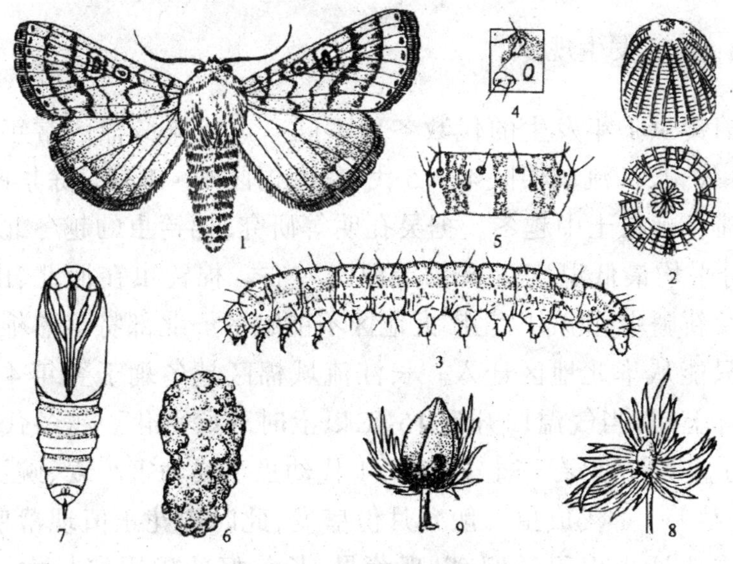

图 8–24　棉铃虫

1—成虫；2—卵正面观和侧面观；3—幼虫；
4—幼虫前胸气门前 2 毛位与气门的关系；
5—幼虫第 2 腹节背面观；6—土茧；7—蛹；
8—棉蕾被害状；9—幼虫为害棉铃状

（3）幼虫。老熟幼虫体长 30 ~ 45 mm。体色多变。可分为淡红、黄白、淡绿、绿色 4 型。头部黄色，有不规则的黄褐色网状斑纹。背线2或4条,气门上线可分为不连续的3～4条,其上有连续的白色纹。体表布满褐色及灰色长而尖的小刺,腹面有十分明显的黑褐色及黑色小刺。前胸气门下方的1对毛的连线穿过气门或至少与气门下缘相切。而近缘种烟青虫幼虫此线不穿过气门亦不与气门相切。

(4)蛹。长17～20 mm,宽5～6 mm,纺锤形,黄褐色。头部前端无乳头状突起。腹部第5～7节背面与腹面有7～8排密集而小的马蹄形刻点,腹部末端圆形,有1对很小的突起,2个突起基部分开,相距较远,每个突起上有长而直的刺1根。非滞育蛹后颊部的4个眼点在蛹发育至3级时,全部消失。越冬代滞育蛹在冬前此眼点不消失。

8.6.2.2 发生规律

棉铃虫1年发生的代数各地不同。黄河流域棉区常年发生3～4代,长江流域棉区4～5代,华南棉区6～8代。除华南外,均以滞育蛹在土中越冬。据吴孔明等研究,棉铃虫的越冬北界为1月份平均最低温度-15 ℃等温线左右。棉铃虫在河北、山西、陕西及新疆中、北部以北广大地区不能越冬。北部特早熟棉区棉铃虫只能从华北地区迁入。长江流域棉区越冬蛹于翌年4月底至5月上旬,当气温回升到15 ℃以上时开始羽化。越冬代成虫5月份盛发,在早春寄主上产卵,1代幼虫主要为害小麦、豌豆、苕子、苜蓿等。1代成虫一般6月份盛发,此时棉花正值现蕾盛期,成虫主要迁入棉田产卵,以现蕾早、长势好的棉田卵量大,受害重;2代成虫一般7月份至8月上旬盛发,世代重叠明显,盛发期常出现2～3个峰次,以生长旺盛、蕾花多的棉田受害重;3代成虫一般8月中、下旬前后盛发,此代发生期长、峰次多、发生量大,由于此时天敌增多、温度降低,4代幼虫孵化率和成活率相对的比3代低,发育速度也较慢,以后期旺长的迟发棉田受害重;发生5代的棉区,4代成虫发生在9、10月份,此时棉株衰老,大部分蛾迁移到秋玉米、高粱、向日葵、晚秋蔬菜及其他寄主上产卵。

8.6.2.3 防治方法

（1）种植抗虫品种。适度推广转 Bt 基因抗虫棉，提倡转 Bt 基因抗虫棉与常规棉有一定面积比例的种植。目前主栽的转 Bt 基因抗虫棉品种有新棉 338、328、358、双抗 321、中棉 -29、中棉 -38、中棉 -39、GK-2、GK-12、998 等，以新棉 338、358、双抗 321 对棉铃虫的抗性较好，可减少棉田农药的用量和使用次数，有利发挥天敌对害虫的自然控制作用。

（2）耕锄灌水灭蛹。棉铃虫在秋后以老熟幼虫入土，多在距地表 2.5 ~ 6 cm 处化蛹越冬。冬季及早春及时适度深耕，破土灭蛹，或对冬季白茬地耕翻灌水，可压低越冬虫源基数。田间化蛹期，结合锄地灭蛹或培土闷蛹，天气干旱时，结合灌溉采用灌水灭蛹。据湖北调查，在棉铃虫 2、3 代化蛹盛期灌水，蛹死亡率可达 70%左右。

（3）合理调整作物布局。目的是从改变棉铃虫发生的生态条件加以控制。如扩种高粱或晚玉米，可避免棉铃虫集中为害棉花；绿肥改种生育期较短的箭舌豌豆，使 1 代棉铃虫不能完成世代发育，可压低基数，减少以后各代的发生量。

（4）结合田间管理，人工消灭虫、卵。在棉铃虫 3、4 代发生期结合打顶、打边心等棉花整枝打尖措施，将打下的枝、梢带出田外处理，能有效地压低虫口密度。可安排在产卵盛期内进行。

（5）喷施过磷酸钙、草木灰避虫。棉花的嫩尖、幼芽、幼蕾能分泌草酸和蚁酸，这两种酸对棉铃虫成虫有引诱力，所以这些部位落卵多。在棉铃虫产卵始盛期，结合根外追肥，喷施 1% ~ 2% 过磷酸钙浸出液或每公顷撒施过筛的草木灰 300 ~ 375 kg，中和草酸和蚁酸而失去对棉铃虫成虫的引诱力，可减少产卵量。

（6）种植诱集作物。利用成虫需到蜜源植物上取食以获得补充营养的习性，在棉田内或附近种植花期与棉铃虫羽化期相吻合的植物，进行诱杀。常用的诱集作物有芹菜、洋葱、胡萝卜等伞形科植物及可诱集棉铃虫产卵的玉米、高粱等作物。

(7)灯光诱杀。根据棉铃虫的趋光性,可用频振灯、高压汞灯、黑光灯等诱杀成虫。其中频振式杀虫灯已在新疆等棉区大面积推广。

(8)杨树枝把诱蛾。大面积诱蛾要抓住发蛾高峰期,用 70 cm 左右的半萎蔫杨、柳、紫穗槐等树枝,每 10 枝捆成 1 把,每公顷 105 ~ 150 把,每天日出前用塑料袋套蛾捕杀,6 ~ 7 天更换 1 次。

(9)性诱剂诱杀:在棉铃虫羽化初期,田间放置水盆式诱捕器,盆高于作物约 10 cm,每 200 ~ 250 m^2 设 1 个诱捕器,每天早晨捞出死蛾,并及时补足水,约每 15 天换 1 次诱芯。

(10)保护利用自然天敌:棉铃虫天敌种类很多,尽量减少使用农药和改进施药方法,避免对天敌的杀伤,有利于发挥自然天敌对棉铃虫的控制作用。

(11)释放赤眼蜂:从棉铃虫产卵初盛期开始,每隔 3 ~ 5 天,连续释放赤眼蜂 2 ~ 3 次,每次 22.5 万头 /hm^2,寄生率可达 60% ~ 80%。

(12)喷洒菌类制剂:用 Bt 制剂(100 亿活孢子 /mL 或 g)每公顷 1 L,兑水 750 L,喷雾,连续喷 2 ~ 3 次,每次间隔 3 ~ 4 天。用棉铃虫核多角体病毒(NPV)制剂 5% 棉烟灵每公顷 750 mL,防治第 3 代棉铃虫也能获得良好的效果。

(13)化学防治。防治适期应掌握在卵期和初孵幼虫期。黄河流域棉区重点防治 3 代,长江流域棉区重点防治 4 代,有的年份 3 代亦需防治。防治指标一般可掌握在百株卵量百粒以上,或百株低龄幼虫 10 头。

常用药剂有每公顷用 15% 安打悬浮剂 150 ~ 270 mL 或 2.5% 溴氰菊酯乳油、2.5% 三氟氯氰菊酯乳油 450 ~ 600 mL、40% 丙溴磷乳油 900 mL、50% 辛硫磷乳油 750 ~ 1 125 mL、20% 灭多威乳油 900 ~ 1 200 mL、35% 硫丹乳油 1 200 mL、1.8% 阿维菌素乳油 600 ~ 900 mL、5% 抑太保乳油 450 ~ 750 mL 等。上述药剂任选 1 种,兑水 900 L,喷雾。重点喷在棉株的嫩头、顶尖、上层叶片和幼蕾。

8.6.3 绿盲蝽

绿盲蝽俗名花叶虫、小臭虫，属半翅目盲蝽科，是一分布广泛的害虫，国内主要分布于辽宁、河北、陕西、山西、山东、河南、湖南、浙江、江苏、四川等地。以成虫和若虫为害苹果、梨、桃、樱桃、葡萄等果树及棉花、多种蔬菜和花卉等。在果树上，成虫和若虫刺吸嫩芽、幼叶、嫩梢头及叶片的汁液。幼嫩组织受害处，初呈黑褐色小点，随后变黄枯萎，顶芽皱缩，展叶后常出现穿孔、破裂及皱缩变黄，严重时枯焦脱落。幼果受害后，在果面上出现小凹陷，随着生长，逐渐木栓化，导致果面凹凸不平。

8.6.3.1 形态特征

(1)成虫。体长约 6 mm，全体枯黄色至黄绿色，身体较扁平。头呈三角形，黄褐色。复眼红褐色。前胸背板深绿色，有许多小黑点。前翅革质，绿色。后翅膜质半透明，呈灰色(图 8–25)。

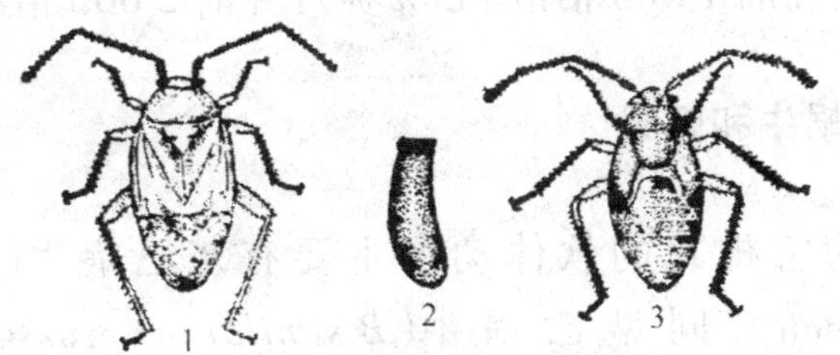

图 8–25　绿盲蝽

1—成虫；2—卵；3—若虫

(2)卵。长口袋形，略弯曲，黄绿色，长约 1.1mm。卵盖乳黄色，中央下凹。

(3)若虫。与成虫相似。黄绿色，体表有黑色绒毛，只有翅芽。

8.6.3.2 发生规律

在北方 1 年发生 5 代。以卵在苹果、梨、桃、葡萄、樱桃、石榴等果树枝条上芽的鳞片内越冬。翌年4月中旬若虫孵化,4月下旬为若虫孵化盛期。5月中旬前后,越冬代若虫开始羽化为成虫,陆续迁出果园,到马铃薯、花生、棉花、茄果类蔬菜、榆树及园边的杂草上生活3代。10月中旬前后,又迁回果树上产卵越冬。成虫和若虫均在早晨和傍晚活动取食最盛,性极活泼,活动迅速,善于隐蔽躲藏,不易发现。成虫寿命长,产卵期也长,故世代重叠现象严重。

8.6.3.3 防治方法

(1)清洁果园。及时清除果园内外的落叶、杂草,并集中处理。

(2)树干涂粘虫胶。若虫无翅,只能爬行,并且白天下树,早晚上树为害,所以,在若虫发生期,树干上涂粘虫胶可防止若虫上树为害。

(3)药剂防治。萌芽前喷5° Bé 石硫合剂,可杀死部分越冬卵。果树发芽后,发现若虫为害后及时喷药。药剂可选用10%吡虫啉可湿性粉剂3 000倍液、3%吡虫清乳油1 500倍液、5%高效氯氰菊酯乳油1 500倍液、35%赛丹乳油2 000倍液等。

8.6.4 蜗牛和蛞蝓

我国为害棉花的软体动物主要有灰巴蜗牛(*Bradybaena ravida* Benson)、同型巴蜗牛(*B.similaris* Ferussac)和蛞蝓(*Agriolimax agrestis* Linnaeus)。前两个属软体动物门,腹足纲,柄眼目,巴蜗牛科,后者则属蛞蝓科。

灰巴蜗牛为广布种类,除西北内陆棉区外,其余各棉区均有分布。同型巴蜗牛分布于华东、华南、西南、西北的17个省(直辖市),以沿江、沿海发生量大。蛞蝓在各棉区均有分布,但以东南沿海发生最重。除为害棉花外,还为害绿肥、豆类、麦类、油菜、玉米、高粱、薯类及蔬菜等作物。

8.6.4.1 形态特征

1）灰巴蜗牛（图 8-26 中 1 ~ 4）

贝壳中等大小。壳质稍硬，坚固，圆球形。壳高 19 mm，宽 21 mm。有 5.5 ~ 6 个螺层，前几个螺层缓慢增长，膨大。壳面呈黄褐色或琥珀色，有细致密集的生长线和螺纹。壳顶尖，缝合线深。壳口呈椭圆形，口缘完整略外折，锋利，易碎。轴缘在脐孔处外折，略遮盖脐孔。脐孔窄小，呈缝隙状。本种个体大小、颜色变异较大。

2）同型巴蜗牛

贝壳中等大小。壳质硬，坚固，扁球形。壳高 12 mm，宽 16 mm。有 5 ~ 6 个螺层，前几个螺层缓慢增长，略膨胀。螺旋部低矮，体螺层增长迅速，膨大。壳顶钝，缝合线深。壳面呈黄褐色、红褐色或梨色，有稠密细致的生长线，在体螺层周缘或缝合线上，常有 1 条暗褐色带。壳口呈马蹄形，口缘锋利，轴缘上部和下部略外折，遮盖部分脐孔。脐孔小而深，呈洞穴状。本种个体形态变异较大。

3）蛞蝓（图 8-26 中 5）

体长 20 ~ 25 mm，爬行时体长 30 ~ 36 mm，体宽 4 ~ 6 mm。体躯裸露，无外壳，全体呈灰褐色。头前端有 2 对触角，第 1 对在头部前下方，称前触角，较短，长约 1 mm，具感触作用；第 2 对在它的后上方，称后触角，较细长，长约 4mm，端部有黑色的眼。前触角下方的中间是口，由颚片及齿舌刮取并磨碎食物。背部中段略前方有 1 外套膜，有保护头部及内脏的作用。在右后触角的后侧方约 2mm 处，是生殖孔，也是交配孔。外套膜的中后部下方是 1 个外套腔，右侧方有 1 个开口，内有呼吸气管、心脏、直肠和肛门，外套膜后方的花纹呈树皮纹状。腹足扁平，两侧边缘明显。

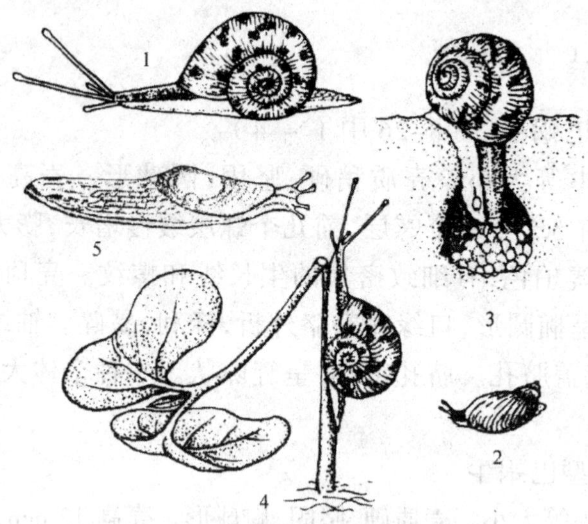

图 8-26 灰巴蜗牛和蛞蝓

灰巴蜗牛：1—成体；2—幼虫；3—产卵状；
4—棉苗被害状蛞蝓；5—成体

8.6.4.2 发生规律

灰巴蜗牛和同型巴蜗牛在长江流域1年发生1代，寿命一般不超过2年。以成贝或幼贝在绿肥、蔬菜根部或草堆、石块、松土下越冬。

蜗牛为雌雄同体，但必须经异体交配后才能受精产卵。成贝从交配到产卵需8～23天，平均15天。春季交配愈早，至产卵时间愈长，反之则愈短，故产卵期相对集中。成贝交配产卵每年2次：第1次在4—5月份，第2次在9—10月份。以9月份田间产卵量最高。成贝产卵后即死亡，因此相应出现两个成贝自然死亡高峰，以9月份死亡量最大。

蛞蝓1年中有2次活动盛期：第1次在4月中旬至6月中旬，是全年活动最盛的1次，由越冬幼体逐渐发育为成体，进行交配、产卵；第2次在10月上旬至11月中旬。春秋两季繁殖，春季以4、5月最盛，秋季在10月份约1个月时间。由于蛞蝓是雌雄同体、异体授精动物，所以任何一个成体都能繁殖后代。成体交配后 2 ~ 3 天产卵，每次产 1 个卵堆，隔 1 ~ 2 天再产 1 个卵堆，每个成体一般可产 3 ~ 4 卵堆。卵堆含卵量不一，少的 5 粒左右，多的 20 ~ 30 粒，由胶状物质黏在一起。卵产在作物根部 2 ~ 4 mm 的土层内，或土壤缝隙及凹洼处。卵直径 2 ~ 2.5 mm，椭圆形，卵核清晰可见。春季卵期 16 ~ 18 天，夏秋季 12 ~ 14 天，冬季在 30 天以上。卵的孵化率一般为 70% 左右，翻出土表的卵在日光暴晒下容易死亡。幼体孵出后即能取食，经 157 ~ 188 天发育为成体。成体寿命 13 个月以上。

蛞蝓性喜隐蔽，畏光，怕热，常生活在农田的阴暗、潮湿、多腐殖质的地方。白天隐藏在枯枝、落叶下及作物根部的土缝中，黄昏后爬出觅食和交配。通常夜晚有两次活动高峰，分别在 20 ~ 21 时和 4 ~ 5 时。

8.6.4.3 防治方法

（1）农业防治：①沤，利用蜗牛和蛞蝓白天喜欢躲藏在草丛中的习性，铲除田边、沟边、坡地、塘边杂草，沤制堆肥，以消除蜗牛、蛞蝓的孳生地；②锄，4 月下旬至 6 月初，是蜗牛、蛞蝓的产卵盛期，应抓紧久雨天晴的时机锄草松土，使卵暴露在土表爆裂而减少其密度和为害；③捉，利用蜗牛、蛞蝓昼伏夜出、黄昏和夜间为害的规律，用人工捕捉，或者把瓦块、树叶、树枝、青草等，放到蜗牛、蛞蝓为害的田间、地头或果园进行诱集，以便集中捕捉。

（2）放鸭啄食。在果园和某些作物的地里，可以放鸭啄食。1 只 1.5 kg 重的鸭子 1 天最多可吃蜗牛 1.2 kg，约 400 ~ 500 个同型巴蜗牛。放鸭啄食蜗牛，可以大大减轻蜗牛对作物的为害，同时还可以促进鸭子生长，提高鸭子的产蛋率。

（3）药剂防治。药剂毒杀是防治蜗牛的重要措施。把生石灰抖撒在农田沟边、垄间，形成封锁带，每公顷用 75 ~ 150 kg，可短期内阻止蜗牛、蛞蝓进入农田；喷洒氨水 70 ~ 100 倍液也有较好的控制效果。目前比较好的杀灭蜗牛的药物有 8% 灭蜗灵颗粒剂，对蜗牛有很强的胃毒作用，用量为每公顷 7.5 ~ 15 kg，拌细土 75 kg，于傍晚 17 ~ 18 时撒于作物行间。使用灭蜗灵应在晴朗无雨的天气进行，用药后连续阴雨影响药效；2%灭旱螺饵剂，防治蜗牛每公顷用150 ~ 180 g，防治蛞蝓每公顷用100 ~ 150 g，撒施；6%四聚乙醛颗粒剂每公顷 360 ~ 490 g，撒施，均能达到理想的灭螺和保苗效果。防治指标为百株有蜗牛 130 头，施药时间应掌握在棉苗 4 片真叶前和蜗牛进入 5 旋暴食阶段以前。

8.7 油料作物害虫

8.7.1 大豆蚜

大豆蚜（*Aphis glycines* Matsmura）又称豆蚜、菜豆蚜、槐蚜，英文名 soybean aphid，属同翅目，蚜科。中国是栽培大豆的起源地，也是大豆蚜的原始发生地之一。国内发生于东北、华北、华南、西南地区以及宁夏回族自治区和台湾省。国外的菲律宾、泰国、越南、印尼、印度、朝鲜、韩国。非洲的肯尼亚和俄罗斯也有分布，最近几年又侵入美国、加拿大和澳大利亚等大豆种植区，成为世界性重要害虫。

8.7.1.1 形态特征

（1）有翅孤雌蚜。体长卵形，长 1.6 mm，宽 0.64 mm，黄色或黄绿色。触角约与体等长，第 3 节具次生感觉圈 3 ~ 8 个，一般 5 ~ 6 个，排成一列。腹部圆筒状，基部宽，黄绿色。腹管黑色。

（2）无翅孤雌蚜。体长卵形，长约 1.6 mm，淡黄色至黄绿色。触角约为体长的 0.7 倍。腹管黑色，长圆筒形，为体长的 0.2 倍。尾片约为腹管长度的 0.7 倍，圆锥形，近中部收缩，具长毛 7 ~ 10 根。若蚜有 4 个龄期。

有翅性母腹部草绿色。触角第 3 节具次生感觉圈 6 ~ 9 个，其他同无翅蚜（图 8-27）。

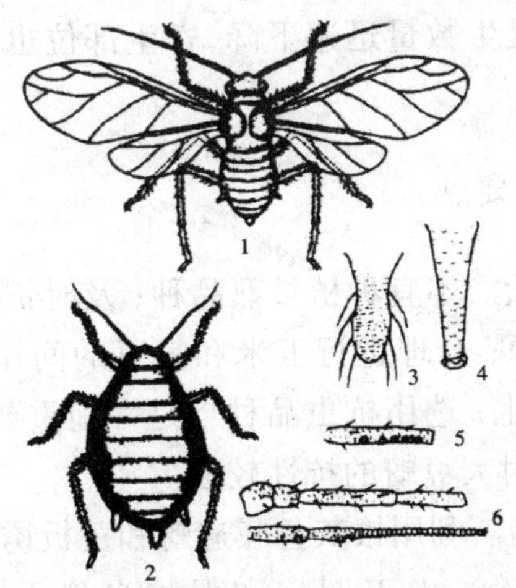

图 8-27　大豆蚜（仿李照会）

1—有翅成蚜；2—无翅成蚜；3—腹管；4—尾片；
5—有翅蚜触角第 3 节；6—无翅蚜触角

8.7.1.2 发生规律

大豆蚜在东北一年发生 10 多代，山东 20 多代。以卵在鼠李和圆叶鼠李枝条上的芽侧或缝隙中越冬。翌年春天，当鼠李芽鳞转绿到芽开绽时，日均温高于 10 ℃，越冬卵开始孵化为干母，然后孤雌胎生繁殖 1 ~ 2 代。在此期间产生有翅孤雌蚜开始迁飞至大豆田，为害幼苗，6 月下旬至 7 月中旬进入为害盛期。7 月下旬以后，田间出现淡黄色小型大豆蚜，蚜量开始减少，这是蚜量消退的征候。8 月下旬至 9 月上旬气温下降，大豆蚜进入后期繁殖阶段，有翅性母迁至鼠李上，开始产生无翅卵生雌蚜，并与有翅雄蚜交配，把卵产在鼠李上，开始以卵越冬，越冬卵量多。

大豆蚜属于侨迁蚜类。在第 1 寄主（鼠李）上越冬，夏季则完全侨居在第 2 寄主上，秋季又回到第 1 寄主上，经雌雄交配，产卵越冬。大豆蚜在鼠李上繁殖、为害，多栖息于植株的下部枝条上。在大豆田，大豆盛发期有 50% ~ 70% 的蚜量群居在植株的生长点和幼嫩的顶叶上，此时正是大豆的分枝期和开花期，为害的主要虫态是无翅蚜。随着大豆生长点的停止生长和气候条件的改变，大豆蚜不仅发生数量迅速下降，寄生部位也由植株上部移到下部的叶背面。

8.7.1.3 防治要点

（1）农业防治。不宜种植早熟品种；及时铲除田边、沟边、塘边杂草，减少虫源；合理进行玉米和大豆的间作或混播，可有效控制大豆蚜的发生；选用抗虫品种也是一项重要措施，一般木质素含量高的品种对大豆蚜的抗性较强。

（2）诱杀防治。利用银灰色膜避蚜和黄板诱杀有翅蚜。

（3）生物防治。人工调控和保护自然天敌，人工释放龟纹瓢虫 [*Propylaea japonica*（Thunberg）]、大草蛉（*Chrysopa septempunctata* Wesmael）和中华草蛉（*Chrysopa sinica* Tieder）、食蚜蝇（hover fly，syrphid fly）、烟蚜茧蜂（*Aphidius gifuensis* Ashmaed）、菜少脉蚜茧蜂（*Diaeretiella rapae*）等可以较好地控制蚜虫。大豆田释放异色瓢虫（*Harmonia axyridis* Pallas），10 天后防效可达 90%。

（4）药剂防治。蚜虫发生量大，农业防治和天敌不能控制时，在蚜虫盛发前进行药剂防治。在苗期，当大豆百株蚜量达 500 头，有蚜株率 35% 时需及时防治。可选用抗蚜威等有利于保护天敌的药剂进行防治。但由于蚜虫易产生抗药性，应注意轮换使用。

8.7.2 花生蚜

花生蚜 [*Aphis craccinora*（Koch）] 又称豆蚜、苜蓿蚜等（英文名 groundnut aphid、cowpea aphid）属同翅目，蚜科。国外分布于东南亚、中亚、欧洲、大洋洲和南美洲。在我国各花生产区都有分布，以山东、河北、河南等省发生比较严重。花生蚜除为害花生外，还为害苜蓿、苕子、豌豆、豇豆、刺槐、紫穗槐和国槐等豆科植物，以及荠菜、地丁、野豌豆等 200 多种植物。

8.7.2.1 形态特征

(1)有翅孤雌蚜。体长 1.6 ~ 1.8 mm,黑色或黑绿色,有光泽。触角 6 节,长为体长的 0.7 倍,1 ~ 2 节黑褐色,3 ~ 6 节黄白色,第 3 节具次生感觉圈 4 ~ 7 个,多数 5 ~ 6 个,排列成行。腹部各节背板中部有不规则形黑色横带。尾片细长,明显上翘,基部缢缩,两侧各有刚毛 3 根(图 8-28)。

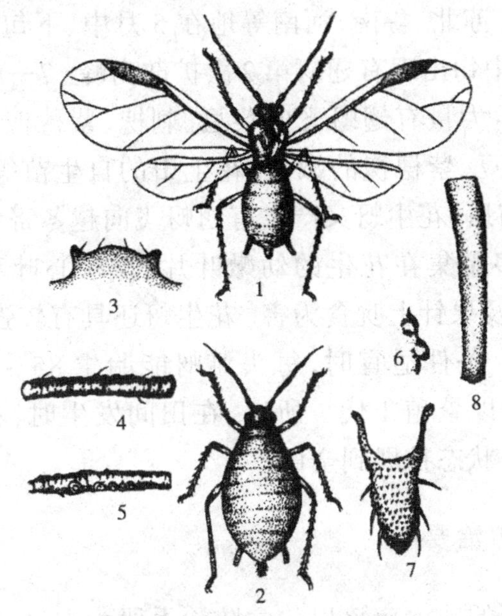

图 8-28 花生蚜(仿袁锋)

1—有翅成蚜; 2—无翅成蚜虫; 3—额; 4—无翅蚜触角第三节; 5—有翅蚜触角; 6—腹部第一节局部; 7—尾片; 8—腹管

(2)无翅孤雌蚜。体宽卵形,长 1.8 ~ 2.0 mm,黑色或黑紫色,有光泽。触角 6 节,暗黄色,为体长的 0.7 倍。腹部第 1 ~ 6 节有 1 个大黑斑。腹管圆筒形,黑色,约为尾片的 1.6 倍。尾片长圆锥状,具毛 6 根。

(3)卵。长椭圆形,初产为淡黄色,后变草绿色至黑色。

8.7.2.2 发生规律

花生蚜一年发生 20 ~ 30 代。主要以无翅胎生雌蚜和若蚜在背风向阳的蚕豆、豌豆等作物以及芥菜、地丁等杂草的基部和心叶内越冬，部分地区以卵在寄主作物和杂草上越冬，华南地区可终年繁殖、为害。

越冬蚜翌年 3—4 月在越冬寄主上繁殖、为害。花生出苗后，迁向花生地。苏北、鲁南、河南等地在 5 月中、下旬，鲁北、河北等地在 6 月上、中旬出现有翅蚜第 2 次扩散高峰。7—8 月高温季节，花生蚜又产生大量有翅蚜飞向菜豆、刺槐、紫穗槐等阴凉处。秋季在菜豆、扁豆、紫穗槐的嫩芽、花生田的自生苗等寄主上繁殖。越冬寄主出苗后，花生蚜又产生有翅蚜飞向越冬寄主繁殖越冬。

花生蚜多聚集在花生的幼嫩叶片、顶端心叶和未开放的花蕾、花萼管以及果针上吮食为害。花生蚜还具有较强的繁殖能力，生活周期短。条件适宜时，每头雌蚜能胎生 85 ~ 100 头若蚜，5 ~ 6 天就可以繁殖 1 代。所以，在田间发生时，花生蚜很快就可从点片发生状态扩展到全田。

8.7.2.3 防治要点

对花生蚜的防治应该以化学防治手段为主，应注意选择对天敌安全的农药，把花生蚜控制在点片发生阶段。

（1）农业防治。由于花生蚜通常在宿根性豆科植物上越冬，因此，清除田边的越冬寄主，可以减少来年的虫源数量。同时，选用抗蚜的花生品种能从根本上控制害虫为害。

（2）生物防治。注意保护瓢虫、草蛉、食蚜蝇、小花蝽、烟蚜茧蜂、油菜蚜虫茧蜂、蚜小蜂、蚜毒菌等控制蚜虫。

（3）药剂防治。花生播种时，可用内吸性农药的颗粒剂撒于播种沟内；花生生长期，在豆蚜点片发生阶段，选用内吸性杀虫剂和安全的触杀剂常量喷雾。

8.7.3 大豆食心虫

大豆食心虫 [*Leguminivora glycinivorella*（Matsumura）] 属鳞翅目小卷叶蛾科，俗称大豆蛀荚虫、小红虫，分布于西北、华北、东北等地。此害虫食性比较单一，寄主仅为大豆、野生大豆和苦参。以幼虫蛀荚取食危害豆粒，严重影响产量和品质。

8.7.3.1 形态特征

（1）成虫。体长 5 ~ 6 mm，翅展 12 ~ 14 mm，黄褐至暗褐色。前翅暗褐色，沿前缘有 10 条左右的黑紫色短斜纹，其周围有明显的黄色区；外缘在顶角下略向内凹陷，臀角上方近外缘有一银灰色椭圆形斑，斑内有 3 个紫黑色小斑。后翅浅灰色，无斑纹（图 8–29）。

（2）卵。椭圆形，初产时乳白色，后转橙黄色，表面可见一半圆形红带。

（3）幼虫。老熟幼虫体长 8 ~ 10 mm，红色，头及前胸背板黄褐色，腹足趾钩单序环状。

（5）蛹。长 5 ~ 7 mm，黄褐色，纺锤形。第 2 ~ 7 腹节前、后缘有大、小刺各 1 列，第 8 ~ 10 腹节仅有 1 列大刺，臀刺 8 根，粗短。幼虫吐丝缀合土粒做成的土茧，长椭圆形，长约 8 mm，宽 3 ~ 4 mm。

8.7.3.2 发生规律

全国各地每年发生 1 代，以老熟幼虫在 20 ~ 80mm 深土中结茧越冬。7 月份越冬幼虫破茧而出，爬到地表重新结茧化蛹。8 月上中旬为化蛹盛期，8 月中下旬出现成虫，8 月下旬为产卵盛期，8 月底至 9 月初幼虫孵化，蛀入荚内危害 20 ~ 30 天，9 月中旬至 10 月上旬幼虫老熟陆续脱荚入土越冬，脱荚盛期为 9 月下旬。

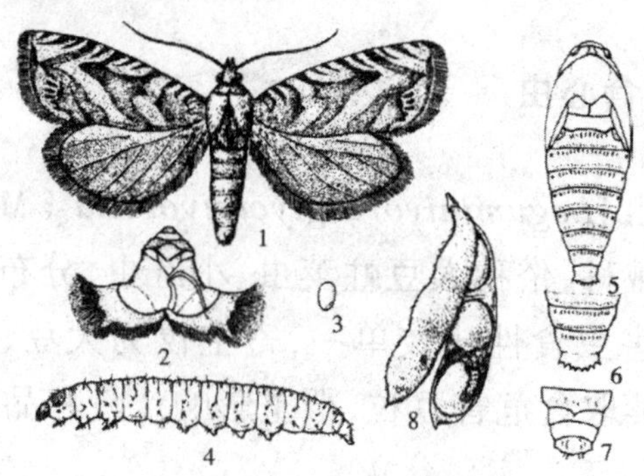

图 8-29 大豆食心虫

1—成虫；2—卵；3—幼虫；4—蛹背面观；5—蛹末端背面观；
6—雄蛹腹末；7—幼虫脱出孔；8—为害状

8.7.3.3 防治方法

（1）农业防治。选用抗虫或耐虫品种，如郑州 79119-6。在距前一年大豆田 1 000 m 以外的地块种植大豆，蛀荚率可显著降低。

（2）生物防治。幼虫入土前地面施用白僵菌粉 22.5 kg/hm^2。

（3）药剂防治。成虫产卵盛期用 DDV 熏蒸或喷施 2% 天达阿维菌素 3 000 倍液 +25% 天达灭幼脲 1 500 倍液，不仅能毒杀成虫，而且能杀死部分卵及初孵幼虫。幼虫入荚盛期之前，再喷一次，还能杀死大部分入荚幼虫。卵孵盛期用 25% 天达灭幼脲 1 500 倍液、50% 杀螟松 800 ~ 1 000 倍液、2.5% 高效氯氟氰菊酯 1 500 倍液或 90% 晶体敌百虫 1 500 倍液喷雾防治。

8.7.4 豆天蛾

豆天蛾（*Clanis bilineata* Walker）又名豆虫，属鳞翅目天蛾科。除西藏外，我国其他各省区均有分布，以黄河流域危害最重。主要危害大豆，也可危害绿豆、豇豆等。幼虫取食叶片成孔洞，严重时将豆株吃成光杆，严重影响产量。

8.7.4.1 形态特征

(1)成虫。体长 40 ~ 50 mm,翅展 100 ~ 120mm,黄褐色,有的略带绿色。头、胸部背面有暗紫色背线。前翅狭长,有 6 条褐色波状横纹,前缘中部有 1 个半圆形浅白色斑,顶角有 1 个三角形褐色斑。后翅小,暗褐色,基部和后角附近黄褐色(图 8-30)。

(2)卵。椭圆形,长 2 ~ 3 mm。初产时淡绿色,后变为黄白色,孵化前褐色。

(3)幼虫。老熟幼虫长 60 ~ 90 mm,黄绿色,密生黄色小突起。腹部两侧各有 7 条向背后方倾斜的黄白色条纹,尾角黄绿色,短而向下弯曲。

(4)蛹。长 40 ~ 50 mm,红褐色。喙与身体紧贴,末端露出,腹部第 5 ~ 7 节气门前各有一横沟纹。臀棘三角形,末端不分叉。

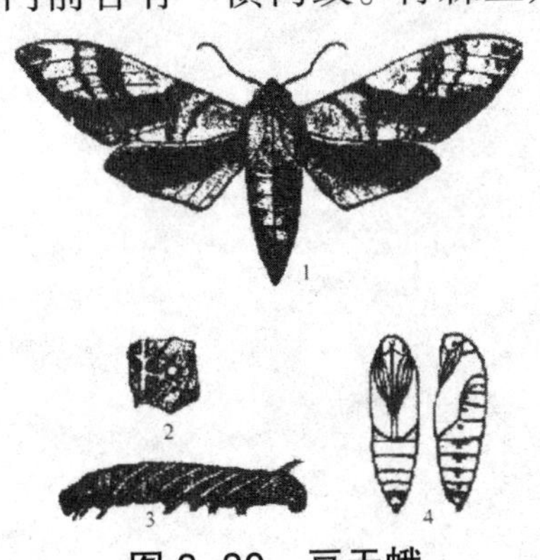

图 8-30　豆天蛾

1—成虫;2—卵;3—幼虫;4—蛹腹面和侧面观

8.7.4.2 发生规律

在淮河以南每年发生 2 代,以北则发生 1 代。以老熟幼虫在 9 ~ 12 cm 土中越冬。越冬场所多为豆田及其附近的土堆、田埂等向阳处。1 代区越冬幼虫 6 月上中旬移到土表化蛹,6 月下旬始见越冬代成虫,7 月中旬为羽化盛期,7 月下旬至 8 月上旬为产卵盛期,幼虫盛发期为 7 月下旬至 8 月下旬,9 月上旬幼虫老熟后入土越冬。

8.7.4.3 防治方法

（1）黑光灯诱杀成虫。

（2）人工捕捉大龄幼虫。

（3）幼虫孵化盛期用 Bt 制剂（每克含 100 亿个活孢子）800 倍液喷雾。

（4）药剂防治。幼虫 3 龄前每亩喷 50%敌敌畏 1000 倍液、25%灭幼脲 3 号 1 000 倍液或用 90%晶体敌百虫 60 ~ 80 g。

第 9 章　常见果蔬害虫及其防治

绿色蔬菜、新鲜水果排除了常规生产中因大量使用化学肥料和化学农药等所造成的污染,一方面可以促进农业生态环境的保护和改善,另一方面促进了高质量食品的生产。近年来,随着生活水平的提高,人们对食品安全的要求越来越高。本章重点对果树害虫和蔬菜害虫及其防治方法进行阐述。

9.1　果树害虫

我国果树害虫的种类有 1 000 多种,分别为害落叶果树及常绿果树中 30 多个树种。其中重要的果树害虫有 80 多种。果树害虫按为害的果树可分为:(1)仁果类(苹果、梨、沙果、山楂等)害虫;(2)核果类(桃、李、杏、梅、樱桃等)害虫;(3)干果类(板栗、核桃、枣等)害虫;(4)柑橘类害虫;(5)其他特种果树害虫。

由于我国自然地理和气候条件等的差异。各类果树有着明显的适应区域。果树害虫的种类组成极其复杂,即使属于广布种,在不同纬度其发生为害程度亦不尽相同。在综合防治中,必须利用果园生态系的特点,加强生物防治的研究,以充分发挥生物因素的控制作用。

9.1.1 大蓑蛾

蓑蛾,又称袋蛾。属鳞翅目,蓑蛾科。此类害虫种类较多,为害果树的主要有大蓑蛾(*Cryptothelea variegata* Snellen)、茶蓑蛾

（*C.minuocula* Butler）、白囊蓑蛾（*Chalioides kondonis* Matsumura）3 种。但发生最普遍和严重为害的为大蓑蛾。大蓑蛾在国内分布于华东、中南、西南等地。主要为害梨、苹果、柑橘、桃、李、梅、枇杷、龙眼、葡萄以及悬铃木、刺槐、枫杨、柳、榆、茶、油桐等多种果树和林木，亦可为害玉米、棉花等农作物。大发生时，幼虫可将叶片全部吃光，还可啃食小枝的皮层和幼果，是果园、城市绿化、防护林、经济林的重要食叶害虫之一。

9.1.1.1 形态特征

（1）成虫。体中型，雌雄异型。雄成虫体长 15 ~ 20 mm，翅展 35 ~ 44 mm。体、翅均暗褐色。触角双栉齿状，端部 1/3 处栉齿渐小。胸部背面有 5 条深纵纹。前翅 2A 和 1A 脉在端部 1/3 处合并，2A 脉在后缘有数条分支，M_2—M_3 脉之间，R_4—R_5 脉基部之间有 1 透明斑。后翅 $Sc+R_1$ 脉在前缘有几条分支，这些分支和前翅 2A 脉在后缘的分支一样，但在各个体中数目有差异。后翅 $Sc+R_1$ 脉间有 1 横脉。雌成虫体长 22 ~ 30 mm，蛆形，足与翅均退化。体软，乳白色，表皮透明，腹内卵粒在体外可以察见。腹部第 7 节有褐色丛毛环（图 9-1）。

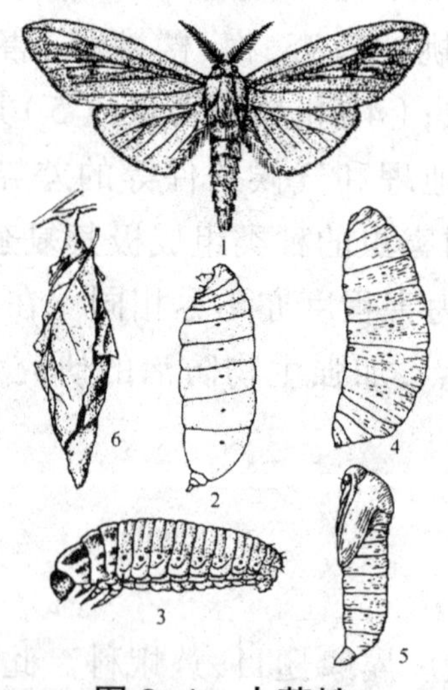

图 9-1　大蓑蛾

1—雄成虫；2—雌成虫；3—幼虫；4—雌蛹；5—雄蛹；6—袋囊

(2)卵。椭圆形。长0.8 mm。黄色,呈块状,产在雌蛾护囊内。

(3)幼虫。共5龄。初龄时黄色,少斑纹。3龄后能区别雌、雄。雌性幼虫肥壮,老熟时体长32～37 mm。头部赤褐色,头顶部有环状斑。胸部背板骨化强,亚背线、气门上线附近具大型赤褐色斑,呈深褐和淡黄相间的斑线。腹部背面黑褐色,各节表面有皱纹,腹足趾钩缺环状。雄性幼虫体较小,体色较淡,呈黄褐色,头部蜕裂线及额缝白色。

(4)蛹。雌蛹长22～33 mm,枣红色,近圆筒形。胸部3节愈合,腹部2、4、5节背后端各具1横列刺突。雄蛹体细长,17～20 mm。胸背略凸起,腹部稍弯,每节后端具1列小刺突。

(5)护囊。又称皮囊或虫囊。枯枝色,纺锤形。成长幼虫的护囊长40～60 mm,囊外附较大的碎叶片,有时附有少数枝梗。雌虫的护囊较雄虫的护囊大。

9.1.1.2 发生规律

此虫在华南地区每年发生2代,长江中、下游1代为主。以老熟幼虫在护囊内越冬。越冬幼虫于次年5月上旬化蛹,5月中旬成虫盛发并交配产卵,6月上旬孵化为幼虫,至11月上旬幼虫开始越冬。各虫态历期为:卵期11～21天,幼虫期310～340天,蛹期雌13～26天,雄24～33天,成虫期雌12～19天,雄2～3天。

此虫一般在干旱年份最易猖獗成灾。6～8月降雨次数频繁,降雨量在500 mm以上时发生少,降雨量在300 mm以下有可能会大量发生。原因是降雨后空气湿度大,影响幼虫生长及易引起疾病流行而大量罹病死亡。在低矮的果树苗圃或幼龄果园内,常在局部地区或单株上虫口密度很大,造成点片猖獗,形成暴发为害中心。

天敌主要有螳螂、马蜂、蜘蛛、灰喜鹊、寄蝇、姬蜂和病毒等。其中以广腹螳螂、四斑尼尔寄蝇、灰喜鹊对幼虫的抑制作用较明显。

9.1.1.3 防治方法

（1）人工摘除护囊。幼虫为害初期，虫口相对集中，被害症状显著，便于人工摘囊，尤以冬季和早春时节，果园树叶脱落，幼虫护囊的目标明显，更容易采摘消灭。平时也可结合果园管理，随时顺手摘除护囊。采摘的大量护囊，要注意保护其中的寄生蜂等各种天敌。

（2）药剂防治。在幼虫孵化盛期或初龄幼虫阶段，喷药的效果比较好。可使用90%敌百虫晶体或50%杀螟松乳油、80%敌敌畏乳油、50%马拉硫磷乳油 100 mL 2.5% 溴氰菊酯乳油 50 mL、50%巴丹可溶性粉剂 50 ~ 100 g、25%灭幼脲悬浮剂 100 mL 对水 100 L，喷雾。

（3）生物防治。Bt-8010 和日星牌 Bt 制剂 125 ~ 166.7 mL，对水 100 L，采用飞机超低容量喷洒或人工地面低容量喷洒，可获很好防效。

9.1.2 黄刺蛾

黄刺蛾 [*Cnidocampa flvescens*(Walker)] 属鳞翅目，刺蛾科。俗称痒辣子、刺毛虫。国外分布于朝鲜、日本。国内除甘肃、宁夏、青海、西藏和贵州不详外，其他各省均有分布。寄主植物有苹果、梨、桃、樱桃、柿、枣、杨梅、梧桐、油桐、桑、茶、樱花等22科52种。幼虫蚕食叶片，严重时叶片被吃殆尽，仅留叶柄和主脉。刺蛾幼虫及蜕皮均有毒毛，触及人体皮肤后引起红肿痒痛。

我国为害果树、城市园林树木及其他经济植物的刺蛾有58种。常见的有黄刺蛾、褐刺蛾、扁刺蛾、褐边绿刺蛾、丽绿刺蛾5种。黄刺蛾是其中发生普通、为害最重的种类之一。

9.1.2.1 形态特征

（1）成虫。雌蛾体长 15 ~ 17 mm，翅展 35 ~ 39 mm；雄蛾

体长 13 ~ 15 mm，翅展 30 ~ 32 mm。体橙黄色。前翅黄褐色，自顶角有 1 条细斜线伸向翅中室，斜线内方为黄色，外方为棕色，在棕色部分有 1 条褐色细线自顶角伸至后缘中部，中室部分有 1 黄褐色圆点。后翅灰黄色(图 9-2)。

(2)卵。扁椭圆形，淡黄色。长约 1.4 mm，宽 0.9 mm。

(3)幼虫。体粗壮，老熟幼虫体长 19 ~ 25 mm。

头部黄褐色，隐藏于前胸下。胸部黄绿色，体自第 2 节起，各节背线两侧有 1 对枝刺，以第 3、4、10 节的为大，枝刺上生黑色刺毛。体背有紫黑色大斑纹，前后宽大，中部狭细，成哑铃形，末节背面有 4 个褐色小斑，体的两侧各有 9 个枝刺，体侧中部有 2 条蓝色纵纹，气门上线淡青色，气门下线淡黄色。胸足不明显，腹足退化，具吸盘。

(4)蛹。椭圆形。体长约 13 mm。淡黄褐色。石灰质茧灰白色，坚硬。茧壳上有暗色纵纹，形似雀蛋。

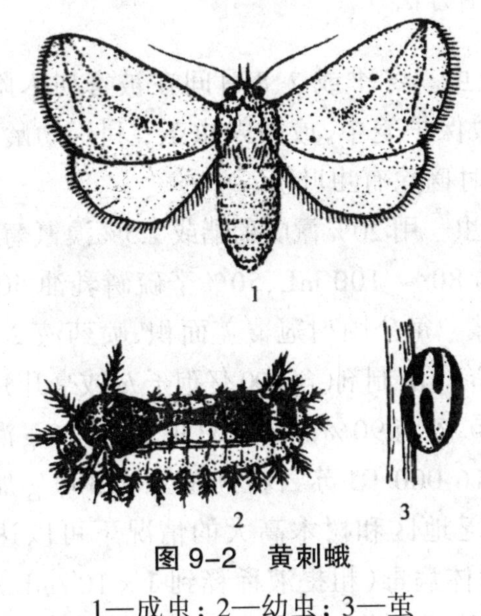

图 9-2　黄刺蛾

1—成虫；2—幼虫；3—茧

9.1.2.2 发生规律

黄刺蛾在辽宁 1 年发生 1 代，长江中、下游地区 1 年 2 代。以老熟幼虫在枝干上结茧越冬。2 代区,越冬幼虫于 5 月上、中旬开始化蛹,5 月下旬越冬代成虫开始羽化,6 月上、中旬盛发,延续到6月下旬。第1代幼虫在6 ~ 7月为害,为全年为害最重的世代,7月中、下旬开始结茧化蛹,第1代成虫7月上旬至8月中旬羽化,8 月上旬盛发。第 2 代幼虫在 8 ~ 9 月为害,9 月底至 10 月结茧越冬。

各虫态历期:成虫为 4 ~ 7 天(平均温度 28.9 ℃),卵为 5 ~ 6 天(27 ℃),幼虫为 22 ~ 30 天(27.4 ℃),预蛹为 12 ~ 16 天(32.6 ℃),蛹为 15 ~ 18 天(29.4 ℃)。

黄刺蛾的天敌主要有寄生于茧内的上海青蜂和刺蛾广肩小蜂。据在安徽合肥调查,其寄生率分别达 58% 和 25%。其他天敌有姬蜂、寄蝇、赤眼蜂、步甲和螳螂等。天敌对发生量起到一定的抑制作用。

9.1.2.3 防治方法

(1)人工灭虫。冬季或 7、8 月间在被害树木附近采茧,集中投入寄生性天敌保护笼中,或敲毁虫茧;利用幼龄幼虫群集为害习性,田间发生时摘除有虫叶。

(2)药杀幼虫。用 20%氰戊菊酯或 2.5%溴氰菊酯乳油 25 mL、50%杀螟松乳油 80 ~ 100 mL、50%辛硫磷乳油 50 ~ 80 mL 等,对水 100 L,喷雾。每公顷树冠覆盖面积,喷药液 2 250 L。

(3)生物防治。Bt 制剂(含 100 亿孢子 /g 或毫升)125 g(或 mL),对水 100 L,喷雾,若与 90%晶体敌百虫 30 ~ 50 g 混用效果更好。采用 0.18 阿维 16 000 IU 苏云粉剂每公顷 300 g 加轻钙粉 30 倍喷粉,在水源缺乏地区和树木高大的情况下可以达到有效控制。大蓑蛾核型多角体病毒(粗提液稀释到 1×10^6/mL)和青虫菌(含 100 亿孢子 /g)的混合液,每公顷树冠覆盖面积喷 3 000 L 左右效果很好,能兼治大蓑蛾。

9.1.3 盗毒蛾

盗毒蛾 [*Porthesia similis*（Pueszly）] 属鳞翅目，毒蛾科。又名黄尾白毒蛾、桑毒蛾。俗称桑毛虫、金毛虫。国外分布欧、亚各地。国内分布于东北、华北、华东、华中、华南及四川、贵州、陕西、甘肃、青海和台湾。寄主有桃、李、苹果、梨、梅、杏、柿、枣、樱桃等果树及榆、柳、枫杨、白杨等多种树木，亦是桑树的重要害虫。在江苏、浙江、安徽等主要蚕桑区，常猖獗成灾。盗毒蛾幼虫为害嫩芽和叶片，受害重时能将全株叶片吃光，仅剩叶柄和叶脉。该虫不仅是果、桑、林木的害虫，还是一种重要的人体致病性害虫。

9.1.3.1 形态特征

（1）成虫。雌蛾体长 18 mm，翅展 36 mm；雄蛾体长 12 mm，翅展 30 mm。全体白色。复眼黑色。触角双栉齿形，雄蛾的栉齿较雌蛾的长。雌蛾前翅内缘近臀角处有褐色斑纹，雄蛾除此斑外，在内缘近基部还有一褐色斑。雌蛾腹部粗大，末端具黄色毛丛，雄蛾腹部细瘦，末端尖，第 3 腹节以后即生黄毛，末端毛丛短而少（图 9-3）。

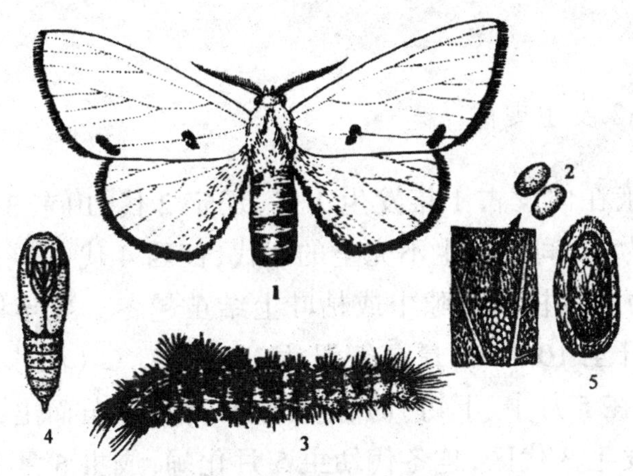

图 9-3　盗毒蛾

1—成虫（雄）；2—卵；3—幼虫；4—蛹；5—茧

（2）卵。扁球形，直径 0.6 ~ 0.7 mm，珍珠灰色。卵块形状不定，多为长带形和长椭圆形，中央稍隆起，卵粒排列不规则，外覆雌蛾腹部末端的黄色茸毛。

（3）幼虫。成长幼虫体长 25 ~ 40 mm。头部黑色，胸腹部黄色。背线红色，亚背线、气门上线及气门线黑褐色，均断续。前胸背面有 2 条黑褐色纵纹，气门前方各有 1 个红色大毛瘤，上生黑色长毛，毛伸向前方，此外，气门上方及下方还有小毛瘤各 1 个。中、后胸及第 1 ~ 8 腹节在亚背线、气门上线、气门下线及基线上均各有毛瘤 1 个，中、后胸上的均很小，腹部亚背线上的黑色毛瘤生黑色长毛及松枝状白毛，以第 1、2、8 节上的较大，且显著隆起，合而为一。气门上线的毛瘤亦黑色，上生黑色及黄褐色长毛和松技状白毛；气门下线上的毛瘤红色，基线上的毛瘤灰白色，其上均生灰白色长毛，第 6、7 腹节背面中央有红色盘状腺体。胸足、腹足外侧均为黑褐色。

（4）蛹。长 9 ~ 11.5 mm。圆筒形，黄褐色，背面带褐色。胸、腹部各节有幼虫期毛瘤遗迹，上生黄色刚毛。翅芽达第 4 腹节。雄蛹触角较宽而长，其末端约与中足末端平齐；雌蛹的则较短，其末端仅约与前足基节平齐。臀棘较长，表面光滑，末端着生细刺一撮。茧长椭圆形，长 13 ~ 18 mm；土黄色，茧层薄，其上有幼虫毒毛。

9.1.3.2 发生规律

盗毒蛾在内蒙古 1 年发生 1 代，辽宁 2 代，山东 3 代，江苏、浙江 3 代为主，间有发生不完全的 4 代，江西 4 代，广东 6 代。以 3 ~ 5 龄幼虫在枝干缝隙中或枯叶上结茧越冬。翌年早春，当日平均气温升至 10.5 ℃，最高气温达 16 ~ 17 ℃（江苏、浙江在 4 月初，江西在 5 月中、下旬）时，越冬幼虫开始破茧而出，食害嫩芽和嫩叶。发生 3 代区，越冬代幼虫 5 月化蛹，成虫 6 月上旬羽化，第 1 代幼虫在 6 月中旬盛发，第 2、3 代分别在 8 月上旬和 9 月中旬盛发，为害果、桑、林木夏、秋叶片，10 月中旬至 11 月中旬幼虫寻找适合场所结茧越冬。

一般幼龄果树及管理粗放的果园发生普遍，为害较重。

盗毒蛾的天敌有寄生卵的桑毛虫黑卵蜂，寄生幼虫的桑毛虫绒茧蜂和矮饰苔寄蝇，寄生蛹的大角啮小蜂。其中以桑毛虫绒茧蜂为最重要。此外，桑毛虫还受到桑毛虫多角体病毒的感染。

9.1 .3.3 防治方法

（1）清洁果园。秋季清扫果园落叶，剪除虫害枝条，结合春季刮树皮，清除越冬幼虫。

（2）诱杀。幼虫蛰伏越冬前束稻草于树干上，诱集越冬幼虫，翌年 3 月幼虫尚未活动前，把稻草解下，集中处理时注意保护寄生天敌，以利继续繁殖。

（3）人工捕杀。结合果园管理操作，摘除卵块和蛹茧，放在寄生蜂保护器内，以利天敌飞出。此外，低龄幼虫群集阶段，进行人工捕杀。

（4）药剂防治。在发生严重的桑园实行分区采叶，用药区停止用叶；于各代养蚕用叶结束后或幼虫盛孵期喷药防治。施用 50%辛硫磷或 80% 敌敌畏、Bt 可湿性粉剂（含 100 亿孢子 /g）125 g、20%氰戊菊酯乳油 25 mL、24%米螨悬浮剂 40 ~ 80 mL，对水 100 L，喷雾。掌握在 2 龄幼虫高峰期喷洒多角体病毒，每公顷剂量为 6×10^7 个多角体病毒，但应注意对 4 龄后幼虫防治效果较差。也可通过人工饲养感染接种获得病死虫，每公顷用 150 ~ 300 头病死虫，加水 225 L，用超低量喷雾器喷雾，或加水 450 L，用常规喷雾，能取得较好的防治效果。

9.1.4 桃小食心虫

桃小食心虫又名苹果食心虫、桃小实蛾、桃蛀果蛾，简称“桃小”，属鳞翅 El 蛀果蛾科，国内分布地区较为广泛，东北、华北、西北、华东、华中均有发生，其中北部和西北部发生较为严重。桃小食心虫寄主植物有苹果、梨、山楂、枣等10余种果树。

9.1.4.1 形态特征

（1）成虫。雌蛾体长7 ～ 8 mm，翅展16 ～ 18 mm，雄蛾体长5 ～ 6 mm，翅展13 ～ 15 mm。体灰白色或淡灰褐色，复眼红色。前翅中央近前缘处有一个近似三角形的蓝黑色大斑，基部和中部有7簇蓝黑色斜立的鳞片。后翅灰色（图9–4）。

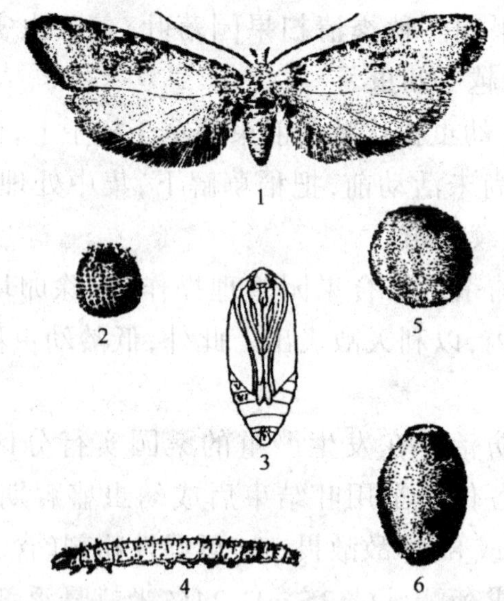

图9–4　桃小食心虫（引自杨国栋；张维球）

1—成虫；2—卵；3—蛹；4—幼虫；5—冬茧；6—夏茧

（2）卵。近椭圆形或桶形，长0.45 mm。初产时橙红色，后变为深红色。卵的顶部环生2 ～ 3圈“丫”形刺毛。

（3）幼虫。老熟幼虫体长13 ～ 16 mm，较肥胖。幼龄幼虫体白色或淡黄白色，老熟幼虫桃红色。前胸气门前毛片上只有2根刚毛。腹足趾钩呈单序环状。无臀栉。

（4）蛹。体长6.5 ～ 8.6 mm，黄白色或黄褐色，近羽化时变为灰黑色。体壁光滑无刺。

（5）茧。其茧有两种：一种是幼虫在里面越冬叫冬茧，扁圆形，质地紧密；另一种是幼虫在里面化蛹叫夏茧，纺锤形，质地疏松。两种茧外表均粘有土粒。

9.1.4.2 发生规律

桃小食心虫在甘肃每年仅发生 1 代；在辽宁、吉林、河北、山西和陕西等地每年发生 1 ~ 2 代；在江苏、河南和山东每年发生 2 ~ 3 代。以老熟的幼虫在土壤中结冬茧越冬。

9.1.4.3 防治方法

（1）深翻埋茧。结合秋季或早春田园栽培管理，把土表层越冬茧深埋。也可在越冬幼虫出土前，在树盘上压土 4 ~ 7 cm，并拍实，使幼虫不能出土。

（2）地膜覆盖。在越冬幼虫出土前，用塑料薄膜覆盖在树盘地面上，可阻止成虫飞出产卵，还能起到保温保墒的作用。

（3）药剂处理土壤。当诱捕器连续 3 天都诱到成虫时，基本上就是幼虫出土的盛期，即开始第一次地面施药。在距树干 1 m 的半径范围内施药，如果有条件，应在树盘内全面施药。施药前，必须清除土面的杂草、土石块，以利于药液渗入土中。可选用的农药有 50%辛硫磷乳油、48%乐斯本乳油，每公顷 7.5 kg，稀释成 300 倍液，均匀喷布于地面上，然后划锄，使药土混匀。虫口密度较大的果园，间隔 15 天再用 1 次。

（4）树上药剂防治。当卵果率达到防治指标时，应进行树上药剂防治。可选用的药剂有 20%灭幼脲 4 号悬浮剂 8 000 倍液、48%乐斯本乳油 1 000 ~ 1 500 倍液、30%桃小灵乳油 2 000 倍液，以及 20%氰戊菊酯或 20%甲氰菊酯或 2.5%溴氰菊酯或 10%氯氰菊酯乳油的 3 000 倍液和 10%安绿宝乳油 2 000 倍液等。

（5）生物防治。在越冬幼虫出土前及脱果入土期，还可用病原线虫，每平方米 60 万 ~ 80 万条；白僵菌（100 亿孢子 /g）每平方米 8 g 和 901 生物杀虫剂 200 倍液喷布于地面上。

（6）其他防治措施。在成虫产卵前及时套袋；生长期及时摘除虫果；处理堆果场、果库；加强周围其他果树寄主的防治。

9.1.5 苹果小食心虫

苹果小食心虫别名苹小食心虫、东北苹果小食心虫，简称“苹小”，属鳞翅目小卷叶蛾科，在我国分布于东北、华北、西北和江苏等地。以幼虫蛀果为害。初孵幼虫蛀入果内后，在皮下浅处为害，一般不深入果心。被害处形成直径 1 cm 左右，近圆形褐色干疤，其上有数个堆有细小虫粪的小孔。其寄主有苹果、梨、沙果、海棠、桃、山楂等。

9.1.5.1 形态特征

（1）成虫。体长 4 ~ 5 mm，翅展 10 ~ 11 mm。全体暗褐色并带紫色光泽。前翅前缘有 7 ~ 9 组白色斜短纹，顶角及近外缘处有 4 ~ 7 个黑色斑纹（图 9-5）。

（2）卵。扁椭圆形，长 0.7 mm，淡黄色，半透明。

（3）幼虫。老熟幼虫体长 7 ~ 9 mm，头淡黄褐色，腹部背面每节有桃红色横纹两条，前一条粗大，后一条细小，臀栉 4 ~ 6 根，腹足趾钩单序环状。

（4）蛹。长 4 ~ 6 mm，黄褐色，第 2 ~ 7 节背面各有 2 排短刺，腹部末端有 8 根钩状毛。

9.1.5.2 发生规律

北方苹果产区每年发生 2 代。以老熟幼虫在树皮裂缝及剪锯口周围皮缝内越冬，吊枝绳、支撑竿、果筐及树下杂草也有少量幼虫越冬。翌年 5 ~ 6 月份，越冬幼虫化蛹，越冬代蛹期 10 ~ 22 天。越冬代成虫和第 1 代卵发生在 6 ~ 7 月份，盛期为 6 月中下旬。第 1 代卵期 6 ~ 9 天。幼虫在果内为害 20 ~ 30 天后脱果，7 月下旬至 8 月上旬为脱果盛期。脱果后的幼虫在枝干上爬行，寻找树皮裂缝处化蛹，蛹期 9 ~ 12 天。第 1 代成虫和第 2 代卵发生盛期为 8 月上中旬。第 2 代卵期 5 ~ 6 天，幼虫在果内为害 20 天左右脱果，9 月上中旬为脱果盛期，脱果后即进入越冬场所做茧化蛹越冬。

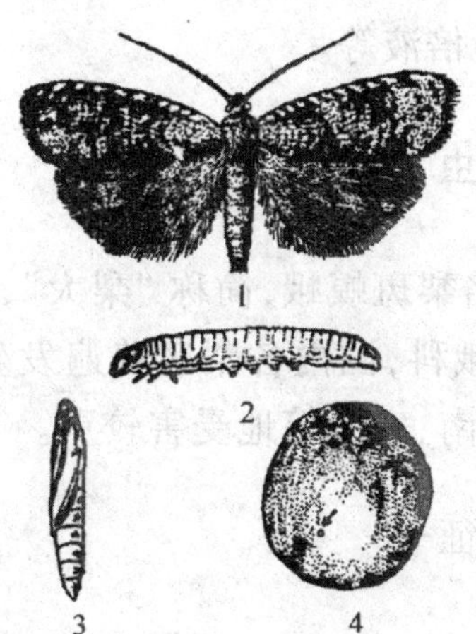

图 9–5　苹果小食心虫（引自杨国栋；张维球）

1—成虫；2—幼虫；3—蛹；4—被害状

苹果小食心虫成虫昼伏夜出，对糖醋液有趋性。成虫喜把卵产于光滑的果面上，多产在果实的胴部，萼凹和梗凹处很少。其一生可产 30 ~ 50 粒卵。

苹果小食心虫喜欢温暖潮湿的环境。卵的孵化、幼虫的发育和成虫羽化均以温度 25 ℃、相对湿度 75% ~ 95% 为宜。若气候干旱，则发生较轻。

9.1.5.3 防治方法

（1）消灭越冬幼虫。早春刮树皮，刮下的树皮集中处理，杀灭越冬幼虫。

（2）诱杀脱果幼虫。在幼虫脱果下树前，在树干上绑草以诱集脱果幼虫，待幼虫潜入后，将草解下集中处理。

（3）处理虫果。生长季节，及时摘除虫果，拾净落地果，并集中处理。

（4）药剂防治。重点抓好越冬代和第1代成虫产卵盛期的用药防治。6月初开始调查卵果率，达到1%时喷药防治。药剂可选用20%杀铃脲悬浮剂6 000 ~ 8 000倍液、20%好年冬乳油2 000倍液、2.5%保得2 500倍液、1%奇高乳油3 000倍液、2.5%绿色功夫乳油3 000倍液等。

9.1.6 梨大食心虫

梨大食心虫又名梨斑螟蛾，简称“梨大”，俗称“吊死鬼”“黑钻眼”，属鳞翅目螟蛾科，国内各梨区普遍发生，其中吉林、辽宁、河北、山东、山西、河南、安徽等地受害较重。

9.1.6.1 形态特征

（1）成虫。体长10 ~ 12 mm，翅展24 ~ 26 mm。全体灰褐色，前翅紫褐色。在翅的亚外缘部和亚基部各有一条灰色波状横纹，横纹两侧嵌有紫褐色宽边。中室外方近前缘处有一褐色肾形纹。后翅灰褐色（图9–6）。

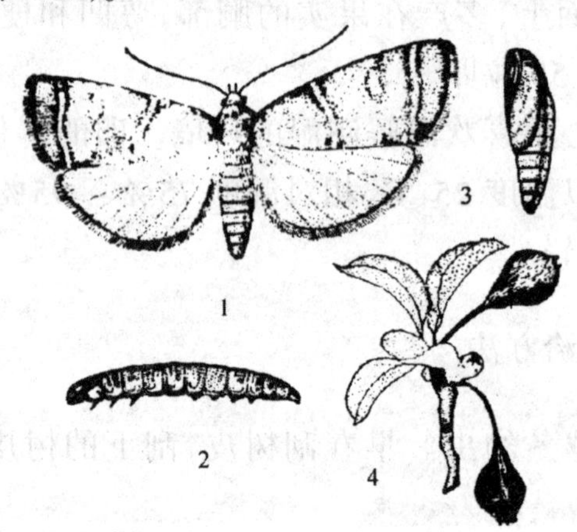

图9–6　梨大食心虫（引自杨国栋；张维球）

1—成虫；2—幼虫；3—蛹；4—被害状

（2）卵。扁椭圆形，初产时黄白色，后变为红色。

（3）幼虫。老熟幼虫体长17 ~ 20 mm。头部和前胸背板褐色，身体背面暗绿色或暗红褐色，腹面淡紫色。臀板深褐色。腹足趾钩为双序缺环，无臀栉。

（4）蛹。体长约 12 mm，短而粗。初化蛹时翠绿色，后变为黄褐色。尾端有 6 根带钩的刺毛。

9.1.6.2 发生规律

每年发生代数因地而异。在吉林 1 年发生 1 代，辽宁 1 年发生 1 ~ 2 代，山东、河北大部分地区 1 年发生 2 代，河南南部 1 年发生 3 代。各地均以幼龄幼虫在被害芽内结白色薄茧越冬。有虫的芽蛀孔被堵塞，外有虫粪。一般顶端虫芽多，下部少；内膛虫芽多，外围少。翌年春季，日平均温度达到 7 ℃以上时，越冬小幼虫开始出蛰。此时正值梨芽萌动，杨树吐雄，山东胶东地区大约为 3 月底至 4 月初，是全年防治的关键时期。出蛰幼虫先转芽为害，后转果为害，并在果内化蛹。各代成虫发生期：1 代区，越冬代成虫发生在 7 月中旬至 8 月中旬，7 月下旬至 8 月上旬为盛发期；2 代区，越冬代成虫发生在 6 月上旬至 7 月中旬，6 月下旬至 7 月上旬为盛发期，第 1 代成虫发生在 7 月中旬至 9 月中旬，8 月上中旬为盛发期；3 代区，越冬代成虫发生在 5 月下旬至 6 月下旬，6 月上中旬为盛发期，第 1 代成虫发生在 7 月上旬至 8 月中旬，7 月下旬至 8 月上旬为盛发期，第 2 代成虫发生期在 8 月上旬至 9 月中旬，8 月中下旬为盛发期。卵期 5 ~ 9 天，蛹期 10 ~ 15 天。

成虫昼伏夜出，有强烈的趋光性和趋化性。卵散产，多产于果实萼洼、芽腋处，少数产在果苔枝上。每雌产卵量为 40 ~ 80 粒，最多可达 200 粒。

9.1.6.3 防治方法

（1）人工防治。梨大食心虫为害状十分明显，易于发现，有利于人工防治。人工防治效果好，还有利于保护天敌。其方法有：结合冬春修剪，剪除所有“破头芽”；开花前后，经常巡视，及时摘除萎蔫的花序并消灭其中的幼虫；及时摘除被害虫果；果实套袋也可减轻为害。

（2）黑光灯诱杀。在越冬代成虫发生期，结合果园其他害虫的防治，利用黑光灯诱杀成虫。

（3）保护天敌。梨大食心虫的天敌种类较多，应尽量减少用药次数，提倡使用选择性药剂，尽可能保护天敌。

（4）药剂防治。全年药剂防治的关键时期，首先是越冬幼虫出蛰转芽期和转果期，其次是1、2代卵孵化盛期。药剂种类可选择2.5%溴氰菊酯乳油3000倍液、48%乐斯本乳油1 500倍液、21%灭杀毙乳油3 000倍液、5%卡死克乳油1 500倍液、20%甲氰菊酯乳油1 500倍液等。

9.1.7 桃蛀螟

桃蛀螟又名桃蠹螟、桃斑螟、豹纹斑螟，俗称桃食心虫，属鳞翅目螟蛾科，国内南北均有分布。其食性杂，除为害桃树外，还能为害板栗、杏、李、梅、苹果、梨、葡萄、无花果、柑橘、荔枝、龙眼、向日葵、高粱、玉米等40多种植物。以幼虫食害果实，造成严重减产。幼虫多从桃果柄基部和两果相贴处蛀入，蛀孔外粘有虫粪，并发生流胶，虫果易变黄脱落。果内也充满虫粪，不堪食用。

9.1.7.1 形态特征

（1）成虫。体长10 ~ 13 mm，翅展25 ~ 28 mm。全体橙黄色。体背及翅正面均散生大小不等的黑色斑点，腹部背面与侧面有成排的黑斑（图9–7）。

（2）卵。椭圆形，长0.6 ~ 0.7 mm。初产时乳白色，后渐变为红褐色。表面具有圆形小刺点和网状花纹。

（3）幼虫。老熟幼虫体长20 ~ 25 mm，头部暗黑色，胴部背面暗红色，腹面淡绿色。各节背面有4个明显的黑褐色毛瘤，前2个椭圆形，后2个长方形。

（4）蛹。长 12 ~ 14 mm，褐色。第 5 ~ 7 节背前缘各有 1 列小刺。臀刺 6 根，细长，末端卷曲。

（5）茧。长椭圆形，灰白色。

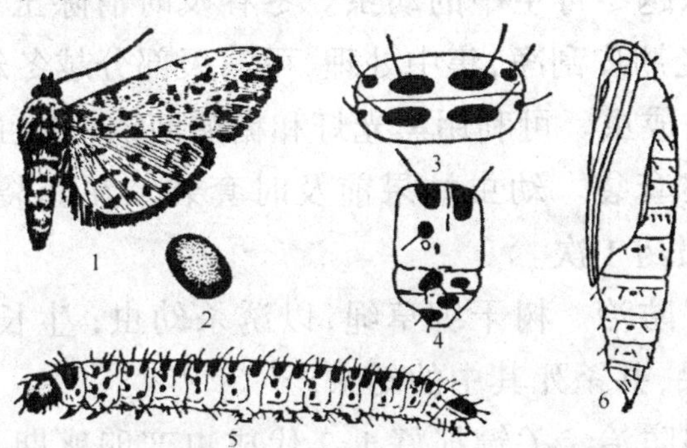

图 9–7　桃蛀螟（引自张国栋；张维球）

1—成虫；2—卵；3—幼虫体节背面；

4—幼虫；体节侧面；5—幼虫；6—蛹

9.1.7.2 发生规律

中国从北到南，1 年可发生 2 ~ 5 代。山东 1 年发生 3 代，河南 1 年发生 4 代。以老熟幼虫结茧在树皮裂缝、土缝、玉米、高粱秸秆及向日葵花盘等处越冬。在河南 4 月初化蛹，4 月下旬为化蛹盛期。5 月中下旬为越冬代成虫羽化高峰。5 月下旬至 6 月下旬为第 1 代幼虫为害期，6 月中下旬开始化蛹。7 月上旬为第 1 代成虫发生盛期。7 月中旬为第 2 代幼虫为害期。7 月中旬至 8 月上中旬为第 2 代成虫发生盛期。9 月上中旬为第 3 代成虫发生盛期。9 月中下旬为第 4 代幼虫发生期，10 月中下旬幼虫开始越冬。第 1 代幼虫为害桃果，第 2 代幼虫为害晚熟桃、板栗、石榴等，其余各代主要为害农作物。一般情况下，卵期 6 ~ 8 天，幼虫期 15 ~ 20 天，蛹期 8 ~ 10 天。

成虫昼伏夜出，具有强烈的趋光性和趋化性，有补充营养习性。多在晚上 9 ~ 10 时产卵，卵散产于果面上。幼虫孵化后先啃食果皮，再蛀果为害。多由果柄周围或果与果、果与叶相贴处蛀入，每果可有多头幼虫。幼虫有转果为害习性。

9.1.7.3 防治方法

（1）清除越冬寄主中的幼虫。冬春及时清除玉米、高粱等秸秆。将桃树老翘皮刮净，集中处理，可消灭部分越冬幼虫。

（2）诱杀成虫。可利用黑光灯和糖醋液诱杀成虫。

（3）果实套袋。幼虫蛀果前及时套袋。在套袋前应结合其他害虫防治喷药1次。

（4）人工防治。树干绑草绳，以诱杀幼虫；生长季节及时摘除和拾净虫果，并杀死其中的幼虫。

（5）药剂防治。关键抓好1、2代成虫产卵盛期并及时喷药。药剂可选用20%灭扫利乳油1 500倍液、20%速灭杀丁乳油1 500倍液、50%辛硫磷乳油1 000倍液、25%灭幼脲3号悬浮剂2 000倍液、48%乐斯本乳油1 500倍液等。一般每代喷2次药，间隔10天左右。

9.1.8 枣飞象

枣飞象（*Scylhropus yasumatsui* knon et Morimoto）别名食芽象甲、太谷月象、枣月象、枣芽象甲、小灰象鼻虫。除危害枣树外，还危害苹果、梨、核桃、杨树、泡桐、香柏等多种果树和林木，以成虫取食危害寄主的幼芽、嫩叶，严重发生时常将枣芽全部吃光，受害枣芽尖端光秃，手触之发脆，长期不能萌发，再次萌发的新芽，其节间生长短。幼嫩叶常被咬成半圆形或锯齿状缺刻，被害寄主大量消耗树体营养，推迟枣树开花结果。

9.1.8.1 形态特征

（1）成虫。体长4.0~4.7 mm，宽1.7~2.0 mm。体椭圆形，体壁褐色。头黑色，触角和足红褐色，密被卵形白色和褐色鳞片。头、喙背面和前胸两侧均被覆相当稀的直立的暗褐色鳞片状毛，毛的端部扩大，顶端略凹。前胸中部、鞘翅行间被覆卧毛，鞘翅近端部褐色鳞片形成模糊的横带。头宽喙短,喙宽略大于长,背面扁平,中沟短或不明显。触角柄节不超过眼后缘,索节1大于第2节的两倍,第3~7节球形、棒梭形。眼略突出。前胸宽略大于长,两侧略圆,前、后缘略相等,截断形。小盾片后缘截断形。鞘翅长是宽的2倍,中间之后最宽,端部钝圆,行纹细,刻点分离,行间扁。鞘翅上纵刻点列9~10条和模糊的褐色晕斑。腹部腹面可见5节。足的腿节无棘,前足胫节外缘直,端部内缘弯,爪合生。

(2)卵。长卵圆形,长径0.6~0.75 mm,短径0.25~0.35 mm。表面光滑有光泽,初产时为乳白色,数小时后变为淡黄红色,近孵化时变为灰褐色或黑褐色。堆生。

(3)幼虫。老熟体长4~5 mm。头部淡褐色,前胸背面淡黄色,胴部乳由色。无足型。体肥胖,略弯曲,各节多横皱,疏生白色细毛。

(4)蛹。纺锤形,体长4.0~5.5 mm,化蛹初期为乳白色,以后渐变淡黄褐色,近羽化时变为红褐色。

9.1.8.2 发生规律

此虫1年发生1代,以幼虫在树冠下5 ~ 30 cm的土层中越冬。3月下旬越冬幼虫开始向上转移。山西晋中、吕梁枣产区越冬幼虫于翌年4月上旬开始化蛹,4月中旬进入化蛹盛期,4月下旬为末期,蛹期半个月左右,成虫于4月下旬羽化,4月底、5月初为羽化盛期,成虫羽化后一般经5天左右随即出土上树危害,5月上旬枣飞象危害枣芽最烈,因此,此时是树上喷药防治的关键期。6月上旬为羽化末期。成虫寿命:雌最长63天,最短31天,平均38.5天;雄最长47天,最短26天,平均32.8天。成虫上树后即开始交尾,交尾后2 ~ 7天产卵,产卵初期为5月上旬,5月中下旬为产卵盛期,6月上旬为末期。卵期10天左右。幼虫于5月中旬出现,孵化后即落地入土危害植物的地下部分,秋后在湿土层内做近圆形土室越冬。成虫羽化后首先停栖在蛹室中不活动,经4 ~ 7天后以蛹室的顶部作一直立的羽化孔爬到地面,待中午气温升高后即开始上树危害。枣飞象多沿树干爬行上树，12 ~ 14 时气温较高时，可飞行上树。成虫的取食活动与气温有关，在羽化初期，气温较低，因而喜欢在中午上树取食危害，早晚则多在地面潜伏。随着气温逐渐升高，成虫多在早晚活动，取食危害，而中午则静止不动。上树成虫首先取食萌发的嫩芽，严重时能将嫩芽基部的绿色部分全部吃光，使之形成一个凹穴。被害芽尖端光秃，呈灰色，长时间不能萌发。再次萌发的新芽，枣吊短，延迟开花结果，仅能结少量晚枣，且品质差。枣叶的幼叶伸展后，成虫既食害嫩叶，又食害嫩芽，危害嫩叶后，将叶片咬成半圆形或齿状形缺刻。嫩芽被害后，芽叶干枯发脆。成虫有多次交尾习性，最多达 4 次。枣飞象有很强的假死性，受惊时则从树上坠落于地面，因此，可用振树的方法进行虫口调查或防治。

枣飞象发生程度与枣园类型有很大关系，据在山西晋中地区的枣林区调查，间作小麦的枣园其虫口密度是间作大秋作物的 28.1 倍；荒地、多杂草的枣园，其虫口密度是间作大秋作物的 7 倍，水浇枣园的枣芽被害率高达 87.2%，旱地枣园的枣芽被害率仅为 3%~4%。

枣树品种不同，其受害程度也不同。根据山西晋中调查，木枣上成虫的虫口密度是芽枣上的 2.1 倍，木枣枣芽的被害率是芽枣的 2.97 倍。

9.1.8.3 防治方法

（1）振树法防治成虫。在成虫盛发期，利用成虫受惊坠落于地面的习性，用木锤进行人工振树，同时结合树冠下喷杀虫药剂，被振落的成虫因接触药剂而死。虫口密度大时，应在成虫初盛期和盛期各防治 1 次。常用药剂有 50% 辛硫磷乳油 1 000 倍液。使用其法应在早晨日出之前或傍晚日落之后进行，否则会因白天气温高，空气湿度小，被振落的成虫掉至空中尚未接触地面时就会展翅飞跑掉，从而不能与药剂接触，达不到防治目的。

（2）在树上喷药防治成虫。在成虫盛发期于树上喷药，使用农药有：2.5% 溴氰菊酯乳油 2 000 倍液，或 20% 杀灭菊酯乳油 2 000 倍液，50% 辛硫磷乳油 1 500 倍液，或 80% 敌敌畏乳油 1 000 倍液防效均好。

（3）结合枣蠖的防治，于树干基部绑塑料薄膜带，下部周围用土压实，干周地面喷洒药液或撒粉，对两种虫态均有效。

（4）结合防治地下害虫进行药剂处理土壤，毒杀幼虫有一定效果，以秋季进行处理为好，可用 5% 辛硫磷颗粒剂或 5% 倍硫磷粉剂、4% 地亚农粉剂、5% 七氯粉剂、5% 氯丹粉剂等，每亩用药 2 ~ 3.5 kg。

9.2 蔬菜害虫

蔬菜是人们日常生活中不可或缺的食物，为人类提供了大量的营养。蔬菜在生长过程中受到多种害虫的为害，我国已经记载的蔬菜害虫至少在 360 种以上，其中比较重要的有 30 ~ 40 种。

9.2.1 菜蛾

菜蛾 [*Plutella xylostella*（L.）]（英文名 diamondback moth）别名小青虫、两头尖，属鳞翅目，菜蛾科。菜蛾分布极其广泛，遍布于世界各地。国内各省、直辖市均有发生，南方各省、直辖市发生尤其严重，而北方各省只有某些年份较严重。菜蛾主要为害十字花科的蔬菜，其中以甘蓝、花椰菜、白菜、萝卜、油菜为主，也可为害番茄、马铃薯、洋葱、紫罗兰、板蓝根等。

9.2.1.1 形态特征

成虫体长 6 ~ 7 mm，翅展 12 ~ 15 mm。头部黄白色，胸腹部灰褐色。触角丝状，褐色有白纹。前、后翅狭长，缘毛很长。前翅中央有3度曲折的黄白色波纹，静止时两翅覆盖体背呈屋脊状，双翅黄白色波纹合并成3个连串的斜方块；后翅银灰色。雄蛾体色较深。腹部末节腹面左右分裂；雌蛾色淡，前翅为淡灰褐色，腹部末节腹面呈管状（图9–8）。

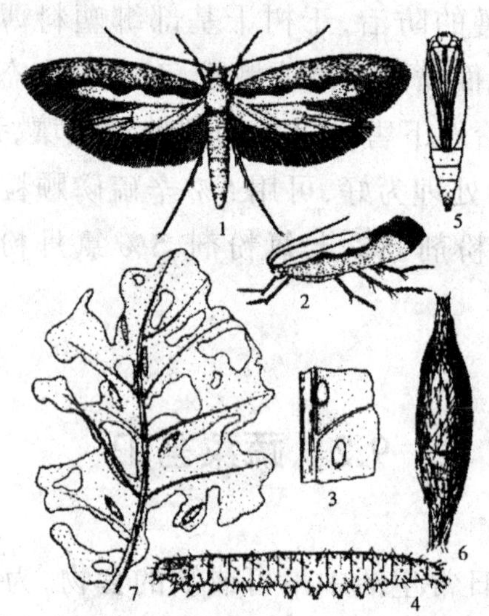

图9–8　菜蛾（仿刘绍友）

1—成虫；2—成虫静止状态；3—产在叶上的卵；

4—幼虫；5—蛹；6—茧；7—被害叶

（1）卵。长约0.5 mm，宽约0.3 mm，椭圆形，扁平，淡黄绿色，表面光滑，有光泽。

（2）幼虫。老熟幼虫体长10 ~ 12 mm。体纺锤形，淡绿色，头部黄褐色。前胸背板上有2个由淡褐小点组成的U字形纹。腹足趾钩单行缺环型。臀足后伸超过腹端。

（3）蛹。长5 ~ 8 mm。有黄白、粉红、黄绿和灰黑等色泽。无臀棘，腹末有钩状臀刺4对，肛门附近有钩刺3对。茧灰白色，薄似网状。

9.2.1.2 发生规律

菜蛾年发生代数因地而异。在东北、华北、西北大部分地区1年发生3 ~ 4代，黄河流域地区5 ~ 6代，长江流域地区9 ~ 14

代,两广17代,台湾可发生18～19代。在北方各地以蛹越冬,在南方各地可终年繁殖,无越冬现象。

菜蛾世代重叠严重。在北方地区1年有2个为害高峰,集中在5～6月和8～9月。长江以南各省每年亦有2个为害高峰,分别是3～6月和8～11月。显而易见,南方比北方发生期早,延续时间长,故为害比北方严重得多。

9.2.1.3 防治要点

(1)农业防治。蔬菜收获后及时清洁田园,扫除残枝、败叶,将田块翻耕。尽量避免十字花科蔬菜周年连作或邻作。

(2)生物防治。保护天敌,自然寄生率高的田块,注意保护茧蜂。人工繁殖和释放天敌。用每克菌粉含100亿活孢子的杀螟杆菌、青虫菌、Bt乳剂等500～1 000倍液喷雾。若菌液中加0.1%洗衣粉作展布剂,则效果更好。

(3)化学防治。小菜蛾世代多,发育周期短,农药使用频繁,目前已经发生明显抗性。应注意轮换用药,避免一种农药连续使用。其防治适期为盛孵期或1龄盛期。常用药剂有2.5%溴氰菊酯EC、20%氰戊菊酯EC、25%辛硫磷EC、50%巴丹WP、1.8%阿维菌素EC、5%抑太保(定虫隆)EC、5%锐劲特(氟虫腈)SC、25%灭幼脲SC、2.5%菜喜(多杀菌素)SC等,以1 000～1 500倍液喷施。

9.2.2 菜粉蝶

菜粉蝶(Cabbage white butterfly)种类很多。在我国主要有5种:菜粉蝶[*Pieris rapae*(L.)](英文名Small white butterfly)、大菜粉蝶[*P.brassicae*(L.)](英文名large white butterfly)、东方粉蝶[*P.canidia*(Sparrman)](英文名Indian cabbage white butterfly)、褐脉粉蝶[P.melete](Ménétries)]、斑粉蝶[*Pontia daplidice*(L.)](英文名Bath white butterfly),均属鳞翅目,粉蝶科。其中菜粉蝶是

主要的为害种类,遍布于世界各地。国内各地均有分布,几乎年年发生,发生为害严重。大菜粉蝶在新疆为害最为严重。另外,在四川、云南及西藏等地均有发生。东方粉蝶主要在南方各地发生。褐脉粉蝶分布在华北、华中、华东等地,为害较轻。斑粉蝶在北方各地均有分布,一般与菜粉蝶混合发生。

菜粉蝶以幼虫为害,俗称菜青虫,寄主植物有 9 科 35 种,包括十字花科、菊科、白花菜科、金莲花科、木樨草科、紫草科、百合科等。其中主要为害十字花科植物的叶片,嗜食甘蓝、花椰菜等叶片较厚的蔬菜。初龄幼虫啃食叶背叶肉,只留下表皮,俗称“开天窗”,3 龄以后把叶片吃成孔洞和缺刻,严重时只留叶柄和叶脉。同时,幼虫排出大量粪便污染叶片,更会使蔬菜造成伤口从而引起软腐病的侵染和流行。

9.2.2.1 形态特征

(1)成虫。体长 10 ~ 20 mm,翅展 45 ~ 55 mm。雌虫体淡黄白色。前翅正面近翅基部灰色部分约占翅面的 1/2,顶角黑斑呈三角形,其斑内缘近于一直线,外缘向后延伸不超过或略过第 3 中脉(M_3),第 3 中脉和第 2 肘脉(Cu_2)中下方各有 1 黑斑,自下 1 黑斑起,沿后缘到翅基部有 1 条黑色(或浅黑色)带。前翅反面大部分为乳白色,翅基部黄绿色,有灰黑色鳞片,顶角密布淡黄色鳞片。后翅正面前缘近外端有 1 个黑斑。雄虫前翅正面灰黑部分较小,仅限于翅基及近基部的前缘,第 2 肘脉下方的黑斑及其下面的灰黑色带常消失,其他特征与雌虫相同。

(2)卵。炮弹状,长径约 1 mm,短径约 0.4 mm。表面有许多纵横列的隆起纹,相互交叉形成长方形的网状小格。初产时淡黄色,后变为橙黄色。

(3)幼虫。老熟幼虫体长 28 ~ 35 mm。体青绿色,但腹面淡绿而带白色,背中线黄色。每腹节各有 4 ~ 5 条横皱纹,其气门线以上部分密生无色细毛,且在气门线上有 2 个黄斑。气门淡褐色,围气门片黑褐色。

（4）蛹。长 18 ~ 21 mm，似纺锤形，呈灰黄、灰绿、灰褐及青绿等色。头部前端中央有 1 管状突起，短而直。雄蛹仅第 9 腹节有 1 个生殖孔（图 9-9）。

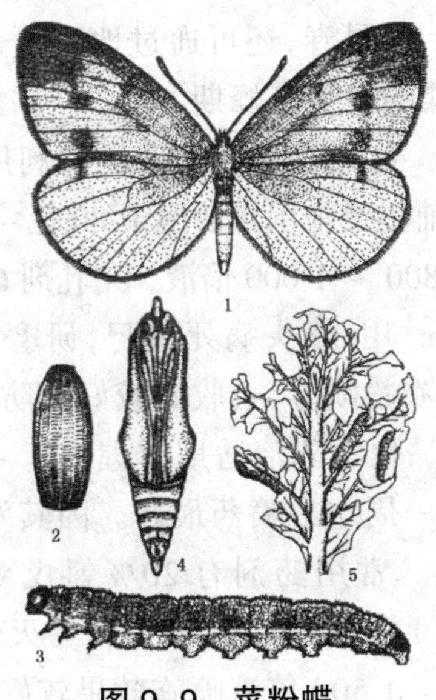

图 9-9 菜粉蝶

1—成虫；2—卵；3—幼虫；4—蛹；5—为害状

（1 ~ 4 仿浙江农业大学图；5 仿西北农学院图）

9.2.2.2 发生规律

菜粉蝶每年发生代数由北向南逐渐增加。东北、华北、西北地区 1 年发生 4 ~ 5 代，长江中下游地区发生 5 ~ 8 代，自长沙以南发生代数有所减少。各地均以蛹在菜田附近的墙壁、篱笆、树干、杂草或落叶间越冬。

各世代不整齐一致。这是由于各地环境差异大，温度各不相同，导致越冬蛹羽化时间参差不齐所致。黄河中下游地区，3 月上旬开始出现成虫，3 月下旬达到成虫盛发期，4 月上旬第 1 代幼虫开始出现，5 ~ 6 月达到盛发期，7 ~ 8 月正值盛夏，高温、多雨，虫口数量下降，9 月份虫口数量又上升，出现第 2 次为害高峰。

9.2.2.3 防治要点

（1）农业防治。每茬十字花科蔬菜收获后，及时清除残枝败叶，消灭幼虫和蛹。在早春，还可通过地膜覆盖，使春甘蓝的定植期提早，避开菜粉蝶的发生高峰期。

（2）生物防治。首先应巧妙地保护和利用自然天敌，结合施用微生物农药。当前主要施用含活孢子 80 亿～100 亿 /g 的苏云金杆菌或青虫菌菌粉 800 ～ 1 000 倍液，Bt 乳剂 600 倍液。施用颗粒体病毒，以每 667 m^2 用 30 头病死虫尸，研磨后加水 30 ～ 60 kg 稀释，加入 0.1% 洗衣粉喷雾，会收到较好的防治效果。

（3）化学防治。化学防治适期掌握在 1 ～ 3 龄幼虫盛发期，一般产卵高峰期后一周左右喷药最好。因其发生不整齐，通常需连续用药 2 ～ 3 次。常用药剂有 20% 氰戊菊酯 EC、2.5% 功夫 EC（三氟氯氰菊酯）、25% 辛硫磷 EC、25% 灭幼脲 SC、1.8% 阿维菌素 EC 等，1 000 ～ 1 500 倍液喷施效果较好。

9.2.3 潜叶蝇

为害蔬菜的潜叶蝇（Foliage-mining fly）在我国主要有潜蝇科的美洲斑潜蝇 [*Liriomyza sativae*（Blanchard）]（英文名 Vegetable leafminer）、南美斑潜蝇 [*L.huidobrensis*（Blanchard）]（英文名 Pea leafminer）、葱斑潜蝇（*L.chinensis* Kato）、豌豆潜叶蝇（*Chromatomyia horticola* Goureau）（英文名 Pea leafminer）及花蝇科的菠菜潜叶蝇 [*Pegomya hyoscyami*（Panzer）]（spinach leafminer）等。

美洲斑潜蝇又名蔬菜斑潜蝇，世界检疫性害虫，原产于巴西，现分布于世界各地，在 30 多个国家和地区严重发生。在我国已知分布于 25 个省、自治区、直辖市。南美斑潜蝇、豌豆潜叶蝇、菠菜潜叶蝇在国内也经常发生。

美洲斑潜蝇寄主植物种类很多，有 19 科 60 多种。包括葫芦科、茄科、豆科、锦葵科等的黄瓜、西葫芦、冬瓜、丝瓜、葫芦、甜瓜、西瓜、番茄、茄子、豇豆、菜豆、扁豆及棉花等作物和杂草。幼虫潜叶为害,叶片正面出现由粗到细的灰白色弯曲蛀道。此外,雌成虫刺吸汁液,使寄主植物落花、落果甚至死亡。还传播植物病毒病。南美斑潜蝇寄主植物有 14 科。包括菜豆、豌豆、蚕豆、苋菜、甜菜、菠菜、莴苣、黄瓜、西葫芦、甜瓜、马铃薯、洋葱、蒜、番茄、辣椒、芹菜、大丽花、菊花等。幼虫取食叶片,亦形成潜道,从正面看潜道不完整,背面亦有明显潜道。豌豆潜叶蝇寄主植物有十字花科、豆科、菊科、葫芦科、茄科等 10 科 100 余种,幼虫潜叶形成弯曲虫道。菠菜潜叶蝇主要为害菠菜、甜菜、苋菜等藜科植物,幼虫潜食叶肉,形成不规则的囊状或块状隧道。

9.2.3.1 形态特征

(1)成虫。体小,长 1.3 ~ 2.0 mm,浅灰黑色。触角第 3 节黄色。中胸背板亮黑色,中胸小盾片及体腹面和侧板黄色。足基节、腿节鲜黄色,胫、跗节色深。M 脉末段长是次末段长的 3 ~ 4 倍(图 9-10)。

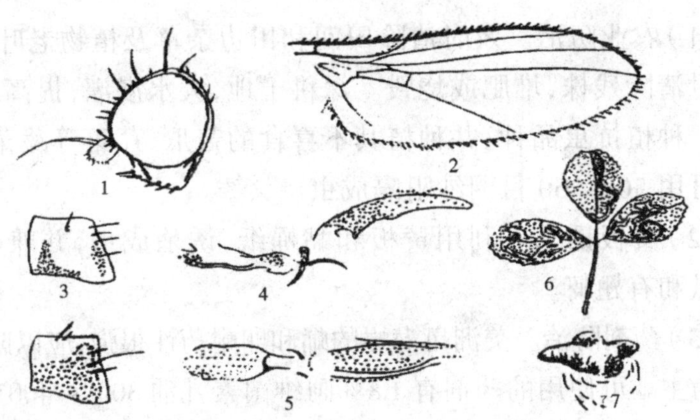

图 9-10　美洲斑潜蝇(仿 Spencer)

1—头;2—翅;3—中侧片;4—阳茎侧面观;
5—阳茎腹面观;6—在苜蓿叶上的潜道;7—蛹后气门

（2）卵。0.2 mm 左右，白色，半透明，椭圆形。

（3）幼虫。蛆状，老熟幼虫体长 2 ~ 2.5 mm。初孵化时半透明，后变为橙黄色。后气门呈圆锥状突起，末端具 3 孔。

（4）蛹。椭圆形，长 1.3 ~ 2.3 mm。初化蛹时橙黄色，渐变为黄褐色。

9.2.3.2 发生规律

美洲斑潜蝇在辽宁 1 年发生 7 ~ 8 代，北京 8 ~ 9 代，黄淮地区 9 ~ 11 代，浙江地区 13 ~ 14 代，广东 14 ~ 17 代，海南 21 ~ 24 代。

世代重叠严重。北方地区田间不能越冬，冬季在保护地中越冬和继续为害。各地为害盛期一般 5 ~ 10 月。在北方，露地中 8 ~ 9 月是其为害盛期，温室中的为害盛期集中在 11 月份和来年的 4 ~ 6 月份。

发育起点温度为 8.2 ℃，整个世代有效积温为 283.2 ℃。

9.2.3.3 防治要点

（1）农业防治。及时清除田间和田边杂草及植物老叶；收获后及时清除残株，堆肥或烧毁。深耕土地，大水漫灌，提高蛹的死亡率。种植抗虫品种，并种植其不喜食的苦瓜、芹菜等蔬菜，保护地中可用 50 ~ 60 目网纱阻隔成虫。

（2）黄板诱杀。利用黄板和黏蝇纸，诱杀成虫，并兼治温室白粉虱和有翅蚜。

（3）药剂防治。美洲斑潜蝇的蛹和卵耐药性很强，应以防治成、幼虫为主。可使用的药剂有 1.8%阿维菌素乳油 300 ~ 400 mL/hm^2 或 48%毒死蜱乳油 600 mL/hm^2、氯氰菊酯乳油 450 mL/hm^2、10%灭蝇胺悬浮剂 600 ~ 800 mL/hm^2。也可在蔬菜栽培前或斑潜蝇蛹期进行土壤处理。方法是用 3%米乐尔颗粒剂每公顷 222.5 kg

或 50%辛硫磷乳油、甲基异柳磷乳油 750 mL,对细土 450 ~ 750 kg 撒施田间,可杀死落地的幼虫和蛹。

9.2.4 菜螟

菜螟(*Oebia undalis* Fabr.)(英文名 Cabbage webworm),俗称菜心野螟、萝卜螟、钻心虫,属鳞翅目,螟蛾科。菜螟分布北起黑龙江、内蒙古,南至国境线。南方受害重。近年河北、山东、河南为害也较重。主要为害十字花科蔬菜,如萝卜、大白菜、芜菁、油菜、甘蓝、花椰菜等。初孵幼虫潜叶为害,形成隧道; 2 龄后在叶面取食; 3 龄后吐丝结网取食。4 ~ 5 龄幼虫还可钻蛀为害,并可传播软腐病。

9.2.4.1 形态特征

(1)成虫。体长约 7 mm,翅展 15 ~ 20 mm,体灰黑色。前翅黄褐色至灰褐色。内、外横线和外缘均为白色波状纹。在内、外横线间有 1 深褐色肾状纹,纹的四周灰白色。后翅灰白色。

(2)卵。长约 0.3 mm,椭圆形,扁平。卵壳表面有不规则网纹。初产时淡黄色,以后逐渐出现红色斑点,孵化前变为橙黄色。

(3)幼虫。老熟后体长 12 ~ 14 mm。头部黑色,胸、腹部淡黄绿色或浅黄色。前胸背板淡黄褐色,但气门下线色泽常不明显。中、后胸各有 6 对毛瘤,横排成一行; 腹部各节背面及侧面各有 2 排毛瘤,前排 8 个,后排 2 个。腹足趾钩双序单列缺环型。

(4)蛹。体长约 7 mm,淡棕褐色或黄褐色。腹部背面 5 条纵线隐约可见,翅芽长达第 4 腹节后缘。无臀棘,腹末有 2 对长翅(图 9-11)。

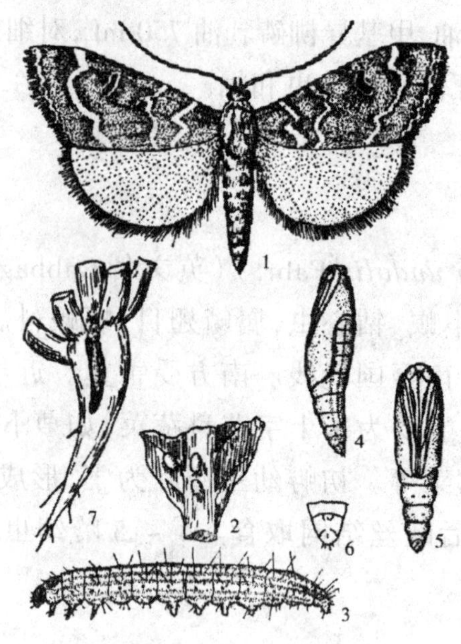

图 9-11　菜螟

1—成虫；2—产在叶片上的卵；3—幼虫；4—蛹侧面观；
5—雄蛹腹面观；6—雄蛹的腹部末端；7—被害状

9.2.4.2 发生规律

在河北1年发生3～4代，陕西为4～5代，河南为6代，湖北以南发生7～9代。以幼虫在干燥土中吐丝缀合小土粒成丝囊越冬。成虫晚间活动、交尾、产卵。卵多产于幼苗心叶上。幼虫共5龄。4、5龄幼虫可蛀入叶柄及茎髓或根部。老熟后入土化蛹。

9.2.4.3 防治要点

冬、春深耕翻土，清洁田园，适当调整播期。常用药有90%晶体敌百虫、80%敌敌畏乳油、20%二嗪农乳油、50%稻丰散乳油，均1 000～1 500倍液；50%马拉硫磷乳油800～1 000倍液；75%辛硫磷乳油3 000～4 000倍液；50%杀螟松乳油1 000倍液等，喷雾。

9.2.5 温室白粉虱与烟粉虱

温室白粉虱 [*Trialeurodes vaporariorum* (Westwood)] (英文名 Greenhouse whitefly)、烟粉虱 [*Bemisia tabaci* (Gennadius)] (英文名 tobacco whitefly) 均属同翅目,粉虱科。

温室白粉虱分布于全世界,烟粉虱世界各地均有分布,国内分布于台湾、云南等省。

温室白粉虱和烟粉虱均是多食性害虫。温室白粉虱有寄主 82 科 281 种,我国有 70 科 270 种。主要为害温室栽培的黄瓜、番茄、茄子、西葫芦等蔬菜,亦为害露地的菜豆、茄子、芹菜以及观赏植物的倒挂金钟、绣球、月季、一串红、牡丹等。烟粉虱有寄主 10 科 50 余种,主要为害甘薯、豆类、棉、番茄、茄子、辣椒、烟草、黄瓜、无花果、扶桑等。粉虱成、若虫均吸食植物汁液,被害处形成黄斑,并分泌蜜露,诱发霉烟病,使枝叶发黑脱落。烟粉虱还可传播蜀葵、烟草、番茄等缩叶病毒及茄黄缩叶病毒等。

9.2.5.1 形态特征

温室白粉虱和烟粉虱的形态特征如图 9-12、图 9-13 所示。

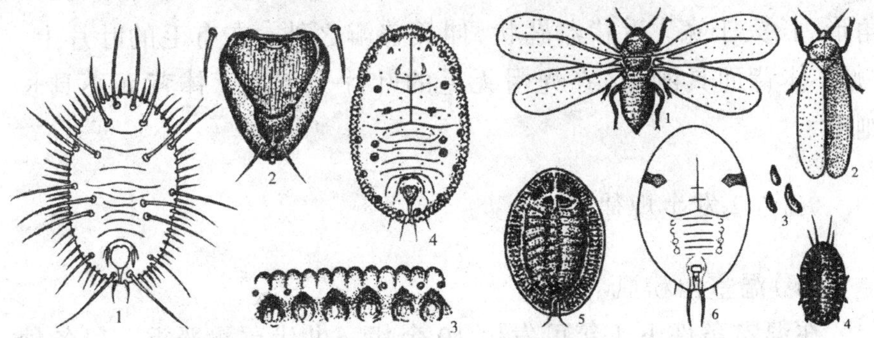

图 9-12 温室白粉虱(仿宫武)

1—若虫;2—管状孔及第八节刺毛位置;3—外缘锯齿及分泌突起;4—“蛹”

图 9-13 烟粉虱(仿河南农业大学)

1—成虫;2—成虫静止状;3—卵;4—若虫;5—“蛹”;6—“蛹”壳

1)温室白粉虱

(1)成虫。体淡黄色,翅面有白色蜡粉,外观呈白色。雄成虫停息时两翅平坦合拢,雄成虫内缘则向上翘,翅叠于腹背成屋脊状。

(2)卵。椭圆形,有细小卵柄,初产时淡黄色,孵化前变黑。每卵块一般有卵 15 ~ 20 粒。

(3)若虫。长卵圆形,扁平,淡绿色,外表有白色长短不齐的蜡丝,2 根尾须较长。

(4)伪蛹。椭圆形,扁平,中央略高,黄褐色,体背有 5 ~ 8 对长短不齐的蜡丝,体侧有刺。

2)烟粉虱

(1)成虫。体淡黄白色,体长 0.85 ~ 0.91 mm,翅白色,被蜡粉,无斑点,前翅脉 1 条,不分叉,静止时左右翅合拢呈屋脊状。

(2)卵。长梨形,有小柄,与叶面垂直,大多散产于叶片背面。初产时淡黄绿色,孵化前颜色加深,呈深褐色。

(3)若虫。共 3 龄,淡绿至黄色。第一龄若虫有触角和足,能爬行迁移。第一次蜕皮后,触角及足退化,固定在植株上取食。第三龄蜕皮后形成“蛹”,蜕下的皮硬化成“蛹”壳。

(4)伪蛹。椭圆形,有时边缘凹入,呈不对称状。管状孔三角形,长大于宽。舌状器匙状,伸长盖瓣之外。在有毛的叶片上,“蛹”体背面具刚毛,在光滑无毛的叶片上,“蛹”体背面不具长刚毛。

9.2.5.2 发生规律

(1)温室白粉虱

在温室条件下 1 年可发生 10 余代。世代重叠严重。以各种虫态在温室内越冬。每年春天从温室中转移至露地,成虫一般于 4 月上旬出现,7、8 月间温、湿度适宜其生长发育,虫量急剧上升,造成严重为害。10 月下旬后随着温度的下降虫口密度逐渐减少。

各虫态发育历期,在日平均气温 23 ℃左右,卵期 10 ~ 12 天,若虫期10～12天，“蛹”期11～12天，完成一代需31～36天。成虫历期约20天。

成虫不善飞翔，有高度群集习性。多在清晨羽化。羽化后很快交尾，经1～3天开始产卵。卵排列成圆环状或散产于叶背。成虫喜生活于植株上部幼嫩叶片上。若虫孵化后，在叶背爬行数小时，寻找适当取食场所。若虫共3龄，经第1次蜕皮后，足和触角均退化，不再移动营固定生活。3龄若虫蜕皮后成“蛹”。

（2）烟粉虱

亚热带年生10～12个世代，有世代重叠现象。几乎月月出现1次种群高峰，每代15～40天。夏季卵期3天，冬季33天。春季，旋花科、大戟科、葫芦科、豆科杂草吸引大量烟粉虱繁殖，夏季涛移至棉花、瓜类等作物上。

成虫产卵期2～18天。每雌产卵120粒左右。卵多产在植株中部嫩叶上。成虫喜欢无风温暖天气，有趋黄性。若虫3龄，通常将第3龄若虫蜕皮后形成的“蛹”，称伪蛹或拟蛹。蜕下的皮硬化成“蛹”壳。

9.2.5.3 防治要点

（1）做好田间卫生。及时处理温室内的杂草、残枝、败叶，剪除密枝和虫口过多的枝叶，并及时将打下的枝叶带出田外处理。

（2）合理规划。培育无虫苗，把苗房与生产温室分开，在大棚附近避免种植黄瓜、番茄、菜豆等白粉虱喜食的作物。

（3）防治温室白粉虱可人工繁殖释放丽蚜小蜂（*Encarsia formosa* Gahan）。此蜂寄生于白粉虱若虫和“蛹”体内，被寄生9～10 d后死亡。据山东试验在番茄上每次每株平均投放蜂蛹11.1头，隔10 d放1次，连放3次，平均寄生率为63.22%，最高寄生率达97.43%。亦可释放草蛉等。烟粉虱有丽蚜小蜂和桨角蚜小蜂（*Eretmocerus* sp.）等45种寄生性天敌；瓢虫、草蛉、花蝽等62种捕食性天敌；拟青霉、轮枝菌、卒壳孢菌等7种虫生真菌。

（4）温室白粉虱世代重叠现象严重，必须连续用药。常用药剂有25%扑虱灵可湿性粉剂(每100 L水加50 ~ 70 g喷雾)、1.8%阿维菌素乳油450 ~ 600 mL/hm²、10%吡虫啉可湿性粉剂37.5 ~ 75 g/hm²、3%啶虫脒乳油37.5 ~ 75 mL/hm²均对粉虱有特效,2.5%联苯菊酯乳油、2.5%功夫菊酯乳油、4.5%高效氰菊酯乳油、25%阿克泰水分散性粒剂亦有较好的效果。

9.2.6 黄条跳甲

黄条跳甲(Yellow stripped flea beetle)包括黄曲条跳甲[*Phyllotreta striolata*(Fabr.)]、黄宽条跳甲(*P.humilis* Weise)、黄狭条跳甲[*P.vittula*(Redt)]、黄直条跳甲(*P.rectilineata* Chen),俗称菜蚤子、上跳蚤、黄跳蚤、狗虱虫等,属鞘翅目,叶甲科。其中以黄曲条跳甲为主,其他种类发生量少,为害轻。下面以黄曲条跳甲为主进行阐述。

黄条跳甲的分布除新疆、西藏、青海外,各地均有。主要为害十字花科蔬菜,如白菜、萝卜、芥菜、油菜等。也可为害茄类、瓜类、豆类等。幼虫蛀食寄主根部皮层,使叶片萎蔫,引起根部腐烂。成虫咬食叶片,并可取食嫩荚,形成椭圆形小孔洞,造成缺苗断垄。

9.2.6.1 形态特征

(1)成虫。体长1.5 ~ 2.4 mm,黑色。鞘翅上各有一条黄色纵斑,中部狭而弯曲。后足腿节膨大,十分善跳,胫节、跗节黄褐色(图9-14)。

(2)卵。长约0.3 mm,椭圆形,淡黄色,半透明。

(3)幼虫。老熟幼虫体长约4 mm,长圆筒形,黄白色,各节具不显著肉瘤,有细毛。

(4)蛹。长约2 mm,椭圆形,乳白色。头部隐于前胸下面,翅芽和足达第5腹节。胸部背面有稀疏的褐色刚毛。腹末有一对叉状突起,叉端褐色。

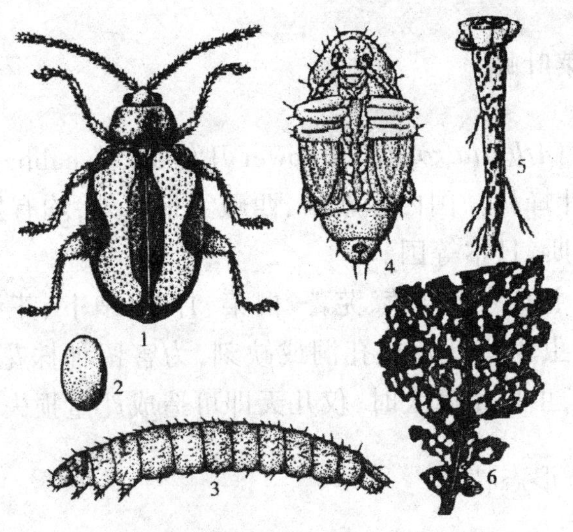

图 9-14　黄曲条跳甲

1—成虫；2—卵；3—幼虫；4—蛹；
5—幼虫为害状；6—成虫为害状

9.2.6.2 发生规律

黑龙江年发生 2 代，华北地区 4 ~ 5 代，上海、杭州 4 ~ 6 代，南昌 5 ~ 7 代，广州 7 ~ 8 代。以成虫在落叶、杂草中潜伏越冬。成虫善跳跃，有趋光性。卵散产于植株周围湿润的土隙中或细根上。幼虫需在高湿情况下才能孵化，因而近沟边的地里多。幼虫共 3 龄。老熟幼虫在 3 ~ 7 cm 深的土中筑土室化蛹。

9.2.6.3 防治要点

清洁田园，及时清除残枝、败叶；避免十字花科蔬菜连作。成虫发生期可用 25% 敌百虫粉或 4% 鱼藤粉 0.5 kg 拌 4 kg 细土，进行喷粉；也可用 90% 晶体敌百虫，或 50% 敌敌畏乳油、50% 杀螟腈乳油等 1 000 倍液喷雾。

9.2.7 菜叶蜂

菜叶蜂 [*Athalia rosae* (Rhower)] (英文名 cabbage sawfly),属膜翅目,叶蜂科。国内除新疆、西藏无报道外,均有发生。国外分布于俄罗斯、日本等国。

菜叶蜂主要为害油菜、芜菁、白菜、甘蓝、萝卜、芥菜等十字花科蔬菜。幼虫为害叶片成孔洞或缺刻,为害留种株花和嫩荚,少数咬食根部,虫口密度大时,仅几天即可造成严重损失。

9.2.7.1 形态特征

(1)成虫。体长 6 ~ 8 mm。头部和中、后胸背面两侧为黑色,其余橙蓝色,但足的各胫节端部及各跗节端部为黑色。翅基半部黄褐色,向外渐淡至翅尖透明,前缘有一黑带与翅痣相连。触角黑色,雄性基部 2 节淡黄色。腹部橙黄色,雌虫腹末有短小的黑色产卵器(图 9-15)。

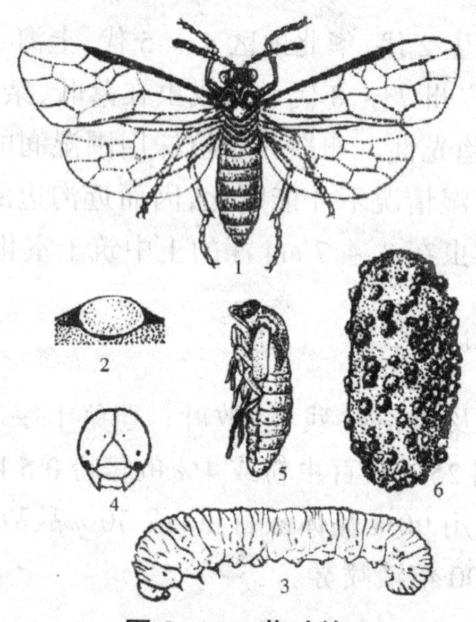

图 9-15　菜叶蜂

1—成虫;2—卵;3—幼虫;4—幼虫头部正面观;5—蛹;6—蛹茧

（2）卵。近圆形，大小 0.83 mm × 0.42 mm。卵壳光滑。初产时乳白色，后变淡黄色。

（3）幼虫。体长约 15 mm。头部黑色，胴部蓝黑色，各体节具很多皱纹及许多小突起。胸部较粗，腹部较细，具 3 对胸足和 8 对腹足。

（4）蛹。头部黑色。蛹初为黄白色，后转橙色。

9.2.7.2 发生规律

北方地区 1 年发生 5 代。以预蛹在土中茧内越冬。成虫羽化当天即可交配，1 ~ 2 天后开始产卵。卵产入叶缘组织内，呈小隆起，每处 1 ~ 4 粒，常在叶缘产成一排。每雌可产 40 ~ 150 粒。幼虫共 5 龄，早晚活动取食，有假死习性。老熟幼虫入土筑土茧化蛹。每年春、秋呈两个发生高峰，以秋季 8 ~ 9 月最为严重。

9.2.7.3 防治要点

冬季清洁田园，清除杂草。在幼虫发生期喷洒 50% 辛硫磷乳油 1 500 倍液或 35% 伏杀磷乳油、50% 马拉硫磷乳油 1 000 倍液，还可用 20% 速灭杀丁乳油、2.5% 敌杀死乳油、10% 安绿宝乳油、5.7% 百树菊酯乳油 3 000 ~ 4 000 倍液。

参考文献

[1] 彩万志，庞雄飞，花保祯，等．普通昆虫学 [M].2 版．北京：中国农业大学出版社，2011.

[2] 曹美琳．温度和光周期对二点委夜蛾实验种群生长发育及繁殖的影响 [D]. 保定：河北农业大学，2013.

[3] 陈淼平．氮肥对转 cry1Ab 水稻抗稻纵卷叶螟和稻飞虱的影响 [D]. 福州：福建农林大学，2017.

[4] 陈文龙．作物害虫综合防治 [M]. 上海：上海教育出版社，2000.

[5] 丁锦华，苏建亚．农业昆虫学：南方本 [M]. 北京：中国农业出版社，2002.

[6] 丁岩钦，丁雷．害虫管理理论与方法 [M]. 北京：科学出版社，2005.

[7] 董宇奎．大猿叶虫不同地理种群的生态适应性和山东种群生物学特性的研究 [D]. 泰安：山东农业大学，2007.

[8] 樊东．普通昆虫学及实验 [M]. 北京：化学工业出版社，2012.

[9] 范钟玖．浅谈林业有害生物监测预报在林业生产中的作用 [J]. 农业与技术，2018（12）：169–170.

[10] 冯颖．长白山脉林木虫害大数据的网络科学建模、演化及其应用 [D]. 沈阳：东北大学，2016.

[11] 韩召军，杜相革，徐志宏，等．园艺昆虫学 [M].2 版．北京：中国农业大学出版社，2008.

[12] 洪晓月，丁锦华．农业昆虫学 [M].2 版．北京：中国农业

出版社，2007.

[13] 胡启山 . 昆虫王国异彩纷呈的生殖方式 [J]. 农药市场信息，2011（06）：97.

[14] 雷朝亮，荣秀兰 . 普通昆虫学 [M].2 版 . 北京：中国农业出版社，2011.

[15] 李远，王桂霞，胡大鹏，等 . 昼夜变温下高温对 Bt 棉铃壳杀虫蛋白及氮代谢生理的影响 [J]. 棉花学报，2018（01）：38–44.

[16] 李云瑞 . 农业昆虫学 [M]. 北京：高等教育出版社，2006.

[17] 梁晓彤，徐践 .MATLAB 图像处理技术在农业病虫害识别中的应用分析 [J]. 南方农业，2017（21）：117–122，124.

[18] 廖侦成，凌志，李丹，等 . 黄蓝色板对茶园昆虫的引诱力研究 [J]. 广东茶业，2018（01）：6–8.

[19] 刘巧红 . 神木枣树虫害现状及防治对策 [J]. 现代园艺，2018（04）：54–55.

[20] 刘向东 . 昆虫生态及预测预报 [M].4 版 . 北京：中国农业出版社，2016.

[21] 刘向东 . 田间昆虫的取样调查技术 [J]. 应用昆虫学报，2013（03）：863–867.

[22] 刘媛，姜玉英，杨明进，等 .2017 年宁夏棉铃虫发生特点及原因分析 [J]. 棉花学报，2018（04）：34–36.

[23] 刘宗亮 . 农业昆虫 [M]. 北京：化学工业出版社，2009.

[24] 毛福秋 . 几种防治早稻稻飞虱农药的田间效果对比试验 [J]. 作物研究，2018（S1）：113–114.

[25] 王国平，窦连登 . 果树病虫害诊断与防治原色图谱 [M]. 北京：金盾出版社，2002.

[26] 王可豪 . 新疆地区马胃蝇宿主体外生物学特性研究 [D]. 北京：北京林业大学，2015.

[27] 文礼章 . 昆虫学研究方法与技术导论 [M]. 北京：科学出版社，2018.

[28] 吴文君 . 农药学原理 [M]. 北京：中国农业出版社，2000.

[29] 仵均祥 . 农业昆虫学：北方本 [M].2 版 . 北京：中国农业出版社，2009.

[30] 谢道松 . 草地螟滞育影响因子研究及滞育后成虫生物学特性变化 [D]. 武汉：华中农业大学，2011.

[31] 闫昱江 . 山东农业大学校区鸟类资源调查及灰喜鹊取食规律研究 [D]. 泰安：山东农业大学，2016.

[32] 杨平华 . 常用农药使用手册 [M]. 成都：四川科学技术出版社，2006.

[33] 虞铁俊，章强华 . 无公害农产品与有害生物 [M]. 北京：中国农业出版社，2001.

[34] 袁锋 . 农业昆虫学 [M].4 版 . 北京：中国农业出版社，2015.

[35] 袁鸣，李山桂，罗家栋，等 . 对混沌吸引子原理定量预测稻飞虱发生的验证 [J]. 中国植保导刊，2017（08）：35–40.

[36] 张国安，赵惠燕 . 昆虫生态学与害虫预测预报 [M]. 北京：科学出版社，2018.

[37] 张洪刚 . 亚洲玉米螟滞育和抗寒性研究 [D]. 北京：中国农业科学院，2010.

[38] 张孝羲 . 昆虫生态及预测预报 [M].3 版 . 北京：中国农业出版社，2001.

[39] 赵特 . 烟夜蛾滞育激素基因的克隆及在粟酒裂殖酵母中的表达 [D]. 郑州：河南农业大学，2005.

[40] 郑进，孙丹萍 . 园林植物病虫害防治 [M]. 北京：中国科学技术出版社，2003.